博碩文化

ChatGPT
遊戲設計概論

U0086651

胡昭民、吳燦銘 著

ChatGPT
利器

ChatGPT 與
遊戲設計的
觀念與實作

✦ **內容全面** > 循序漸進介紹遊戲類型、產業認識、設計技術、
開發工具、2D/3D 模擬等。

✦ **議題分析** > 專章分享包含大數據、遊戲行銷模式和成功案例經驗。

Pygame 繪製多媒體圖案　　模擬大樂透開獎　　實作視窗應用程式

迷宮問題解決　　海龜繪製圖形　　猜數字遊戲　　OX 井字遊戲　　牌面比大小

模擬動作型射擊　　實作 Unity 3D

⬇ 博碩官網下載範例檔

作　　者：胡昭民、吳燦銘
責任編輯：Cathy

董 事 長：陳來勝
總 編 輯：陳錦輝

出　　版：博碩文化股份有限公司
地　　址：221 新北市汐止區新台五路一段 112 號 10 樓 A 棟
　　　　　電話 (02) 2696-2869　傳真 (02) 2696-2867

發　　行：博碩文化股份有限公司
郵撥帳號：17484299　戶名：博碩文化股份有限公司
博碩網站：http://www.drmaster.com.tw
讀者服務信箱：dr26962869@gmail.com
訂購服務專線：(02) 2696-2869 分機 238、519
（週一至週五 09:30 ～ 12:00；13:30 ～ 17:00）

版　　次：2023 年 9 月初版

建議零售價：新台幣 720 元
I S B N：978-626-333-573-8
律師顧問：鳴權法律事務所 陳曉鳴律師

本書如有破損或裝訂錯誤，請寄回本公司更換

國家圖書館出版品預行編目資料

ChatGPTx遊戲設計概論/胡昭民, 吳燦銘作. -- 初
版. -- 新北市：博碩文化股份有限公司, 2023.08
　　面；　公分. -- (博碩書號；ME32301)
ISBN 978-626-333-573-8(平裝)

1.CST: 電腦遊戲 2.CST: 電腦程式設計 3.CST:
人工智慧

312.8　　　　　　　　　　　　　　112012857

Printed in Taiwan

博 碩 粉 絲 團　歡迎團體訂購，另有優惠，請洽服務專線
　　　　　　　　(02) 2696-2869 分機 238、519

本書序

　　就如同學習電腦，必須先從計算機概論開始著手。學習遊戲設計之前，也應對整個遊戲設計有個通盤的了解，本書就是從這個觀念出發，希望定位在概論性介紹，幫助各位對整個遊戲設計領域有個通盤的認識。雖然定位為遊戲設計的入門教材，書中卻也不乏許多遊戲開發的實務經驗。

　　這些年來，有越來越多大專院校成立多媒體或遊戲設計相關科系，對不曾接觸遊戲設計領域的初學者而言，可能無法想像投入遊戲設計領域，所要付出的努力及承受的挫折。尤其對剛踏入這個領域的學生，學習的方向千頭萬緒，因此，能事先了解遊戲領域相關知識及技術，正是有心投入遊戲設計新手的迫切需求。

　　市面上遊戲設計的相關書籍，有些偏重演算法及程式設計，適合有遊戲設計經驗的老手；有些則是國外引進的翻譯書，內容雖然十分專業，卻讓入門者眼花撩亂、一知半解。基於以上種種考量，我們整理遊戲製作的實作經驗，編寫出這一本淺顯易懂的入門書。

　　另外，OpenAI 推出免費試用的 ChatGPT 聊天機器人，造成在網路上爆紅，故本書也加入了「ChatGPT 與遊戲設計的黃金入門課」，精彩單元如下：

- ChatGPT 初體驗
- 使用 Pygame 遊戲套件繪製多媒體圖案
- 模擬大樂透的開獎程式
- 實作視窗應用程式
- 迷宮問題解決方案
- 海龜繪圖法繪製精美圖形

- AI 小遊戲：猜數字遊戲
- AI 小遊戲：OX 井字遊戲
- AI 小遊戲：猜拳遊戲
- AI 小遊戲：牌面比大小遊戲
- AI 小遊戲：純文字介面模擬動作型射擊遊戲
- AI 小遊戲：實作 Unity 3D 的小遊戲

　　本書理論與實務並重，從產業的認識、遊戲類型、相關技術及工具都有所介紹。而在實作方面，則討論 2D、3D、數學、物理現象模擬、音效等主題，期許本書深入淺出的介紹，可以幫助各位了解遊戲開發工作的全貌。

目錄

Chapter 04 認識熱門遊戲類型與開發 4-1

Chapter 05　**遊戲開發團隊的建立**　　5-1

Chapter 12 遊戲編輯工具軟體 12-1

Chapter 13 2D 遊戲貼圖製作技巧 13-1

Chapter 14 2D 遊戲動畫 14-1

Chapter 15　3D 遊戲設計與演算法　　　　15-1

Chapter **16** 　遊戲行銷與 ChatGPT 的整合攻略　　**16-1**

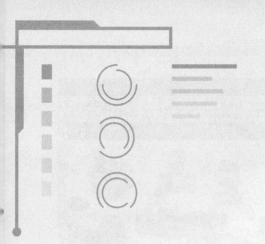
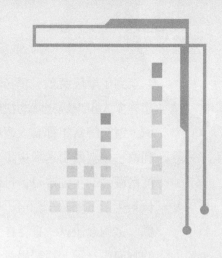

01

話說奇妙的遊戲世界

談到了電玩遊戲，想必將勾起許多人年少輕狂時的快樂回憶，還記得當年那套「超級瑪利歐」曾經帶領過多少青少年度過漫長的年輕歲月，打從各位年少丫丫學語，相信「玩遊戲」這個念頭就一直存在各位的腦海中打轉。娛樂畢竟仍然是人類物質生活的最大享受，即使在那種堪稱遊戲的蠻荒歲月，確實也誕生出不少如大金剛、超級瑪利歐等等充滿古早味，但又膾炙人口的經典名作。

▲ 超級瑪利歐是一款歷久彌新的好玩遊戲

　　當二十一世紀來臨時，遊戲更是已經成為現代人日常生活中不可或缺的一環了，甚至慢慢地取代傳統電影與電視的地位，繼而成為家庭休閒娛樂的最新選擇，從大型電玩、電視遊樂器到電腦，甚至是現在的手機等行動裝置，都為眾多玩家帶來滿滿的生活樂趣。從產業面經濟面的發展趨勢來分析，遊戲產業近年來的亮眼表現也廣受矚目，市場規模甚至可與影視娛樂產業並駕齊驅，以國家別來看，中國大陸、美國、日本、南韓仍為數位遊戲前四大市場，占據全球六成以上市場，引領遊戲風潮與前瞻創新發展，甚至帶動全球新世代最閃亮的遊戲電競產業（E-sports）的蓬勃發展。

▲ 英雄聯盟 LMS 春季總決賽盛況

英雄聯盟（League of Legends，LoL）是由 Riot Games 開發，並在全世界引起廣大風潮的多人線上戰術擂台遊戲，以免費模式及虛擬物品收費進行營運服務，玩法是由玩家扮演天賦異稟的「召喚師」，並從數百位具有獨特能力的「英雄」選擇一位角色，進而操控英雄在戰場上奮戰，兩個團隊各自有五名玩家，遊戲是以第三人稱視角進行，目標主要是最終摧毀敵人的「主堡」來贏得勝利。

1-1 遊戲的生命元素

　　遊戲，最簡單的定義，就是一種可以娛樂我們休閒生活的快樂元素，從更專業的角度形容，「遊戲」本身是具有特定行為模式、規則條件、身心娛樂及輸贏勝負的一種行為表現（Behavior Expression）。遊戲從參與的對象、方式、介面與平台，隨著文明的發展，更是不斷改變、日新月異。

▲ 遊戲本身就是一種行為表現

　　以往單純設計成小朋友娛樂專用的電腦遊戲軟體，已朝規模更大，分工更專業的遊戲產業方向邁進。題材的種類更是五花八門，從運動、科幻、武俠、戰爭，到與文化相關的內容都躍上電腦螢幕。具體來形容，遊戲的核心精神就是一種行為表現，從活動的性質來看，遊戲又可區分為動態和靜態兩種型態，動態的遊戲必須配合肢體動作，如猜拳遊戲、棒球遊戲，而靜態遊戲則是較偏向思考的行為，如紙上遊戲、益智遊戲。

不論各位是未來準備要成為遊戲設計高手，或者是電競賽市場上的常勝軍，首先就必須要了解任何一套遊戲都必須具備的四大組成元素：

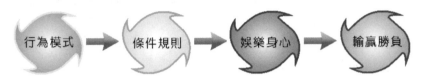

1-1-1 行為模式

遊戲最簡單的要素就是任何遊戲都會有特定的行為模式，這種模式機制就是用來貫穿整個遊戲的表現行為，參與遊戲者必須要依照這個模式流程來執行。倘若一種遊戲沒有了特定的行為模式，這個遊戲中的參與者就也就玩不下去了。例如猜拳遊戲沒有了剪刀、石頭、布等行為模式，那還叫做『猜拳遊戲』嗎？或者棒球沒有打擊、接球等動作，那怎麼會有王建民的精彩表現。所以不管遊戲的流程進行有多複雜或多麼簡單，一定具備特定的行為模式。

▲ 遊戲中要有主要的行為模式為主軸

1-1-2 條件規則

當遊戲有了一定行為模式後，接著還必須訂定出整套的條件規則。簡單來說，這些條件規則就是大家必須去遵守的遊戲行為守則。如果不能遵守這種遊戲行為的話，就叫作「犯規」，那麼就失去了遊戲本身的公平性。

以一場籃球賽來說，選手絕不僅是把球丟到籃中就可以了，還必須訂出走步、兩次運球、撞人、時間等規則，要不然大家為了要得分，就無所不用其極的搶分，那原本好好的遊戲競賽，看來要變成打架互毆事件了。所以不管是什麼遊戲，都會具備有一組規則條件，這個條件必須創新與清楚，讓參與者有公平競爭的機會。

▲ 籃球場上有各種的條件規則

1-1-3 娛樂身心

　　一款遊戲最重要就是能夠帶來娛樂性，關鍵就在於為玩家所帶來的快樂與刺激感，這也是參與遊戲的目的所在。就像筆者大學時十分喜歡玩橋牌，有時興致一來，整晚不睡都沒關係。這就在於橋牌所提供的高度娛樂性深深吸引了我。不管是很多人玩的線上遊戲，還是透過電腦進行的 PC 遊戲，只要能夠讓玩家樂此不疲，就是一款好遊戲。

▲ 不同的遊戲有不同的娛樂效果

　　例如目前電腦上的各款麻將遊戲，雖然未必有實際的真人陪你打麻將，但遊戲中設計出每一位角色，對碰牌、吃牌、取捨牌支和作牌的思考，都具有截然不同的風格，配合多重人工智慧的架構，讓玩家可以體驗到不同對手打牌時不一樣的牌風，感受到在牌桌上大殺四方的樂趣。

1-1-4 輸贏勝負

有人常說:「人爭一口氣,佛爭一柱香」,爭強好勝之心每個人都有。其實對任何遊戲而言,輸贏勝負是所有遊戲玩家期待的最後結局,一個沒有輸贏勝負的遊戲,也就少了它存在的真實意義,如同我們常常會接觸到的猜拳遊戲,其最終目的也是要分出勝負而已。

▲ 就像馬拉松與足球賽,任何遊戲都具有贏家與輸家

1-2 遊戲類型三要件

每一款遊戲都有其獨特的進行方式,也就是「遊戲類型」,如同角色扮演、動作、策略、冒險等模式。例如巴冷公主遊戲就是兼採動作角色扮演(ARPG)及益智類遊戲的特性,強調角色扮演(RPG)的故事性,節奏明快,但過關的過程則加入動作遊戲的刺激,採取一比一等比例的全 3D 表現方式,藉以強調各個人物的個性與特質。除了一般所扮演的人物成長及經歷內容外,還加入了激烈的魔法戰鬥情節,玩家可在遊戲過程中自行決定是否要戰鬥,或可選擇繞路而行避開衝突:

　　簡單的說，要決定設計出一款遊戲的基本類型，可以從「給誰玩」（Who Plays）、「玩什麼」（What Plays）、「如何玩」（How Plays）三種要件來定義。

1-2-1 給誰玩

　　這是定義遊戲類型最基本的元素，在開始設計一款遊戲的初期，首先要去觀察遊戲是要給哪一些玩家玩。例如用年齡與等級來區分：第一種是以年齡層來定位，也就是鎖定在某個特定的年齡層來規劃遊戲，就好比國小生與高中生所玩的遊戲類型一定有所差距。

▲ 玩家族群的定位對一款遊戲的成敗相當重要

　　例如巴冷遊戲主要的客戶層為 13~35 歲的年輕玩家，而這類型的遊戲最注重的莫過於遊戲的流暢度與豐富的聲光效果。另外一種則是以玩家級與非玩家級來區分，這樣的類型區分必須是能清楚掌握該產品銷售成績，通常是接續作品或是針對特定玩家級族群所設計的遊戲款式。

1-2-2　玩什麼

　　為了讓玩家對於遊戲產生好感，我們必須讓玩家去感覺這款遊戲到底在玩些什麼，是打鬥帶來的刺激呢？還是解謎所帶來的成就感，所以在設定遊戲類型的時候，就必須考慮到這個因素。例如可將遊戲定義在較為普級的玩家，以飛彈混亂射擊方式表現出遊戲的刺激感，而為取得更高的得分數與飛機操控的流暢感為主軸。

▲ 陸戰英豪遊戲是以坦克車對戰為主

　　好玩的遊戲類型還必須符合所謂的「遊戲平衡」原則，一款好的遊戲必定是以公正平衡作為基本條件，這往往必須經過反覆測試才能達到遊戲平衡的目的，如果失去遊戲平衡，就會降低遊戲好玩度了。事實上，一款遊戲可以形容成是各種選擇的集合，當選擇數相對減少，就容易出現不平衡的現象。例如主角招式重複性過多，過度強調其輔助性質，雖可加強主角功能，卻無疑破壞其他人物間的遊戲平衡。

1-2-3　如何玩

　　在設定完遊戲的「給誰玩」和「玩什麼」要素之後，接下來就要讓玩家知道遊戲到底要怎麼玩，簡單的說，「如何玩」就是要告訴玩家們要做什麼才能讓遊戲可以順利地進行下去。如果「如何玩」的設定含糊不清、或過於複雜時，將會讓玩家們抓不到遊戲方向。例如定義出操控一台小飛機在遊戲畫面中可以四處飛行，當小飛機遇上敵機的時候，小飛機可以將敵機打落，而被打落的某些特殊敵機中，會掉落出能夠加強小飛機功能的寶物。如下圖所示：

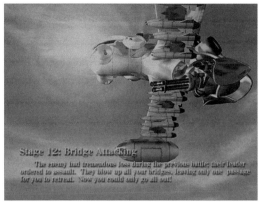

　　從上述的說明中，就可以很輕易定義出一套類似「雷電」的遊戲類型。一般而言，在遊戲系統中可以看到兩個極為重要的因素，那就是足以牽引故事情節的動力——「障礙」與「衝突」。「障礙」就是遊戲中的謎題，「衝突」為遊戲中的戰鬥，這在角色扮演（RPG）的遊戲中，就非常廣泛地使用著。

1-3　骨灰級玩家遊戲硬體採購攻略

　　電腦硬體不斷發展，遊戲製作技術也在不停進步，現代遊戲不只是打發時間的消遣娛樂，還代表著競賽以及與玩家間的社群互動，今天玩家們多添購電競 PC 或是靠不斷升級更高檔的電腦周邊，滿足打電玩時的娛樂需求。硬體是您遊戲裝備的引擎，一款好玩上手的遊戲是對整個電腦系統綜合效能的考驗，遊戲對硬碟傳輸速度、記憶體容量、CPU 運算速度、回應能力、畫面更新率等等也有不同程度的要求。近年來因為直播遊戲實況、電競與網路對戰型遊戲快速興起的緣故，充滿聲光刺激與極限挑戰，是許多資深玩家心中的最愛。有許多喜歡追求頂級配備的玩家不論花多少錢，想方設法也要組裝出宇宙級的電競主機。

▲ 過去昂貴的電競專用電腦,目前價格已經十分親民

　　玩家該怎麼挑選配備真的是一門大學問,特別是想好好打場遊戲,電腦卻不給力,這時該如何是好?例如玩家們經常說玩遊戲最重要的 3 樣基本配備:CPU、顯示卡、記憶體,做為一個夠精明的玩家,應該學會如何利用有限的預算,來達到最佳化的遊戲效能。

1-3-1　CPU 的核心角色

　　對於有經驗的玩家來說,組一台遊戲專用電腦就好像玩樂高玩具一樣,不同的組合,會有意想不到的效果,其中 CPU 就扮演著非常重要的關鍵,因為遊戲跑得順不順,程式 Run 得快不快,多半取自於 CPU,不同的遊戲在不同的 CPU 上會有不同的效果。通常單機遊戲要能順暢執行,大部分就是看 CPU 的效能,雖然 CPU 對於玩遊戲的影響沒顯示卡來得明顯,但 CPU 時脈高低對運算速度還是會有相當影響,只要 CPU 不夠強、核心不足以應付多工,遊戲卡卡的情況就會很明顯。

　　「中央處理單元」(Central Processing Unit,簡稱 CPU)的微處理器是構成個人電腦運算的中心,它是電腦的大腦、訊息傳遞者、和主宰者,負責系統中所有的數值運算、邏輯判斷及解讀指令等核心工作。CPU 是一塊由數十或數百個 IC 所組成的電路板,後來因積體電路的發展,讓處理器所有的處理元件得以濃縮在一片小小的晶片。

▲ Core2 Duo 與 Core i7 CPU

目前無論選擇 Intel 還是 AMD 的 CPU，這場論戰在 PC 遊戲界已經持續好幾年了，其實都是主頻為 3.3GHZ-3.69Ghz 範圍的 CPU 占比最多，4 核心 CPU 還是占據了高達 55% 以上的遊戲電腦，畢竟就算是同款遊戲，畫面要開 720p 跟開 1080p 也有不一樣的需求，例如 Intel 全新的 Intel Core 處理器，就能讓遊戲畫質精采呈現，帶來近 2 倍的繪圖效能和頁框率（FPS）。至於應該要選 Intel 或是 AMD？目前這兩個廠牌的處理器都無可挑剔，各位可以依照個人喜好來做選擇。

 頁框率（Frame Per Second，FPS）是影像播放速度的單位，也就是每秒可播放的畫框（Frame）數，一個畫框即包含一個靜態影像。例如電影的播放速度為 24FPS。

基本上，對於遊戲設備的考量，最好選擇自己適用的，我們經常聽到有些口袋深的玩家只要推出新的 CPU，往往毫不考慮立馬換台主機，其實真的沒有必要非得買最新一代的 CPU 不可，大原則是不論是預算還是效能，最好都能留一點空間。通常前一代的 CPU 不但價格便宜許多，而且效能一樣足以支撐各位盡情把玩未來幾年推出的任何新遊戲。以下是衡量 CPU 速度相關用語，說明如下：

速度計量單位	特色與說明
時脈週期	指的是執行 1 個時脈所需的時間，與時脈頻率互為倒數。例如 CPU 的工作時脈（內頻）為 500 MHz，則時脈週期為 $1/(500 \times 10^6)=2 \times 10^{-9}=5ns$（奈秒）。
內頻	就是中央處理器（CPU）內部的工作時脈，也就是 CPU 本身的執行速度。例如 Pentium 4-3.8G，則內頻為 3.8GHz。
外頻	CPU 讀取資料時在速度上需要外部周邊設備配合的資料傳輸速度，速度比 CPU 本身的運算慢很多，可以稱為匯流排（BUS）時脈、前置匯流排、外部時脈等。速率越高效能越好。
倍頻	就是內頻與外頻間的固定比例倍數。其中： CPU 執行頻率（內頻）= 外頻 × 倍頻係數 例如以 Pentium 4 1.4GHz 計算，此 CPU 的外頻為 400MHz，倍頻為 3.5，則工作時脈則為 400MHz×3.5=1.4GHz。

 所謂超頻，就是在價格不變的情況下，提高原來 CPU 的執行速度，不過並非每一顆 CPU 都有承受超頻的能耐。

1-3-2 主機板與機殼的選購

電腦內的元件大多數是安裝在主機板，在決定好處理器之後，接下來便是挑選主機板，主機板（Mainboard）就是一塊大型的印刷電路板，其材質大多由玻璃纖維連接處理器、記憶體與擴充槽等基本元件，又稱為「母板」（Motherboard）。

目前市面上常見的主機板平台有 2 個，即是 AMD & Intel，不同平台會影響 CPU 上的選擇，過去選購主機板的主要考量因素是使用者所搭配的 CPU 種類，特別是除了 CPU 的針腳外，還要注意主機板的大小能否放入電腦機殼內，不然在組電腦的過程中發現配備彼此不相容，那你就頭大了。

通常好的主機板才能把 CPU 的性能發揮出來，同時也會有比較大的擴充空間，不過由於目前桌上型電腦的內部架構劃分越趨精密，例如 CPU、晶片組或記憶體在搭配上都有一定的規則及限制。晶片組（Chipset）是主機板的核心架構，通常是由矽半導體物質構成，上面有許多積體電路，可負責與控制主機板上的所有元件。我們選購主機板時，除了「本身需求與價格」的基本因素外，包括記憶體規格、CPU 架構、傳輸介面與晶片組品牌都是考量因素。

由於主機板的功用是支撐所有電腦零件的主軸，一般會建議挑選保固期較長與較穩定的主機板，減少維修次數與維修費用，也不要誤以為主機板價格愈昂貴、性能愈好，因為可能很多額外功能不會用到。

1-3-3　不能小看的機殼角色

無論是哪種形式的電腦，都具有型狀與大小不一的主機，一般來說大多數遊戲玩家會選擇桌機，因為功能與擴充性都比較容易掌握。主機可以說是一台電腦的運作與指揮中樞，機殼就是一部電腦的外觀重心。通常桌上型電腦的主機機殼可分為直立式與橫立式兩種，主機的正面提供各種指示燈號與輔助記憶設備出入口；內部包含主機板、CPU、記憶體與顯示卡等，外部以機殼（Case）作為保護，以避免內部元件及電路受到外力直接撞擊或沙塵污染。

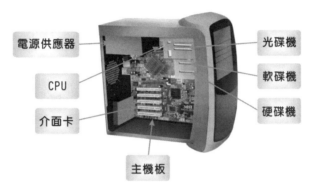

▲ 機殼內部主要元件示意圖

機殼必須考量散熱效果能確實降低電腦內部硬體的溫度，我們經常看到許多玩家會將大把鈔票投資在機殼內的配備上，卻忽略了機殼本身對於遊戲運行效能的重要性，例如遊戲開台往往會開好幾個小時的遊戲，導致電腦內部溫度升高，這時對主機的散熱就會有所要求，建議購買兼具水冷和風冷構造的機殼，具備高效率氣流設計與加裝風扇，會有助於延長內部元件之壽命。

1-3-4　顯示卡的嚴選技巧

對於目前的最新 3D 遊戲大作，遊戲運行起來的頁框率高低主要取決於顯示卡，玩遊戲特別講究顯卡，也是因為遊戲動畫都是由每一幀圖像構成。各位不要意外，近年來非常流行的虛擬比特幣挖礦，運算產出的主要工具還是顯示卡。顯示卡（Video Display Card）負責接收由記憶體送來的視訊資料再轉換成類比電子信號傳送到螢幕，以形成文字與影像顯示之介面卡，顯示卡的好壞當然影響遊戲的品質，不過一定要綜合不同的顯示卡跟遊戲才可以為這張顯示卡的效能下定論。

例如螢幕所能顯示的解析度與色彩數，是由顯示卡上的記憶體多寡來決定，顯示記憶體的主要功能在將顯示晶片處理的資料暫時儲存在顯示記憶體上，然後再將顯示資料傳送到顯示螢幕上，顯示卡解析度越高，螢幕上顯示的像素點就會越多，並且所需要的顯示記憶體也會跟著越多。如果預算足夠的話，建議選購最強大的高階顯示卡，可以一勞永逸撐上好幾年。

以目前市場上的 3D 加速卡而言，目前最常聽見的兩大顯卡商「Nvidia」、「AMD」，級。nVIDIA®（英偉達）公司所生產的晶片向來十分受歡迎，後來在 AMD 收購 ATI 並取得 ATI 的晶片組技術後，推出整合式晶片組，也將 ATI 晶片組產品正名為 AMD 產品。依據市場最新統計，NVIDIA 旗下的顯示卡依然穩居遊戲顯卡冠軍的寶座，一般來說，ATI 的顯示卡擅長於 DirectX 遊戲，至於 nVIDIA 的顯示卡則擅長 OpenGL 遊戲。

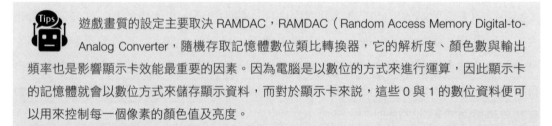

遊戲畫質的設定主要取決 RAMDAC，RAMDAC（Random Access Memory Digital-to-Analog Converter，隨機存取記憶體數位類比轉換器，它的解析度、顏色數與輸出頻率也是影響顯示卡效能最重要的因素。因為電腦是以數位的方式來進行運算，因此顯示卡的記憶體就會以數位方式來儲存顯示資料，而對於顯示卡來說，這些 0 與 1 的數位資料便可以用來控制每一個像素的顏色值及亮度。

1-3-4 GPU 的秘密

▲ NVIDIA 的 GPU 在人工智慧運算領域中佔有領導地位

　　GPU 可說是近年來電腦硬體領域的最大變革，傳統 CPU 內核數量較少專為通用計算而設計，而 GPU 經過最佳化，可並列執行大量計算，也就是以「圖形處理單元」（GPU）搭配 CPU 的微處理器，不但能有效進行平行處理（Parallel Processing），加上其是以向量和矩陣運算為基礎，大量的矩陣運算可以分配給這些為數眾多的核心同步進行處理，還可以達到高效能運算（High Performance Computing，HPC）能力。

 高效能運算（High Performance Computing，HPC）能力是透過應用程式平行化機制，在短時間內完成複雜、大量運算工作，專門用來解決耗用大量運算資源的問題。

　　例如大多數的電競遊戲能否跑得順暢，關鍵取決於 GPU 的效能，對於真正講究最佳體驗實證的玩家來說，當然是要隨時講求最佳遊戲畫面呈現，也就是玩家顯示卡中攸關整體圖形資料運算的 GPU，就顯得分外重要，一顆好的 GPU 可以確保你在未來幾年都能夠舒心快活地跑 3A 級大作。

1-3-5 記憶體的選購

　　一般玩家口中所稱的「記憶體」，通常就是指 RAM（隨機存取記憶體），是用來暫時存放資料或程式，與 CPU 相輔相成。有好的 CPU，千萬不要忽略了記憶體，如果說顯

示卡決定了你在玩遊戲時能夠獲得的視覺享受,那麼記憶體(RAM)的容量就決定了你的硬體是否夠格玩這款遊戲,簡單來說,將 RAM 補血到最大,絕對是打造你完美電競設備的必要環節。

對大型 3D 遊戲情有獨鍾的玩家來說,增加記憶體是增強任何電競裝備效能最快且最經濟實惠的方式。因為這小小一片東西決定了電腦運算的速度,當各位挑了滿意的主機板和 CPU,千萬也別忘了準備足夠的記憶體存放資料。

RAM 中的每個記憶體都有位址(Address),CPU 可以直接存取該位址記憶體上的資料,因此存取速度很快。RAM 可以隨時讀取或存入資料,不過所儲存的資料會隨著主機電源的關閉而消失。RAM 根據用途與價格,又可分為「動態記憶體」(DRAM)和「靜態記憶體」(SRAM)。DRAM 的速度較慢、元件密度高,但價格低廉可廣泛使用,不過需要週期性充電來保存資料。

二十一世紀以來,市場導入了 DDR SDRAM。DDR 技術透過在時脈的上升沿和下降沿傳送數據,速度比 SDRAM 提高一倍。例如 DDR3 的最低速率為每秒 800Mb,最大為 1,600Mb。當採用 64 位元匯流排頻寬時,DDR3 能達到每秒 6,400Mb 到 12,800Mb。特點是速度快、散熱佳、資料頻寬高及工作電壓低,並可以支援更高資料頻寬的四核心處理器。

▲ DDR 系列外觀圖

自從 Intel 宣布新系列的晶片支援第四代 DDR SDRAM-DDR4 後,DDR3 已無法滿足全球目前對效能與頻寬的需求,目前最新的記憶體規格 DDR4 所提供的電壓由 DDR3 的 1.5V 調降至 1.2V,傳輸速率更有可能上看 3200Mbps,採用 284pin,藉由提升記憶體存取的速度,讓效能及頻寬能力增加 50%,而且在更省電的同時也能夠增強信號的完整性。各位在購買記憶體時要特別注意主機板上槽位,不同的 DDR 系列,插孔的位置也不同,筆電與桌電的記憶體大小不同,但同樣也有 DDR1、DDR2、DDR3、DDR4,耗電量則為 DDR1 最大,DDR4 最小。至於 DDR 5(第五代 DDR(雙倍資料速率)同步動態隨機存取記憶體)的記憶體頻寬與密度為 DDR 4 的兩倍,時脈也由 4800MHz 起跳,

除了更低的功耗以及更強的性能，可以支援兩組 40-bit 子通道，能夠將儲存密度提高到每個顆粒 16Gb 甚至 24Gb，也就是 DDR5 的每顆 IC 能存取的資料為 DDR4 的兩倍，資料傳輸速率提升至 6.4Gb/s，並且採用了全新 DIMM 通道架構，提供更好的通道效率。

1-3-6 硬碟與固態式硬碟

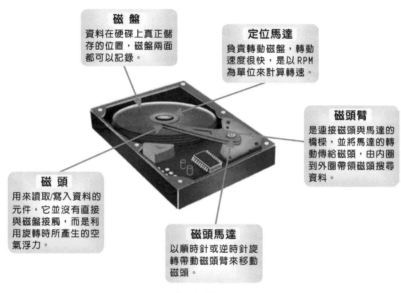

磁 盤
資料在硬碟上真正儲存的位置，磁盤兩面都可以記錄。

定位馬達
負責轉動磁盤，轉動速度很快，是以 RPM 為單位來計算轉速。

磁頭臂
是連接磁頭與馬達的橋樑，並將馬達的轉動傳給磁頭，由內圈到外圈帶領磁頭搜尋資料。

磁 頭
用來讀取/寫入資料的元件，它並沒有直接與磁盤接觸，而是利用旋轉時所產生的空氣浮力。

磁頭馬達
以順時針或逆時針旋轉帶動磁頭臂來移動磁頭。

▲ 硬碟內部構造示意圖

由於電腦的主記憶體的容量十分有限，因此必須利用輔助儲存記憶裝置來儲存大量的資料及程式，儲存裝置不光影響系統可儲存的檔案多寡，也影響到遊戲的效能，儲存裝置愈快，電腦運行速度愈快，遊戲打起來會真的很爽。有些新手經常可能會搞混硬碟容量和記憶體的差別，硬碟（Hard Disk）就是目前電腦系統中最主要長期儲存資料的地方，包括一個或更多固定在中央軸心上的圓盤，像是一堆堅固的磁碟片，每一個圓盤上面都佈滿了磁性塗料，而且整個裝置被裝進密室內，對於各個磁碟片（或稱磁盤）上編號相同的單一的裝置，為了達到最理想的性能表現，讀寫磁頭必須極度地靠近磁碟表面，但實際由於硬碟算是消耗品，一般會建議使用者定期將資料備份到雲端，以免遇到硬碟磁區損壞。

當各位購買硬碟時，經常發現硬碟規格上經常標示著「5400RPM」、「7200RPM」等數字，這表示主軸馬達的轉動速度，磁碟旋轉的速度是整個磁碟性能的要素。轉動速度越高者，其存取效能相對越好。硬碟的性能與容量不光影響系統可儲存檔案多寡，還可以讓讀取和寫入的速度有所提升，直接影響到遊戲的效能，讓各位遊戲過程變得更順暢與速度感。

隨著 SSD 容量因為 NAND 快閃技術演進而持續成長，我們在此還提供一點貼心的小意見，各位最好能為電競主機裝一顆固態硬碟（SSD），因為在讀寫速度上遠高於 HDD，所以有些人會各別買一個 HDD 跟 SSD，可以大幅提升電腦運行的效能，特別是現在價格已經十分親民了！

固態式硬碟（Solid State Disk，SSD）是一種新的永久性儲存技術，屬於全電子式的產品，可視為是目前快閃式記憶體的延伸產品，跟一般硬碟使用機械式馬達和碟盤的方式不同，完全沒有任何一個機械裝置，自然不會有機械式的往復動作所產生的熱量與噪音，重量可以壓到硬碟的幾十分之一，還能提供高達 90% 以上的能源效率，與傳統硬碟相較，具有低耗電、耐震、穩定性高、耐低溫等優點，在市場上的普及性和接受度日益增高。

1-4　遊戲周邊配件的參考指南

隨著遊戲的操作方式越來越複雜，周邊商品也是現在打電競或遊戲時非常在意的一個環節，特別是一場電競比賽中一定會用到電腦與不少周邊配備。如果你是習慣愛玩射擊遊戲的玩家，鍵盤或滑鼠的選擇，就會嚴重影響你操作時的手感，好的鍵盤打起怪來有段落感，反餽力道強。

▲ 耳機也會決定電競場上聽覺的舒適感，尤其在射擊遊戲上更為重要

例如各位肯定也會對耳機有所要求，在遊戲的使用上，耳機多半用於分辨位置，電競耳機必須具備多聲道的功能。因為清晰的音色表現與辨位的能力十分重要，畢竟能不能聽到敵人的腳步聲也是影響勝負的關鍵，例如對於一些音樂成分較強的角色扮演遊戲或冒險遊戲，好的耳機絕對會有更出色的表現，至於挑選電競耳機的訣竅其實還是在聆聽者個人的習慣與喜好，倒是不必拘泥於價格較高的耳罩式耳機，如果是電競 Pro 級的選手使用，還要特別強調抗噪功能，以避免外在嘈雜的聲音影響臨場表現。

1-4-1　螢幕

螢幕的主要功能是將電腦處理後的資訊顯示出來，因此又稱為「顯示器」。目前的螢幕主要是以「液晶顯示螢幕」（Liquid Crystal Display，LCD）為主，並沒有映像管，原理是在兩片平行的玻璃平面當中放置液態的「電晶體」，而在這兩片玻璃中間則有許多垂直和水平的細小電線，透過通電與不通電的動作，來顯示畫面，因此顯得格外輕薄短小，而且具備無輻射、低耗電量、全平面等特性。

▲ 遊戲螢幕越大，視覺效果通常越好

「螢幕刷新率」當然是越高越好，螢幕越高級刷越快，因此選購螢幕時，除了個人的預算考量外，包括可視角度（Viewing Angle）、亮度（Brightness）、解析度（Resolution）、對比（Contrast Ratio）、更新率等都必須列入考慮，螢幕的解析度最少要有 1920×1080P，通常更新率越快，畫面的顯像越穩定也越不會有閃爍，人物移動會更為順暢，最好能搭配 144Hz 以上的更新頻率。如果是從電競或遊戲的角度出發，基本上會分成護眼派跟電競派，最好別買太小尺寸，以免眼睛受傷。另外「壞點」的程度也必須留意，「壞點」會讓螢幕顯示的品質大受影響。

1-4-2 鍵盤

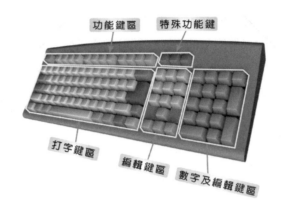

▲ 104 鍵盤功能說明圖

　　鍵盤則是史上第一個與電腦一起使用的周邊設備，它也是輸入文字及數字的主要裝置，好的鍵盤讓你玩遊戲可以十分有感，因為按下鍵盤的感覺，是最直接影響使用體驗。依照鍵盤上的按鍵數量，大部分可分為 101 鍵，104 鍵和 87 鍵等多種類型，最常見的鍵盤模式有 104 個按鍵，包含主要英文字母鍵、數字符號鍵、功能鍵、方向鍵與特殊功能鍵。後來從標準鍵盤中也陸續延伸許多變形鍵盤，大部份這樣的設計是為舒適或降低重複性壓迫傷害，需要大量使用輸入的使用者總是擔心手臂及手的疲勞及扭傷。目前已發展出人體工學鍵盤，可以減低人類長期打字所帶來的傷害，並有無線鍵盤、光學鍵盤等等。由於每個人對按鍵的手感都有不同喜好，依照構造來區分鍵盤大概有以下兩種，最大差異在於觸發模式而導致的不同操作手感：

鍵盤種類	相關說明
機械式鍵盤	按鍵之間各自獨立，互不影響，由於鍵盤的手感取決於鍵軸，依照手感有不同顏色的軸可以選擇，每個按鍵下方都有一觸動開關及彈簧，稱為機械軸，當其被觸動時，便對電腦傳送單一專屬訊號，並發出敲擊聲。
薄膜式鍵盤	又稱為「無聲鍵盤」，構造上以兩片膠膜取代傳統的微動開關，膠膜之間夾著許多線路，靠著按鍵壓觸線上的接點來發送訊號，不管哪種型號款式打起來手感都差不多。這樣的構造除了「無聲」的特色外，還有「防水」功能，如果需要在不同的工作場合頻繁使用電腦，薄膜式鍵盤最適合不過了。

　　電競鍵盤有許多不同款式，除了個人喜愛的的外觀之外，手感、功能、造型、尺寸都是挑選的依據。目前佔大宗的是機械式鍵盤，不但能以鍵盤按壓時的回饋感來做分別，還包括巨集等各種附加功能等，這些都會牽涉到玩遊戲時的精準度及便利性，因為按下

鍵盤的毫秒之差，都可能影響著整個遊戲戰局。在遊戲對戰時，由於戰鬥十分緊張刺激，玩家操作按鍵速度必須相當敏捷，可能在同時按壓多鍵時，會出現某個按鍵送不出去訊號的按鍵，也就是明明就按下按鍵，但畫面內的人物並沒有任何反應，俗稱為「鬼鍵」，通常電競鍵盤會有「N-Key」或是「防鬼鍵」的設計，讓角色都能同步跟上玩家的腳步。N-Key 鍵設計能夠讓玩家就算同時按下多個按鍵也能清楚辨識，例如玩家在使出連續必殺技時能夠順暢不卡鍵。對於一些較挑剔的玩家來說，鍵盤的連接方式也非常重要，不同接頭類型會影響到按鍵時的反應跟速度，例如傳統的 PS/2 連接埠，反應速度絕對優於現在普遍使用的 USB，非常適合玩 FPS 等即時戰鬥遊戲。

▲ 觸發重量：最好落在 65~75g 是打 FPS 遊戲時最舒適的的範圍

1-4-3　滑鼠

　　滑鼠是另一個主要的輸入工具，遊戲中能否精準操作滑鼠成了影響勝負的關鍵之一，因為滑鼠的移動與定位準度，常常會影響到戰局的走向，因此其靈敏度特別重要，直接影響了遊戲畫面、互動甚至是使用功能。相較於普通滑鼠，電競滑鼠偏重外型與性能的性價比，還擁有更高的可玩性。

▲ 造型新穎的光學式滑鼠

滑鼠的種類如果依照工作原理來區分，可分為「機械式」與「光學式」兩種。分述如下：

🎮 機械式滑鼠

「機械式滑鼠」底部會有一顆圓球與控制垂直、水平移動的滾軸。靠著滑鼠移動帶動圓球滾動，由於圓球抵住兩個滾軸的關係，也同時捲動了滾軸，電腦便以滾軸滾動的狀況，精密計算出游標該移動多少距離。

當滑鼠移動時，會帶動圓球滾動，由於圓球頂住兩個滾軸，並且控制水平與垂直移動的軌軸。

當水平與垂直這兩個滾軸轉動時，電路便會開始計算游標所移動的距離。

🎮 光學式滑鼠

光學式滑鼠則完全捨棄了圓球的設計，而以兩個 LED（發光二極體）來取代。使用時滑鼠會從下面發出一束光線，內部的光線感測器會根據反射的光，來精密計算滑鼠的方位距離，靈敏度相當高。

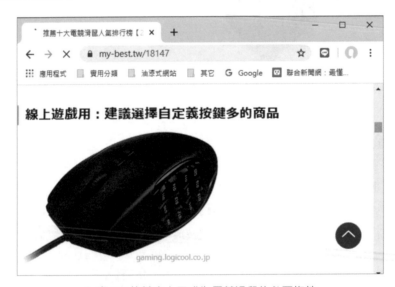

▲ 高 DPI 值基本上已成為電競滑鼠的必要條件

無線滑鼠則是使用紅外線、無線電或藍牙（Bluetooth）來取代滑鼠的接頭與滑鼠本身之間的接線，不過由於必須加裝一顆小電池，所以重量略重。越來越多的無線電競滑鼠款式的發布，滑鼠的無線標準也逐漸滿足了電競的需求，使用無線滑鼠最直接的好處當

然就是沒有線的干擾,讓整個桌面空間乾淨舒服,有些還能加入了無線充電與自訂按鍵功能。有些人喜歡使用大尺寸的螢幕來玩遊戲,無線滑鼠(或鍵盤)就能夠將距離拉遠,享受大螢幕帶來的臨場快感,不過目前電競比賽場上大多數選手還是使用有線滑鼠參賽居多。

由於手跟滑鼠是直接接觸,通常 DPI、回報頻率與手感是一些玩家選擇電競滑鼠的參考標準之一。不管是任何類型的遊戲,對玩家來說,每分每秒都是關鍵,例如 FPS 遊戲要求有非常快速精準的游標,回報頻率越大定位越精準,最好要有 3000DPI 以上,DPI 數值越高,游標移動速度就會越快越快,高 DPI 數值可以讓玩家更加迅速地完成許多遊戲人物的細部操作,不過還是建議各位最好還是能找到適合自己的 DPI。此外,電競選手在設定靈敏度時還會考慮到滑鼠墊的大小等多種因素,例如滑鼠重量也是影響玩家手感的關鍵因素之一,特別是影響操作時的流暢度,找一款與自己手掌配重分布合理的滑鼠,不但可以對滑鼠的掌控更為精準,更能符合個人的特殊手感需求。

1-4-4 喇叭

喇叭(Speaker)主要功能是將電腦系統處理後的音訊,在透過音效卡的轉換後將聲音輸出,這也是遊戲電腦中不可或缺的周邊設備。早期的喇叭僅止於玩遊戲或聽音樂時使用,不過現在通常搭配高品質的音效卡,不僅將聲音訊號進行多重的輸出,而且音質也更好,種類有普通喇叭、可調式喇叭與環繞喇叭。許多喇叭在包裝上會強調幾百瓦,甚至千瓦。一般消費者看到都是廠商刻意標示的 P.M.P.O(Peak Music Power Output)值,這是指喇叭的「瞬間最大輸出功率」。通常人耳在聆聽音樂時,所需要的不是瞬間的功率,而是「持續輸出」的功率,這個數值叫做 R.M.S(Root Mean Square),以正常人而言,15 瓦的功率已綽綽有餘了。另外,喇叭擺設的角度和位置,會直接影響音場平衡。因此常見的二件式喇叭通常擺在螢幕的兩側,並與自己形成正三角形,以達到最佳的聽覺效果。

「杜比數位音效」（Dolby Digital）就是所謂的 Dolby AC-3 環繞音效，是由杜比實驗室研發的數位音效壓縮技術。通常是指 5.1 聲道（六個喇叭）獨立錄製的 48KHz、16 位元的高解析音效。5.1 聲道是指包含前置左右聲道、後置左右聲道與中央聲道，而所謂的 .1 是指重低音聲道，所以 5.1 聲道共可連接六顆喇叭。5.1 聲道增加了一個中置單元，這個中置單元是負責傳送低於 80Hz 的聲音訊號，在影片播放的時候更有利於加強人聲，利用聽覺屏蔽的原理，將人的對話集中在整個環境的中央，以提升整體效果。目前 5.1 聲道已經被廣泛地運用在各種電影院及家庭劇院中。

1-4-5 麥克風

▲ 耳戴式麥克風具備可通話的便利功能

麥克風（Microphone）的主要功能是將外界的聲音訊號，透過音效卡輸入到電腦中，並轉換成數位型態的訊號以方便錄音軟體進行處理。許多人在拍攝影片時，聲音部分是很容易被忽視的一環，麥克風聲音的清晰度絕對和粉絲的關注度成正比，不論是用相機、手機錄製，如果收音沒做好，背景聲、雜音很多，畫面再好也會大打折扣。通常麥克風上千元的款式都很好用，形式包括領夾式、無線、藍牙、外接式都有，例如採訪、直播非常適合使用領夾式麥克風。

我們建議各位所使用的麥克風最好是「指向性麥克風」，好處是針對你要的方向進行收音，就算距離再遠一點還是有不錯的收音，因為可以降低周圍環境的雜音，收音品質也不錯，當然在麥克風前面最好架上防噴罩，把氣音擋下來，避免產生噴麥的情形。

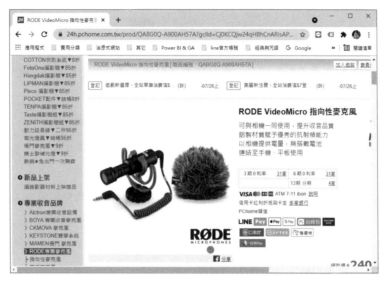

▲ 指向型麥克風可區分為「單一指向型」及「雙指向型」

1-5 遊戲菜鳥懂這些術語，你就是老玩家了

　　當各位與其他玩家在遊戲中相互共鳴的時候，總會聽到一些特殊的行話，如果是一個剛踏進遊戲領域的初學者，對於這些詞語想必一定會鴨子聽雷。事實上，在遊戲領域裡的術語實在是太多了，只有建議您多看、多聽、多問，始能在遊戲世界裡暢行無阻。在本小節裡僅收錄了筆者認為在遊戲界裡比較會聽見的發燒名詞，希望各位能與同學朋友間多加討論新增。

遊戲術語	說明
NPC	指非玩家人物（Non Player Character）的意思。在角色扮演的遊戲中，最常出現是由電腦來控制的人物，而這些人物會提示玩家們重要的情報或線索，使得玩家可以繼續進行遊戲。
KUSO	在日文中原本是「可惡」、「大便」的意思，但對網路 e 世代而言，KUSO 則廣泛指「惡搞」、「無厘頭」、「好笑」的意思，形容離譜的有趣之事物。

遊戲術語	說明
骨灰	骨灰並不是一句損人的話，反而有種懷舊的味道。骨灰級遊戲是形容這款遊戲在過去相當知名，而且該遊戲可能不會再推出新作或停產。一款好的遊戲，一定也擁有某些骨灰級玩家。
街機	是一種用來放置在公共娛樂場所的商用大型專用遊戲機。
遊戲資料片	是遊戲公司為了補足原來版本的缺陷，及建構在原版程式、引擎、圖像的基礎上，並新增包括劇情、任務、武器等元素的內容。
必殺技	通常在格鬥遊戲中出現，指利用特殊的搖捍轉法或按鍵組合，而能使用出來的特別技巧。
超必殺技	指比一般必殺技的損傷來得還要多的強力必殺技。通常在格鬥的遊戲中，它都是有條件限制的。
小強	指討厭的「蟑螂」，在遊戲中代表打不死的意思。
連續技	其用語就是以特定的攻擊來連接其他的攻擊，使對手受到連續損傷的技巧（超必殺技造成的連續損傷通常不算在內）。
賤招	是指使用重複的伎倆讓對手毫無招架之力，進而將對手打敗的招式。
金手指	是指一種周邊設備，用來使遊戲中的某些設定數值改變，而達到遊戲中的利益。例如將自己的金錢、經驗值、道具等利用金手指來增加，而不是透過遊戲的正常的過程來提升。
Bug	指『程式漏洞』，俗稱『臭蟲』。它是指那些因遊戲設計者與測試者疏漏而剩留在遊戲中的錯誤程式，嚴重的話將會影響整個遊戲作品的品質。
包房	在遊戲場景中某個常出現怪物的定點，並且不允許其他玩家跟過來打這地方的怪物。
密技	其用語通常是因為程式設計師的 bug，或是故意設定在遊戲中的一些小技巧，當遊戲中輸入某些指令或做了某一些事就會發生一些意想不到的事…等等，其目的是為了讓玩家享受另一種樂趣。
Boss	『大頭目』的意思。在遊戲中出現的強大有力且難纏的敵方對手。一般這類敵人在整個遊戲過程中只會出現一次，而常出現在某一關的最後，而不像小隻的怪物可以在遊戲中重複登場。
E3	美國電子娛樂大展（Electronic Entertainment Expo）。目前在全球中，屬於最盛大的電腦遊戲與電視遊戲的商貿展示會，通常會在每年的五月舉行。
台版	指『台灣盜版』，常被一些玩家笑稱「愛用國貨」等等譏諷詞，這也是近幾年來受到國人非常關注的『盜版』議題。

遊戲術語	說明
HP	指「生命力」（Hit Point）。在遊戲中即是人物或作戰單位的生命數值。一般而言，HP 為 0 即是表示死亡，甚至 Game Over。
潛水	指有些玩家只會呆在現場，但是不會發表任何意見。像是線上討論區中就有許多潛水會員。
MP	人物的魔法數值（Magic Point），指的就是「魔法力」的意思。在遊戲中即是指一旦使用完即不能再使用魔法招式。
crack	指破解遊戲本身開發者所設計的防拷行為，而可以複製該母片。
Experience Point	指『經驗點數』，通常出現在角色扮演遊戲中，以數值來計量人物的成長，如果經驗點數達到一定數值之後，人物則可以將自己的能力升級，這時人物的功力就會變得更加強大。
Alpha 測試	指在遊戲公司內部進行的測試，就是在遊戲開發者控制環境下進行的測試工作。
Beta 測試	指交由選定的外部玩家單獨來進行測試，就是不在遊戲開發者控制環境下進行的測試工作。
王道	指認定某個遊戲最終結果是個完美結局。
小白	指這個玩家很白目、討人厭的意思。
Storyline	指『劇情』，也就是遊戲的故事大綱，通常可被分成「直線型」、「多線型」以及「開放型」等三種主軸。
Caster	指遊戲中的施法者，如在魔獸爭霸遊戲中常用。
DOT	Damage over time，指在遊戲進行中，一段時間內不斷對目標造成傷害。
活人	指遊戲中未出局的玩家，相對應的是「死人」。
PK	Player kill player，指在遊戲進行中，一個玩家殺死另一個玩家。
FPS	每秒顯示頁框數（Frames Per Second）。NTSC 標準是國際電視標準委員會所制定的電視標準，其中基本規格是 525 條水平掃描線、FPS 為 30 個，不少電腦遊戲的顯示數都超過了這個數字。
GG	好玩的一場比賽（Good Game）。常常在連線對戰比賽間隔中，對手讚美上一回合棒極了！
patch	修正程式。是指設計者為了修正原來遊戲中程式碼錯誤所用的小檔案。
Round	回合。通常是指格鬥類遊戲中一個雙方較量的回合。
Sub-boss	隱藏頭目。有些遊戲中會隱藏有更厲害的大頭目，通常是在通關後出現。

遊戲術語	說明
MOD	修改程式檔（Modification）。有些遊戲的程式碼是對外公開的，如雷神之槌 II，玩家們可以依照原有程式修改，甚至可以寫出一套全新的程式檔。
Pirate	盜版遊戲。
MUD	多用戶地牢 Multi-user Dungeon。類似 RPG 的多人網路連線遊戲，目前多為文字模式。
Motion Capture	動態捕捉機。是一種將物體在 3D 環境中運動的過程轉為數位化的過程，通常用於 3D 遊戲的製作。
Level	關卡，或稱 stage。指遊戲中一個連續的完整場景，而 Hidden Level 則是隱藏關卡，在遊戲中隱藏起來，待玩家自行發現。
加開伺服器	當線上遊戲新增的會員人數過多，為了紓解大量的玩家，就必須加開伺服器，以提供玩家在遊戲過程中，有更好的遊戲品質。
封測	封測就是封閉測試，目的是為了在遊戲正式開放前，可以先找到遊戲的錯誤，才能在遊戲上市後，有較佳的遊戲品質。但封測的人物資料在封測結束後會一併刪除，所以封測主要是測試遊戲內的 bug。

學習評量

1. 簡述遊戲的定義與組成元素。

2. 請簡述目前市面上的顯示卡功能與特色。

3. RAMDAC（Random Access Memory Digital-to-Analog Converter）的主要功用為何？

4. 遊戲中 Caster 是指什麼？

5. 設定遊戲類型的要件為何？

6. 試說明遊戲平衡的意義。

7. 試簡述 VRAM（視頻隨機存取記憶體）與其功用。

8. 什麼是 Experience Point？

9. 單機遊戲要能順暢執行，主要是看哪項元件？

10. 顯示卡性能的優劣有哪些取決的要素。

11. 如果依滑鼠依工作原理可以分為哪幾種？

12. 請簡介固態式硬碟（Solid State Disk，SSD）。

13. 請簡述硬碟的性能與容量對遊戲的影響。

14. 請介紹 RAM 對遊戲的影響層面

15. 如何選購機殼？請簡單說明。

16. 請簡介無線滑鼠的優點與應用。

02

認識遊戲平台

「遊戲平台」（Game Platform）即是可以執行遊戲流程，而且也可與遊戲玩家們溝通的管道與媒介，例如一張紙，就是大富翁遊戲與玩家的一種溝通媒介。遊戲平台又可區分許多不同類型。電視遊戲器與電腦當然也是一種遊戲平台，又稱為「電子遊戲平台」。

▲ 電視遊戲器與大型遊戲機台都屬於是遊戲平台的一種

在各種不同年代中，隨著硬體技術不斷地向上提升下，遊戲從專屬遊戲功能的平台開始發展，現已逐漸在不同類型的平台上進行娛樂，從大型遊戲機、TV 遊戲主機、掌上型主機，慢慢地帶進電腦 PC 與網路的世界，甚至是現在的手機等可攜式裝置，畫面也從只能支援單純的 16 色遊戲發展到現在的 3D 高彩遊戲，使人們接觸與體會遊戲更為精緻與方便。

> **Tips** 「擴增實境」（Augmented Reality，AR）是一種將虛擬影像與現實空間互動的技術，能夠把虛擬內容疊加在實體世界上，強調的不是要取代現實空間，而是在現實空間中添加一個虛擬物件，並且能夠即時產生互動。例如寶可夢（Pokemon Go）遊戲是由任天堂公司所發行的結合智慧手機、GPS 功能及擴增實境（Augmented Reality，AR）的尋寶遊戲。

▲ 不分老少對抓寶都為之瘋狂

　　猶如噴射機速度發展的遊戲產業已經變成了一個「適者生存」的社會模式時，不論各位想成為一位電競戰隊的選手或遊戲設計的高手，首先必須認識遊戲史上最強的五種遊戲平台，包括電視遊戲機（TV Game）、大型機台遊戲、單機遊戲（PC Game）、線上遊戲、手機遊戲（Mobile Game）等，接著還要從各種遊戲平台的發展史來深入了解遊戲產業以及平台興衰所帶動影響的遊戲產品特色。

2-1　大型遊戲機

　　在三十幾年前的遊戲圈中還看不到電視遊樂器，但是說起電玩，大家首先想到的就是擺放在遊藝場或百貨公司裡的大型遊戲機，往往給人較負面的印象，例如以輪盤、賓果、水果盤、跳舞機等為主。但不可否認的，它卻是所有遊戲平台的祖師爺，而且到現在都歷久彌新。

▲ SEGA 遊戲機台的外觀

※ 取自 http://gnn.gamer.com.tw/9/16119.html

　　大型遊戲機（Arcadegame）就是附有完整周邊設備（顯示、音響與輸入控制等等）的娛樂裝置。通常它會將遊戲的相關內容，燒錄在晶片之中加以儲存，再由玩家經過機器所附設的輸入設備（搖桿、按鈕或是方向盤等特殊裝置），來進行遊戲的執行處理動作。例如街機就是放置在公共娛樂場所的商用大型專用遊戲機。

2-1-1　大型遊戲機優缺點

　　通常大型遊戲機台多以體育與射擊性遊戲為主要類型，因為可以提供專用的動作操作方式。其優缺點整理如下：

🎮 優點

- 整合了螢幕與喇叭等多媒體設備，遊戲的聲光效果是其他平台所無法比擬，最具有臨場感與身歷其境的震撼效果。

- 操作介面為專門針對某項遊戲所設計，因此比其他遊戲平台更貼心與人性化。

- 遊戲內容加以模組化燒錄於晶片之中，因此不需要考量是否會發生硬體設備不足，而無法執行遊戲的錯誤現象。

- 執行遊戲之前，不需要任何的安裝動作，直接上機即能開始進行遊戲。

🎮 缺點

- 價格較為昂貴。

- 由於遊戲是燒錄在晶片之中，如要切換遊戲，則必須更換機器內部的遊戲機板，因此每個大型機台幾乎只能執行一種遊戲程式。

國內外大型遊戲機台的製作廠商相當多。而世嘉（SEGA）幾乎壟斷了國際上大型遊戲機台市場，而且把許多 TV 遊戲主機上的知名作品，成功移植到大型遊戲機台上。各位在遊藝場看到的電動玩具機和遊戲軟體多數都是 SEGA 的產品。除了許多自 80 年代就紅極一時的運動型遊戲外，也有像「甲蟲王者」（Mushi King）的益智遊戲，可以讓小朋友在大型機台遊戲當中，見識到大自然的百態，相當受到家長與小朋友的喜愛。

2-2　電視遊戲器

電視遊戲器是玩家可藉由輸入裝置來控制遊戲內容的主機，輸入裝置包括搖桿、按鈕、滑鼠，並且電視遊樂器的主機可和顯示裝置分離，而增加了電視遊樂器的可攜性，特別是電視遊樂器玩家的年齡層相對於電腦遊戲的年齡層低上許多。大家公認 Atari 公司於 1977 年生產的 Atari 2600 是世界上第一台電玩主機。

▲ 功能不斷創新的 TV 遊戲機寵兒

2-2-1 獨領風騷的任天堂

　　各位應該常聽到許多老玩家口中唸唸不忘的紅白機吧！雖然現在的 TV 遊樂主機一直不斷推陳出新，不過它們還是不能取代紅白機在玩家心中祖師級的地位。自從 1983 年任天堂公司推出了 8 位元的紅白機後，這個全球總銷售量 6000 萬台的超級巨星，決定了日本廠商在遊戲主機產業的龍頭地位，不同平台的 TV 電視遊戲（如 PS5、XBox 等），如雨後春筍般推出，目前仍是全球市場的主流。

▲ 紅白機外觀

　　所謂紅白機，就是任天堂（Nintendo）公司所生產的 8 位元 TV 遊戲主機，正式名稱為「家用電腦」（Family Computer，FC）。至於為什麼稱為「紅白機」呢？那是因為當初 FC 以紅白相間的主機外殼來呈現而稱之。

　　任天堂公司後來也推出了 64 位元 TV 遊戲機，名為「任天堂 64」，最大特色就是第一台以四個操作介面為主的遊戲主機，並且以卡匣做為軟體的媒介，大大提升了軟體讀取速度。如下圖所示：

　　GameCube 則是任天堂公司所出的 128 位元 TV 遊戲機，也是屬於純粹家用的遊戲主機，並沒有集合太多影音多媒體功能。另外為了避免和 Sony 的 PS2、微軟的 XBOX 正面衝突，任天堂把火力全部集中在 GameCube 遊戲內容品質的加強，如同其歷久彌新的遊戲「瑪利歐兄弟」，到現在仍然有許多玩家對其情有獨鍾。所以 GameCube 的硬體成本自然就可以壓得很低，而其售價自然也是最吸引玩家們的地方。如下圖所示：

　　掌上型遊戲裝置是家用型遊樂器的一種變形，但由於它所強調的是可攜帶性，因此必須犧牲部分多媒體效果。特別是輕薄短小的設計，種類豐富的遊戲內容，向來風靡不少遊戲玩家。有時在機場或車站等候時，經常可以看到人手一機，利用它來打發無聊的時間。接著來介紹史上有哪些曾經大受歡迎的掌上型遊戲機。

　　近年來由於消費水平日漸提升，一般單純的掌上型遊樂器已無法滿足玩家的需求，因此許許多多攜帶型設備與裝置（例如：PDA、行動電話、移動式儲存裝置等等），也紛紛投入這塊尚未開拓的廣大市場之中。

　　例如 Game Boy 是任天堂所發行的 8 位元掌上型遊戲機，之後還推出了各式各樣的新型 Game Boy 主機。NDS（Nintendo DS）也是任天堂發表的掌上型主機，而 NDS-Life（NDSL）是於 2006 年 3 月所推出的改良版，具有雙螢幕與 Wi-Fi 連線的功能，折疊式機型與上下螢幕，下畫面為觸控式螢幕，玩家可以觸控筆來進行遊戲操縱。

▲ Game Boy 與 Nintendo DS 的輕巧外觀

2-2-2 互動科技與 Wii

　　近年來許多類比的設備開始數位化，新的創作媒介與工具提供了創作者新的思考與可能性，互動設計的產品不斷出現。互動設計的應用其實無所不在，透過類似各種感測器功能，可讓使用者藉由肢體動作、溫度、壓力、光線等外在變化達到與電腦互動溝通的目的。最簡單的如房間中的冷氣溫控，就是利用感測器偵測環境溫度；或智慧型洗衣機可以依據所洗衣物的纖維成分，來決定水量和清潔劑的多寡及作業時間長短，甚至是大家較熟知的多點觸控技術，都是希望讓使用者在操作電腦時能夠更為直覺地運用手指、手勢完成複雜的操作。

　　隨著 Wii 在 2007 年強勢推出後，與 GameCube 最大的不同點在於其開發出來革命性的指標與動態感應無線遙控手柄，並配備有 512MB 的記憶體，於遊戲方式來說是一種革命，將虛擬實境技術推前一大步，也算是目前相當流行的互動設計（Interaction Design）鼻祖。

　　這款遙控器不但可以套在手腕上來模擬各種電玩動作與直接指揮螢幕，還能透過 Wii remote 的靈活操作，讓平台上的所有遊戲都能使用指向定位及動作感應，而讓使用者彷彿身歷其中。

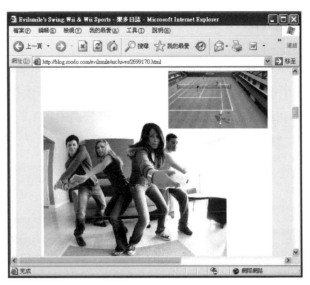

※ 取自 http://blog.roodo.com/evilsmile/archives/2699170.html

　　例如在遊戲進行間做出任何動作（網球、棒球、釣魚、高爾夫、格鬥）時，無線手柄都會模擬震動及發出真實般的聲響，如此一來，玩家不但能感受到身歷其境的真實體驗，還能手舞足蹈地融入情境。

　　任天堂於 2012 年發表後繼機種「Wii U」，結合闔家同樂與個人娛樂訴求，是任天堂歷史上第一部支援全高畫質解析度（最高為 1080p）的家用遊戲主機，主機閃存記憶體為 8G，Wii U 的記憶體容量是 Wii 的 20 倍，也包含一個 Wii U GamePad 控制器與一支觸控筆，基本配線有 HDMI、電源線與變壓器，採用配備 6.2 吋觸控螢幕的平板式遊戲控制器，可以利用新控制器直接玩家用主機遊戲，而且 Wii U 還擁有許多玩家無法在 PS 和 Xbox 上玩到的獨家遊戲。

▲ Nintendo Switch Lite

2-2-3 Play Station

談到 TV game，絕對不可能忽略任天堂的另一個強勁對手——Sony 公司。Sony 產品的發展史就是一個不斷創新的歷史，1994 年憑藉優秀的硬體技術推出 PS，兩年內就熱賣一千萬台。PS 即為 Play Station 的縮寫，它是 Sony 公司所生產的 32 位元 TV 遊戲機，其名稱指的是「玩家遊戲站」的意思。如下圖所示：

PS 遊戲主機最大特色在於 3D 運算速度，許多遊戲在 PS 遊戲主機上讓 3D 性能發揮到了極限，其中最吸引玩家的地方也就是可以支援許多畫面非常華麗的遊戲。而 2006 年進一步開發的 PS3，其最大特色是建置了藍光播放機（Blu-ray Disk），能夠欣賞超高畫質影片，並將數位內容儲存在遊戲主機上，再轉到電視上播放。

2013 年再推出 PS4，擁有 x86-64 架構的 8 核心 CPU，搭配運用雲端技術的系統結構與 8GB 的主機記憶體，更提供了面積加大的觸控板、內建動作控制器，另有揚聲器和耳機插孔，且玩家可以自行更換更大的硬碟。並且新增了社群分享功能，透過分享鍵可以直接連結各大社群，將玩遊戲的畫面直播給好友觀看。而 2020 年開賣的 PS5，強調輸出最高可達 8K，支援「光線追蹤」等新技術，也支援 HDMI 2.1，具備比前一代更高的處理效能，更大幅地提升遊戲的影音品質。

虛擬實境技術（Virtual Reality Modeling Language，VRML）是一種程式語法，主要是利用電腦模擬產生一個三度空間的虛擬世界，提供使用者關於視覺、聽覺、觸覺等感官的模擬，利用此種語法可以在網頁上建造出一個 3D 的立體模型與立體空間。VRML最大特色在於其互動性與即時反應，可讓設計者或參觀者在電腦中獲得如身處真實世界一般的感受，並且可以與場景產生互動，360 度全方位地觀看設計成品。

2-2-4　Xbox

Xbox 是微軟（Microsoft）公司所生產發行的 128 位元 TV 遊戲機，擁有強大繪圖運算處理器的主機，給遊戲設計者帶來前所未有的創意想像技術與發揮空間，並提供影片、音樂及相片串流功能。Xbox Series X 採用整合 AMD Ryzen 的「Zen 2」與高速的 SSD，可以支援 8K 畫質和 120 fps 螢幕更新率，比 Xbox One X 的處理能力快上 4 倍，對決 PlayStation 5。

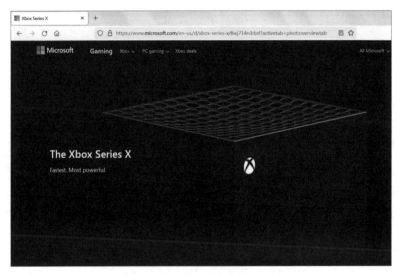

▲ Xbox Series X 號稱史上最強大遊戲機

2-3　單機遊戲

隨著遊戲的發展，電腦也儼然成為遊戲重要的平台之一。一些知名的骨灰級遊戲，如創世紀系列、超級運動員、櫻花大戰、絕對武力等，皆可在電腦上玩。

▲ 櫻花大戰與絕對武力遊戲

　　單機遊戲是指僅使用一台遊戲機或者電腦就可以獨立運行的電子遊戲。由於電腦的強大運算功能以及多樣化外接媒體設備,使得電腦不僅僅是實驗室或辦公場所的最佳利器,更是每個家庭不可或缺的娛樂重心。早期的電子遊戲多半是遊戲公司設計好後,在各大電腦賣場或 3C 通路鋪貨,待購買後在個人電腦上使用,而遊戲的內容只要不錯就能吸引到玩家購買,不過最大的麻煩就是盜版問題。

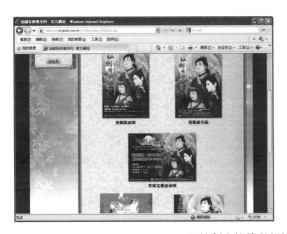 

▲ 仙劍奇俠傳與軒轅劍即為單機遊戲

2-3-1 單機遊戲的發展與未來

　　單機遊戲的優點和電視遊樂器相較,並非單純的遊戲設備,其強大的運算功能與豐富的周邊設備,可說是結合了大型機台與家用型遊樂器的優點,不僅能發揮強大的影音效果,更可隨意切換所要進行的遊戲。此外,還能配合特殊的控制裝置,把遊戲的臨場感表現無遺。

不過近年來隨著線上遊戲的興起，大部份線上遊戲的耐玩程度及互動程度都較單機遊戲來得高。現今遊戲市場中最主力的玩家應該都是 12~25 歲的玩家，在這時期的青少年們最重視的就是同儕之間的關係與互動，而傳統的單機遊戲不論製作的內容或機制再好，玩家都無法感受到與人的互動關係與聊天的樂趣。歸納單機遊戲式微的原因如下：

(1) 單機遊戲的盜版風氣太盛，只要有一定的銷售量或名氣，在上市後不出三天就能發現各種盜版，這也是現在台灣市場普遍流行線上遊戲的原因之一。

(2) 由於電腦是由各種不同的硬體設備所組成，而每款單機遊戲對硬體的要求標準不一，所以常常產生不相容的問題，加上安裝與執行遊戲過程繁雜，玩家必須對電腦有基本操作常識，才能夠順利進行遊戲。

(3) 雖然影音效果十足、畫面設計精美的電腦單機遊戲，總是吸引不少玩家的青睞，但仍無法跟電視遊樂器比美。所以為了追求更好的聲光效果，寧可買 PS、GC、X BOX 來玩，而造成單機遊戲玩家慢慢流失。

(4) 在市場景氣不好，所有人的荷包都縮水的時候，一些非必要性的支出會被刪減，單機遊戲一次所付出的成本較重，故在經濟不景氣的狀況下市場難免會受到削減。

2-4 網路遊戲

隨著網路硬體環境的不斷發展與單機遊戲模式的僵化，也帶來了更加豐富的資訊與服務，網路化的遊戲進一步超越的是人與人之間的互動交流，也使得網路遊戲佔據了目前最大宗市場。

網路遊戲又可再細分為「網頁遊戲」（Web Game）、「區域網路遊戲」（LAN Game）及「線上遊戲」（Online Game）等。與傳統遊戲不同點在於網路遊戲可經由網路與其他玩家產生互動，不像傳統遊戲只能在自己的電腦前自得其樂。電腦與網路所提供的休閒娛樂功能遠勝於其他電子多媒體，成為 E 世代年輕人休閒娛樂歷程中不可缺少的一環。

▲ 魔獸世界是相當火紅的線上遊戲

　　例如區域網路遊戲就是可容許少數玩家設立小型的區域網（LAN）進行遊戲對戰。以下是榮欽科技團隊開發的新無敵炸彈超人遊戲，簡單易上手，內容又不失刺激有趣的動作益智遊戲，更提供網路連線對戰功能。雖然是款小品遊戲，但由於娛樂性高，可以百玩不厭。

▲ 炸彈超人是套耐玩度相當高的區域網路遊戲

2-4-1　線上遊戲簡介

　　隨著網際網路的盛行,線上遊戲的市場倍增,網路的互動性改變了遊戲的遊玩方式與型態,重組整個遊戲產業生態,藉由線上遊戲精心設計的平台,玩家可以互相聊天、對抗、練功。網路讓遊戲突破了其遊戲本身的意義,塑造了一個虛擬空間,結合聲光、動作、影像及劇情的線上遊戲短短數年蔚為流行。

▲ 線上遊戲受到廣大年輕族群的喜愛

　　目前在國內外線上遊戲的產值不斷地在成長。由於網路社群與高度互動性與黏性,不需要實體通路的電子商務而靠收取連線費用的商業模式,都說明了線上遊戲真的是網路時代下的全新商業模式,加上使用者平均花費有限與線上遊戲有解決盜版的效果,因此線上遊戲市值不斷成長,成為市場上最為風行的遊戲軟體種類。

2-4-2　線上遊戲演進史

　　線上遊戲的發展可追溯至 1970 年代大型電腦上,由於網路遊戲需要大量運算和網路傳輸量,因此早期的網路遊戲通常以純文字訊息為主,始祖可回溯至 1980 年代由英國所發展出的多人線上遊戲──泥巴(Multi-User Dungeon,MUD)。

　　MUD 是存在於網路、多人參與、使用者可擴張與互動的虛擬網路空間,其介面是以文字為主,最初目的僅在於提供玩家可經由網路聊天的管道。國內自製的第一款大型多人線上遊戲則是「萬王之王」,而在台灣首先造成流行的當推星海爭霸及微軟的世紀帝國。

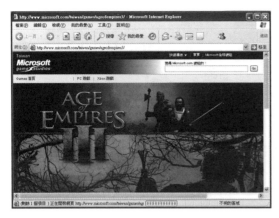

▲ 世紀帝國與星海爭霸是大型多人線上遊戲

　　即時戰略遊戲也就是連線對戰遊戲，此種連線的遊戲機制是由玩家先在伺服器上建立一個遊戲空間，有千變萬化的遊戲畫面、具有團隊競爭樂趣。例如曾經紅極一時的 "CS"（戰慄時空之絕對武力），是以團隊合作為基礎的網路遊戲模式，讓玩家可以體驗所呈現的真實感及前所未有的感官刺激。

　　目前線上遊戲以大型多人線上角色扮演遊戲（Massive Multiplayer Online Role Playing Game，MMORPG）為多，玩家必須花費相當多時間來經營遊戲中的虛擬角色，例如由遊戲橘子代理的「天堂」遊戲。MMORPG 為了吸引更多的玩家進入，在內容風格上也逐漸擴展出更多的類型，如以生活和社交、人物，或是寵物培養為重心的另類休閒角色扮演遊戲。

2-4-3　虛擬寶物和外掛的問題

　　線上遊戲有一個吸引人之處，就在於玩家只要持續「上網練功」就能獲得寶物，例如隨著線上遊戲的發展產生可兌換寶物的虛擬貨幣。而虛擬貨幣不僅在遊戲中具有使用價值，且因市場的需求，間接保證了虛擬貨幣的價值穩定。然而在遊戲的深入發展下，玩家們為了取得遊戲內的道具或物品（虛寶），便會開始在現實世界中進行買賣，甚至逐漸發展至虛擬世界的貨幣（如天堂幣）能和真實世界中的貨幣交換。

▲ 天堂遊戲中的天幣是玩家打敗怪獸所獲得的虛擬貨幣

※ 圖片來源：http://lineage2.plaync.com.tw/

　　由於線上遊戲的魅力不減，且虛擬貨幣及商品價值日漸龐大，這類價值不斐的虛擬寶物玩家需要投入大量的時間才可能獲得，也因此有不少針對線上遊戲設計的外掛程式，可用來修改人物、裝備、金錢、機器人等，進而提升等級或打寶並縮短投資在遊戲裡的時間。

　　要注意的是，有些線上遊戲玩家會運用自己豐富的電腦知識，利用特殊軟體（如木馬程式）進入其他玩家的電腦暫存檔獲取帳號及密碼，或用外掛程式洗劫對方的虛擬寶物，甚至把別人的裝備轉到自己的帳號來。由於線上寶物目前一般已認為具有財產價值，這些行為已構成了意圖為自己或第三人不法之所有或無故取得、竊盜與刪除或變更他人電腦或其相關設備之電磁記錄的罪責。

> **Tips** 近期全球最熱門的網路虛擬貨幣，應該非「比特幣」（Bitcoin）莫屬，和線上遊戲虛擬貨幣相比，比特幣可說是這些虛擬貨幣的進階版。由於比特幣是一種不依靠特定貨幣機構發行的全球通用加密電子貨幣，是透過特定演算法大量計算產生的一種 P2P 形式虛擬貨幣，它不僅是一種資產，還是一種支付的方式。任何人都可以下載 Bitcoin 的錢包軟體，並以數位化方式儲存於雲端或是用戶的電腦。

此外，線上遊戲之所以能讓人著迷，最主要還是人性的好勝心與競爭，因此外掛會造成線上遊戲的不公平，就像考試作弊一樣，而外掛的大量入侵，也造成未使用外掛玩家的反感。另外因為玩家長期處於「掛機」狀態，伺服器需要使用更多資源來處理這些並非人為控制的角色，讓伺服器端的工作量激增。對於遊戲公司的形象與成本來說，都是相當負面的影響。

再說到外掛問題，一般玩家的痛恨度大概僅次於盜用帳號。所謂「外掛程式」（Plug-in），是一種並非由該軟體原設計公司所設計的電腦程式，區分為遊戲與軟體，最常見的是遊戲外掛，分為單機遊戲外掛及網路遊戲外掛。單機遊戲外掛的定義則是「遊戲惡意修改程式」，例如修改遊戲的記錄存檔，讓很多不是遊戲高手的玩家，可以很輕易完成遊戲。

2-4-4 線上遊戲技術

線上遊戲技術的基本運作就是由玩家購買的客戶端程式來連上廠商所提供的付費伺服器，而伺服器則提供一個玩家可以活動的虛擬網路空間。由於網路的四通八達，一台主機不可能只接受一個玩家，必須能讓玩家從不同地方進入。若以伺服器端的觀點來看，則要知道玩家到底是正把過關資料寫入，還是在讀取主機的資料。

單機遊戲與線上遊戲架構的最大不同之處在於流程的驅動，亦即控制其訊息的驅動元件不相同。一般單機遊戲時，若有另一個角色在遊戲中，其驅動是由人工智慧來控制其行為，但在線上遊戲時，則由另一名線上玩家來控制。

一款線上遊戲的開發重點大概可分成遊戲引擎、美術設計與伺服器系統三個重點，而線上遊戲上市後的成敗與否，伺服器的軟硬體穩定度與網路品質也佔了重要的成分，也就是遊戲流暢度。由於網路軟硬體架構品質不夠統一，因此線上遊戲在開發時最嚴重的問題在於連線延遲（Lag），每一個連結節點出了狀況，都會影響到遊戲的整體速度。由於線上遊戲涉及到網路連線的層面，在此先簡單為各位介紹基本觀念，對於網路連線問題可以注意於三個主要重點：

🎮 網際網路位址

網際網路位址即我們所常稱的 IP 位址（Internet Protocol Address），IP 位址代表網路上的一個位址，每台電腦要連接網路都必須有一個獨一無二的位址，而要進行網路連線，本機電腦自己要有一個位址，而您也要指定一個連接目的位址。

通訊連接埠

通訊連接埠是指那些具有網路連線能力的應用程式，所傳遞出去的資料都必須指定一個通訊連接埠，當作業系統接收到網路上所傳來的資料時，就是根據這個資訊來判別，並將這些資料交由專責的應用程式來處理。

Socket 位址

Socket，簡單來說，就是兩部電腦要進行傳輸的管線。只要透過 Socket，接收端可以接收傳送端傳送的任何資訊，當然傳送端可以在近處，也可以在遠端，只要對方的 Socket 和自己的 Socket 產生連結就能通行無阻。一個 IP 位址加上一個通訊連接埠，我們稱之為「Socket 位址」（Socket Address），如此就可以識別資料是屬於網路上何台主機中的哪一個應用程式。Socket 的觀念較為抽象，各位可以將之想像為兩台電腦後有個「插座」，而有一條電線連接兩台電腦，資料則像是電流一般在兩台電腦之間傳遞。

各位要建置一個 Socket 網路應用程式，首先必須包含伺服器端和客戶端。例如以伺服器端來聆聽網路上各種連結，並等待客戶端的要求！當伺服端和客戶端的 Socket 連結，就形成了一個點對點的通訊管道。

一般說來，線上遊戲所使用的通訊協定是非連線導向的 UDP，而不是連線導向的 TCP。原因在於 TCP 的可靠性雖然較好，但是缺點是所需要的資源較高，每次需要交換或傳輸資料時，都必須建立 TCP 連線，並於資料傳輸過程中不斷地進行確認與應答的工作。

像是線上遊戲這種小型但頻率高的資料傳輸，必須考量到大量儲存遊戲角色資料的可能性，這些工作都會耗掉相當的網路資源。至於 UDP 則是一種非連接型的傳輸協定，能允許在完全不理會資料是否傳送至目的地的情況進行傳送，適用於廣播式的通訊，也就是 UDP 還具備有一對多資料傳送的優點，這是 TCP 一對一連線所沒有。

通常開發團隊會將線上遊戲分成兩個部分來開發，包含客戶端與伺服端。以客戶端來說，與單機遊戲的架構十分近似，但是必須多考慮連線物件與封包處理機制。例如原本單機遊戲的 NPC（Non-Player Character）的行為模式是由客戶端自行處理，但是在線上遊戲中卻是由伺服器端依照實際人物在遊戲世界中的位置，經由連線將人物的相關資訊傳送至客戶端，客戶端接收到封包後再將人物呈現出來。人物的資訊中會包括種族、性別、臉型、裝備、武器、狀態甚至對話資訊等等，所以客戶端的所有運作都會跟伺服端的封包有關。再以伺服端來說，連線物件（Winsock）、資料庫（DB）、多執行緒（Multi-Thread）、記憶體管理等，都是極為重要的技術。以記憶體管理來說，伺服器將

接受許多客戶端成千上萬的封包，並且連續長時間的運作，若記憶體不能有效的管理，伺服端往往承受不住這龐大的負荷，這也會影響到伺服端本身的效能與穩定性。

2-4-5 網頁遊戲

網頁線上遊戲，意指網頁伺服器，又稱網頁遊戲，早在 1990 年代，歐美就出現了許多網頁遊戲，而近幾年，正值遊戲產業極速成長的時刻，開發成本相對較低的網頁遊戲，自然也成為業界開發的重點目標之一。雖然和線上遊戲相比，網頁遊戲的規模沒有那麼大，也沒有辦法呈現較佳的視覺效果，所以多半在即時策略、模擬經營養成這方面著墨，以彌補畫面上的不足。

▲ 網頁遊戲形式簡單形成一股遊戲新浪潮

線上遊戲需要下載辦帳號與安裝客戶端軟體，對電腦配置要求也越來越高，而且運行遊戲需佔用一定的資源和空間。網頁遊戲則不須安裝客戶端程式，只要辦帳號就可透過網際網路瀏覽器來玩遊戲，一般只要進入官網註冊後，便可直接登入伺服器進入遊戲的世界，無論任何地方、任何時間、任何能上網的電腦，都可以直接玩。一般網頁遊戲輕薄短小的特性，讓玩家只要使用瀏覽器，就可以在不影響網頁瀏覽、通訊聊天的同時，還能玩遊戲。

▲ Web 三國是線上經營戰略的網頁遊戲

　　至於線上遊戲所面臨的新競爭之一，就是社群網站（Social Networking Service，SNS）上的遊戲，例如 Facebook 的開心農場等。線上遊戲著重視覺效果，不管在美術或動作風格上，都必須有一定水準，而成本低廉的網頁遊戲比較沒有辦法呈現這些效果。不過彌補了以往線上遊戲相當缺乏的一塊類型缺口，那就是以休閒為主的模擬經營與策略類型遊戲。開心農場成功的關鍵就是創造出與人互動的遊戲模式，讓玩家玩遊戲時不再孤單一人，延伸到朋友與朋友之間的互動模式與聯繫性。事實上，社群網頁遊戲在過去網路遊戲的世界上早已發展健全，可以運用既有的龐大社群置入遊戲功能，這種社群內的網頁遊戲不但種類多元，而且黏著度高，只要上網即可開始玩。

▲ Facebook 的線上開心農場網頁遊戲

2-4-6　線上遊戲的未來

　　線上遊戲不僅是目前最熱門的休閒活動，同時也是政府「數位內容發展計畫」的重點發展項目，線上遊戲的興起也徹底改變了遊戲開發廠商的商業模式。以往的單機版遊戲必須依靠實體通路商去舖貨，如今轉向虛擬的網路通路，加上國內本土遊戲產業發展趨勢一直受限於美日韓遊戲的影響，其中韓國線上遊戲的風格最為多元化，國內線上遊戲經營廠商在考量技術及行銷成本策略下，多半以採取代理方式為主，例如天堂、仙境傳說、楓之谷等都屬於韓國風的遊戲。

　　線上遊戲由於在劇情架構上具延伸性，而且玩家需要藉由時間來累積其經驗值與黏著性，故在放棄舊遊戲而去玩新遊戲的成本相對較高的情況下，玩家的忠誠度通常相當高，加上玩家除了享受一般單機遊戲的樂趣外，更能透過各種社群交談功能認識志同道合的新朋友，對於整個遊戲市場人口的擴大，扮演了很重要的角色。因此它的商業模式也順應時代背景以及玩家群的需求而調整、競爭和創新，從急邊興起到泡沫化後的成熟期，並且由單機購買到線上、收費到免費。

　　對於線上遊戲來說，軟體的銷售僅佔其營收的一小部分而已，主要營收來源是來自於玩家上網的點數卡或會員月會費收入，例如線上遊戲的付費方式可區分成免費遊戲與付費遊戲兩種。付費遊戲多數是高服務品質的線上遊戲，以月卡、包月、點卡制度收費，至於道具欄、倉庫、創新人物，新資料片都不需用再額外收費。這種方式進入遊戲因為需要繳費的門檻，所以不容易衝高使用人數，需要一定的時間及足夠的行銷費用。

信用卡　　　　　　　傳真　　　　　　　ATM匯款

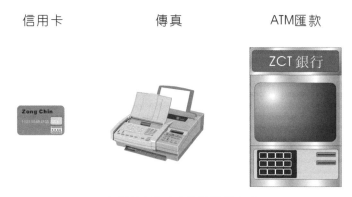

▲ 目前有許多方便的繳費方式

　　對遊戲要求較低的非死忠玩家市場，就走入免費行列，在現在遊戲市場中，線上遊戲都偏向於免費遊戲，人氣通常會飆高。不過如果要購買遊戲中的虛擬道具或裝備，則需另外付費購買。甚至有些免費線上遊戲收費模式不同於以往使用者付費的概念，也就是玩家如果不想花錢購買遊戲內的道具、寶物、創新人物、商城商品，遊戲新版本之類，

依然可以繼續玩遊戲，且帳號不會因此被停權而無法進行遊玩，也就是使用者付費，不使用者免費。

線上遊戲（Online Game）的產值高，但相對的風險也相當高，線上遊戲的業績起伏向來隨季節變化，和景氣較無明顯連動，但受消費者節約開支影響。由於目前免費遊戲盛行，加上「大型多人線上遊戲」（MMORPG）收費機制逐漸穩固，相較於早期僅個位數線上遊戲的時代，現在市面上早有數百款遊戲讓消費者選擇，這塊大餅已經由早期賣家市場轉成買家市場。

由於每個玩家的喜好不同，因此不同題材的遊戲能夠吸引不同屬性的玩家，在市場規模有限的情況下，多數玩家不會同時玩太多遊戲，多會集中在一兩款遊戲，花費最多的時間來玩，演變到最後，將形成同一題材網站可能僅有一至兩家能夠存活於市場上。一款遊戲能否持續受到歡迎，則在持續不斷地推出新款產品的研發深度。不過線上遊戲的經營模式可免除掉盜版業者的困擾及凝聚社群力量的特性，近年來還是保持一定的成長速度。

2-5　當紅的手機遊戲

在 5G 行動寬頻、網路和雲端服務產業的帶動下，全球行動裝置快速發展充斥著我們的生活，這股「新眼球經濟」所締造的市場經濟效應，正快速連結身邊所有的人、事、物，改變著我們的生活習慣，讓現代人在生活模式、休閒習慣和人際關係上有了前所未有的全新體驗，特別是智慧型手機越來越流行，更帶動了 App 的快速發展，而智慧型手機 App 市場的成功，也讓遊戲 App 為遊戲廠商帶來全新的紅利藍海，一如「憤怒鳥」（Angry Bird）這樣的 App 遊戲開發公司爆紅。

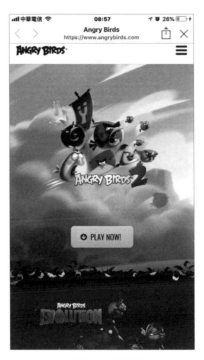

▲ 憤怒鳥公司網頁

　　手機遊戲需要透過行動網路下載到本地手機中運行，或者需要同網路中的其他用戶互動才能進行遊戲，各位試著仔細觀察身邊來來往往的人 ，將會發現無論是在車水馬龍的大街上，或者在麥當勞擠滿學生的餐桌旁，上下班的捷運車上，隨時隨地都有人拿出手機把玩一番，多半是在玩手機遊戲消磨時間。談到最早的手機遊戲鼻祖，應該算是 1997 年諾基亞 6110 上的「貪吃蛇」小遊戲，吸引了超過 3 億以上的用戶。

2-5-1　手機遊戲的吸睛術

　　手機遊戲目前的爆紅程度，在手游萌芽初期是很難想像的，2007 年是手機遊戲的里程碑，隨著 iOS 及 Android 系統的誕生，成功開創了觸控功能，由於觸屏這個新創意玩法，使得手游市場開始百花齊放，有許多的獨立遊戲開發者或是小的遊戲製作團隊，得以加入市場一起競爭。

> **Tips**　iOS 作業系統，可用於 iPhone、iPod touch、iPad 與 Apple TV，為一種封閉的系統，並不開放給其他業者使用。Android 是 Google 公布的軟體開發平台，結合了 Linux 核心的作業系統，最大優勢就是可和各項 Google 服務的完美整合，憑藉著開放程式碼優勢，愈來愈受手機品牌及電訊廠商的支持。

▲ 手機遊戲已成為目前主流的遊戲平台

　　手機遊戲具有逐年增長的龐大市場用戶、可攜性高與網路支援等優點，而且手機遊戲已經不是單純在行動時使用，具有想玩就玩的方便性、容易操控上手又不花時間，比起電腦或電視遊戲方便很多。當然一般傳統 PC 上有的休閒 / 益智遊戲、角色 / 冒險遊戲、射擊 / 動作遊戲、棋藝 / 體育遊戲等，手機上也都具備。

🎮 App Store

　　App Store 是蘋果公司針對使用 iOS 作業系統的系列產品，如 iPod、iPhone、iPad 等，所開創的一個讓網路與手機相融合的新型經營模式，iPhone 用戶可透過手機上網購買或免費試用裡面 App，與 Android 的開放性平台最大不同是，App Store 上面的各類 App，都必須事先經過蘋果公司嚴格的審核，確定沒有問題才允許放上 App Store 讓使用者下載。而將 App 上架 App Store 銷售，每年必須支付 $99 美元，但不限上傳 App 數量。

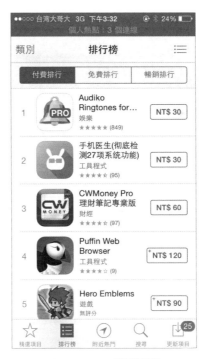

▲ App Store 首頁畫面

🎮 Google play

Google 也推出針對 Android 系統所開發 App 的一個線上應用程式服務平台— Google Play，允許用戶瀏覽和下載使用 Android SDK 開發，並透過 Google 發布應用程式，透過 Google Play 可以尋找、購買、瀏覽、下載及評級，使用手機免費或付費的 App 和遊戲，包括提供音樂、雜誌、書籍、電影和電視節目，或是其他數位內容。由於 Android 平台的手機設計各種優點，未來將像今日的 PC 程式設計一樣普及，採取開放策略的 Android 系統不需要經過審查程序即可上架，因此進入門檻較低。不過由於 Android 陣營的行動裝置採用授權模式，因此在手機與平板裝置的規格及版本上非常多元，導致開發者需要針對不同品牌與機種進行相容性測試。

▲ Google Play 商店首頁畫面

▲ 王者榮耀可說是手機版的英雄聯盟

　　而一些知名的線上遊戲也會先讓玩家先免費下載遊戲，增加遊戲的普及度，不再依據玩家上線時間收費，而是藉由遊戲內購買的機制來賣出遊戲內特殊道具與寶物來收取費用。近年來手機遊戲發展更興起了一陣電競浪潮，許多手機戰略遊戲逐漸進入玩家視野，更讓手遊成為未來電競賽事發展的新方向。

學習評量

1. 試簡述 3D 及虛擬實境在娛樂領域的應用。

2. 何謂 App？試簡述之。

3. 何謂 App Store？

4. 請簡介 Android 作業系統。

5. 遊戲平台的意義與功用為何？試簡述之。

6. 請介紹微軟 TV 遊戲機的發展史。

7. 掌上型遊戲機的功能與特色。

8. 試自行上網查詢，並簡介 Blizzard 遊戲公司的特點。

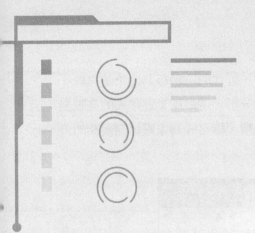

03

遊戲設計初體驗

　　從遊戲設計的觀點來看，隨著科技與網路通訊的進步，近代的遊戲行為越來越複雜，遊戲腳本與影音效果也越來越豐富；從產業面的趨勢來分析，遊戲產業近年來的亮眼表現也廣受矚目，市場規模甚至可與影視娛樂產業並駕齊驅，繼而成為家庭休閒娛樂的最新選擇。

▲ 任天堂的遊戲特別是以耐玩度見稱

3-1　遊戲主題的建立

　　早期的遊戲並未具備如同現在成熟的多媒體技術與電腦效能，但憑藉著本身的「好玩」機制，仍然帶給玩家刻骨銘心的懷念。其實我們發現，不管是以前，還是現在的遊戲裡，只要是有好的遊戲主題與創新的規劃架構，若還能兼具功能與設計，就能獲得玩家的青睞。

　　遊戲開發團隊該如何產生一個遊戲主題（Game Topic），通常會經歷三個階段：從最初的「概念」（Concept）形成，再轉化為遊戲「結構」（Structure）雛形，最後才進入真正遊戲「設計」（Design）階段，它涵蓋軟體與創意企劃的開發流程。

　　遊戲主題是設計一套遊戲的開端，通常具有一般、普及故事性的遊戲劇本，會對不同文化背景的玩家族群較為適用，例如愛情主題、戰爭主題等，就容易引起玩家們的共

識與共鳴。如果遊戲題材比較老舊的話，不妨試著從一個全新角度來詮釋這個古老的故事，讓玩家能在不同的領域裡領略到新的意境。

例如巴冷公主的主題緣起，就是因為台灣原住民所留下的文化資產都是口傳故事，如果能夠利用科技來讓它重新呈現，會不會就是一個很有原味的夢想開始。巴冷公主取材自魯凱族最古老的愛情神話故事，描述蛇王阿達禮歐為了迎娶巴冷公主，歷經千辛萬苦，通過惡劣環境的考驗，到大海另一端取回七彩琉璃珠，藉由高潮迭起的劇情，配合最新的 3D 引擎系統來加以在遊戲世界中改編製作。

▲ 巴冷公主遊戲中的主角群

一套遊戲首先必須要將主題明確突顯出來，玩家對於這套遊戲才有認同感與歸屬感。各位想想在欣賞「神鬼無間」這部影片時，很清楚知道主角李奧納多就是在黑白兩道間的臥底角色，目的就是要揭發黑道老大犯案的證據，而因為主題如此清晰，所以觀眾很容易就投入劇中情境而難以自拔。

當我們將主題轉化文字說明時，是為了確立遊戲建立設計雛形，還得想想看，要在遊戲加入哪些元素才能顯得更為豐富出色！遊戲的主題是什麼？透過此款遊戲想要傳達何種概念？確認主題後，如何落實遊戲情節，如果遊戲具有互動性，如何讓玩家自行創造前進路線？至於遊戲主題的建立與強化，我們建議可以從以下五種因素來考量。

3-1-1　時代

「時代」因素的目的是用來描述整個遊戲運行的時間與空間，它代表的是遊戲中主角人物所能存在時間與地點。以單純時間特性來說明，時間可以包含了遊戲中人物的服飾、建築物的構造以及合理的周遭事件，所以設定明確的時間軸線才不會讓玩家們覺得整個遊戲的過程中會發生一些不合常理的人、事、物。

　　而空間特性指的是遊戲故事的存在定義，如同地上、海邊、山上或者是太空中，其目的是要讓玩家可以很清楚地了解到遊戲中存在方位。所以時代因素主要是描述遊戲中主角存在的時空意義。例如巴冷公主遊戲所談論的就是一千多年前在台灣屏東的某座山上小鬼湖附近的故事。

3-1-2　背景

　　接下來是描述遊戲中劇情所發生的背景標的物。根據定義的時間與空間設計出一連串的合理背景，避免出現錯誤的時空或物件，例如將時代定義在漢朝末年的中原地區，卻出現高樓大廈或汽車，或者在巴冷公主的場景中跑出了一台阿帕契直升機，除非有合理的解釋，否則玩家會因遊戲中的背景錯亂而不知所措。

　　背景含括了每個畫面所出現的場景，例如巴冷遊戲的場景都在原住民部落中，所以一景一物都必須符合那個時代原住民的生活所需。對於山川、樹林、沼澤、洞穴、建物等都特地深入原住民部落去實地考據，並利用 3D 刻劃，力求保有原住民的原始風味，以將原住民的生活環境完整呈現。

▲ 原汁原味的魯凱部落及特有的百步蛇圖騰的花紋

3-1-3 　故事

　　一個遊戲的精采之處在於它的故事是否足夠吸引人，具有豐富的故事內容能讓玩家提高對遊戲的滿意度，例如「大富翁 7」並沒有一般遊戲的刀光劍影效果，而是以繁華都市的房地產投資、炒股賺錢，還可以相互陷害的故事情節來鋪陳遊戲過程。

　　當各位定義時代與背景之後，就要編寫出遊戲中的故事情節了。故事情節是要增加遊戲的豐富性，安排上最好讓人捉摸不定、高潮迭起，當然合理性是最重要的要求，不能神來一筆就自以為是地胡亂安排一番。例如許多原住民都認為自己是太陽之子，即便只是民俗傳說，但我們在巴冷故事中就巧妙地加以合理神化，以下是部份內容：

> 聽說「太陽之淚」是來自阿巴柳斯家族第一代族長，他曾與來自大日神宮的太陽之女發生了一段可歌可泣的戀情。當太陽之女奉大日如來之命，決定返回日宮時，傷心時所留下的淚水，竟然變化成了一顆顆水晶般的琉璃珠。

> 她的愛人串起了這些琉璃珠，並命名為「太陽之淚」。一方面紀念兩人的戀情，另一方面保護她留在人間的代代子孫。傳說中這「太陽之淚」具有不可思議的神力，對一切的黑暗魔法與邪惡力量有著相當強大的淨化能力。

> 唯獨只有阿巴柳斯家族的真正繼承人才有資格佩帶。這條「太陽之淚」項鍊是在巴冷十歲時，朗拉路送給她的生日禮物，也宣示了她即將成為魯凱族第一位女頭目。

　　至於故事劇情的好壞判斷是因人而異，有的人會覺得好，有的人會覺得不好，這都只能靠著玩家們自己的感覺。故事劇情定義稱得上是一款遊戲的靈魂，它不需要高深的技術與華麗的畫面，不過絕對是舉足輕重的。

3-1-4　人物

　　通常玩家們最直接接觸到的遊戲元素，就是他們所操作人物與故事中其他角色的互動，因此在遊戲中必須刻劃出正派與反派的人物角色，而且每一個設計的人物最好都有自己的個性與特色，才能淋漓盡致地突顯出人物的特質，這包括了外型、服裝、性格、語氣與所使用武器等。有了鮮明的人物才能強化故事內容，例如在巴冷公主遊戲中每個人物的個性、動作，還有肖像的表情，都有自己的一套風格。而怪獸的種類、屬性也多有獨特的動作，這些都是製作小組為了追求原住民的原始風味，深入原住民部落實地考查而得來的。以下是巴冷遊戲中豐富的人物結構：

　　遊戲的「目的」是要讓玩家們有願意繼續玩下去的理由，不管是哪一種類型的遊戲，都會有獨特的玩法與最終目的，而且遊戲中的目的不一定只有一種，如同有些玩家會為

了讓自己所操作的人物達到更強的程度，而拼命地提升自己主角的等級，或為了故事劇情的發展而拼命地打敵人過關、甚至為了得到某種特定的寶物而去收集更多的元素等等，通常它會在遊戲的橋段隱藏驚奇的寶箱、神秘的事物，或者是驚險的機關、危險的怪獸。無論是哪一種，對於開發者而言就是將場景和事件結合，建立任務的邏輯規範。例如「導火線」遊戲中，就可以看到開發者利用非線性設計的關卡設計，玩家能以第三人稱視角進行遊戲，闖關時主角有五種主要武器及四種輔助武器可供使用，若運用得當則這些武器能變換出二十多種不同的攻擊方式。

再例如巴冷公主遊戲的目的是蛇王阿達禮歐為了要迎娶巴冷為妻，毅然決然地踏上找尋由海神保管著的七彩琉璃珠的下落。歷經了三年的風霜與冒險，旅途上到處充滿了各式各樣可怕的敵人，阿達禮歐終於帶著七彩琉璃珠回來了，並依照魯凱族的傳統，通過了搶親儀式的考驗，帶著巴冷公主一同回到鬼湖過著幸福美滿的生活。

遊戲內容中的每個關卡都有巧妙的安排各種事件，依照事件的特性，編排不同的玩法。就遊戲的地圖而言，以精確的考據及精美的畫工為主要訴求點。我們並不希望玩家在森林或者地道裡面迷路，而希望玩家可以在豐富多變的關卡裡找到不同的過關方法。

▲ 巴冷遊戲以刺激有趣的關卡來強化玩家能繼續玩下去

3-1-5 G 星球迷你遊戲專案

當各位了解到建立遊戲主題的相關內容後，我們就趕快來嘗試設計一段簡單的遊戲主題吧。首先從「時代」的因素來說，我們設計了一個未來的時空，在未來時空中，剛經過星際戰爭後的混亂城市裡，電腦已經發展成一種可怕的怪物，並且控制了整個 G 星球，而人類將快要被電腦所消滅。如上述簡短的例子，它就符合了遊戲中「時代」與「背景」要素的大綱了。

定出了「時代」與「背景」的要素後，接著可以開始擬定遊戲故事的劇情內容，例如為了打敗電腦，人類決定在這個星球的各個角落裡挑選出幾個英勇的戰士，並從戰士們中突顯出主角，而為了打敗電腦怪物，主角在冒險的路途中開始集合各個地區的英勇戰士，且相會的過程中，戰士之間還會觸發一些愛恨情仇的小插曲。以上所述故事內容就可當作是整個遊戲的「故事」大綱。

接下來可以開始初步地設定出基本的演出角色，如男主角、女主角、反派角色等。在這裡，可以先設定男主角的出生背景，男主角年約二十出頭，出生在 G 星球上某一個國家，是一個從小父母雙亡的孤兒，在一次勇士挑選競賽中被選中，國王告訴男主角前因後果之後，男主角決定背負起這個重責大任。初步的男主角人物設計如下表所示：

特徵名稱	設定
姓名	巴亞多
年齡	23
身高	181 公分
體重	65 公斤
個性	火爆、見義勇為、擁有特殊神力
衣著	G 星球原住民勇士的傳統服飾
人物背景	農村長大，體形高大壯碩

女主角則是國王的獨生女，溫柔體貼冰雪聰明，為了父親與意中人拋棄養尊處優的宮中生活，與男主角共同冒險抗敵。人物設計表格與設定草圖如下表所示：

特徵名稱	設定
姓名	愛莉娜
年齡	20
身高	167 公分
體重	46 公斤
個性	溫柔婉約、擁有特殊魔法
衣著	G 星球貴族公主服飾
人物背景	皇宮長大，美貌高挑

　　這個遊戲的目的是男女主角聯合 G 星球的反抗軍來打倒殘暴的電腦怪物，不過電腦怪物也派出了強大的機器人兵團來對他們追殺圍剿，最後在一處古墓中取得了 G 星球祖先留下的秘密武器，大敗機器人兵團，將電腦怪物逐出 G 星球，取得了永久的和平，而男主角也迎娶了女主角，順利當上 G 星球的國王。

3-2　遊戲內容設定

　　一款受人歡迎的遊戲，必須注重其合理性與一致性，本節我們將從美術、道具、主角風格的角度來討論遊戲內容設定的原則與方式。

3-2-1　美術風格設定

　　美術風格就是一種視覺角度的市場定位，用意在可吸引玩家的眼光，在一款遊戲中，應該要從頭到尾都保持一致風格，包括人物與背景特性、造型定位等。在一般的遊戲中，如果不是遊戲劇情的特殊需求，儘量不要讓遊戲中的人物說出超越當時歷史時代的語言，尤其是時代的特徵。

　　例如本公司曾經製作的一款 2D 冒險動作遊戲——誅魔記，是以清朝末年的宮闈野史為時代背景，融合中國鄉野殭屍鬼魅傳說，作為遊戲的故事背景。故遊戲風格就是以古典幽秘的中國畫風，採取多層次橫向捲軸畫面，搭配主角豐富動作的機制，加上各種炫麗的法術特效，讓玩家於遊戲進行中，感受到獨特的故事性。

3-2-2　道具設定

　　遊戲中道具設計也要注意它的合理性，就如同不可能將一輛大卡車裝到自己的口袋一樣。另外在設計道具的時候，也最好考慮到道具的創意性，例如可以讓玩家完全遵從事先準備的道具來進行遊戲，也可以允許玩家自行去設計道具，當然遊戲風格的一致性不能違背，例如巴冷突然拿把烏茲衝鋒槍殲滅怪物，那肯定讓玩家哭笑不得。以下是巴冷公主中符合當代原住民風格的經典道具：

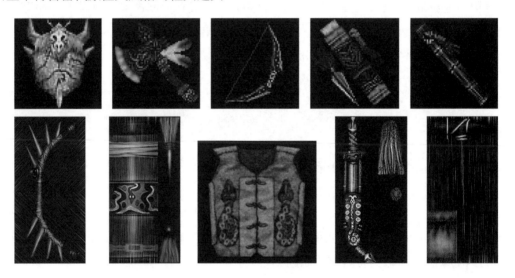

3-2-3　主角風格設定

　　遊戲中的主人翁絕對是一款遊戲的真正靈魂，只有出色的主角才能讓玩家們停留在我們所設計的遊戲世界中。事實上，遊戲中的主角不一定非要是正直、善良、優秀的好人不可，也可以是邪惡的，或者是介於正邪之間，讓人又愛又恨的角色。

　　從人性弱點的角度來看，有時邪惡的主角比善良的主角更容易使遊戲受到歡迎。如果遊戲中的主角能夠邪惡到雖然玩家會厭惡他，但是卻又不能甩掉他，那麼便會讓玩家們更想弄清楚這個主人翁到底能夠做出什麼、或者在遊戲中會遭遇到什麼下場，這種打擊壞蛋，看壞人惡有惡報的心態，更容易抓住玩家們的心。

　　例如本團隊所設計的「英雄戰場」遊戲，融合了 FTG（格鬥）+STG（射擊）遊戲類型，重現亦正亦邪的主角西楚霸王項羽，以烏江江畔所獲的邪惡「蚩尤之石」，自由穿梭時空，控制中國各朝歷代武將，一舉顛覆歷史，企圖完成時空霸業。讓玩家選擇扮演古今著名武將與傳說英雄人物角色，相互爭奪寶物，廝殺對戰，享受著暢快淋漓的 PK 對戰樂趣，極盡滿足玩家的殺戮快感：

 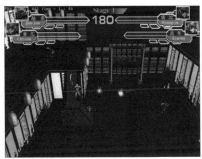

　　還有一點值得注意的是，當我們在設計主角風格時，不要將它太臉譜化、原形化，千萬不要流俗，也就是不要將主角設定成太「大眾化」。

▲ 本公司製作炸彈超人遊戲主角造型

3-3　遊戲介面設計

　　一款遊戲光有精緻的畫面、動聽的音效與引人入勝的劇情還是不夠，它還必須擁有人機良好設計的操作方式，這就有賴於遊戲介面來幫助玩家，體驗到更精彩的遊戲世界。例如目前許多智慧型手機或平板遊戲，都會在觸控螢幕畫面上顯示虛擬搖桿，模擬一般實體控制器讓玩家使用。

▲ 受歡迎的遊戲一定有高 CP 值的遊戲介面

　　由於視覺是人們感受事物的主要方式，如何設計出讓玩家能簡單上手與高效操作的用戶介面是設計的重點，短短數年因為行動裝置的普及，讓手機遊戲數量如雨後春筍般的蓬勃發展，特別是手機螢幕較桌機小上很多，必須在小小的空間給玩家更好的操作體驗，設計時就得更加小心，有關 UI/UX 話題重視的討論大幅提升，畢竟 UI/UX 設計與操作動線規劃結果，有著舉足輕重能否吸引玩家的地位。

　　所謂「戲法人人會變，各有巧妙不同」，通常第一時間抓住使用者目光的是什麼？就是遊戲介面，因為它代表遊戲的門面。其實遊戲介面主要功能是用來讓玩家使用遊戲所提供的命令、或將遊戲要傳達的訊息提供給玩家而已。由於遊戲介面的好壞絕對會影響到玩家們的心情，因此在遊戲介面的設計上，各位也要下一點功夫才行。

▲ 巴冷採原木古典風格的操作主介面

　　最簡單的原則是，遊戲中玩家們所操作的介面儘量採用圖像或符號介面來表達指令的輸入，儘量減少採用單調呆板的文字功能表示。如果非要使用文字的話，也不一定要使用一成不變的功能表示，我們可以使用更新潮的介面觀念來表達。要開發一款成功爆紅的遊戲介面，我們還提供了以下四點建議。

▲ 操作圖鈕（icon）的辨識度和色彩感十分重要

3-3-1　UI 與 UX 考量

　　全世界公認是 UI/UX 設計大師的賈伯斯有一句名言：「我討厭笨蛋，但我做的產品連笨蛋都會用。」一語道出了 UI/UX 設計的精髓。就算遊戲本身再好，如果玩家在與介面的互動的過程中，有些環節造成用戶不好的體驗，也會影響到玩家對這款遊戲的觀感、購買動機或黏著度。

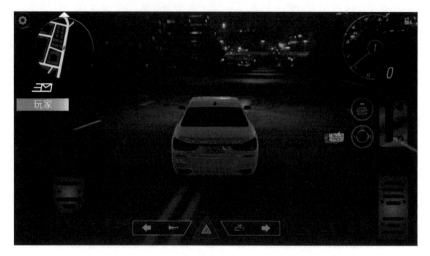

▲ 遊戲玩起來的感覺就是 UI/UX 設計的靈魂

　　UI（User Interface，使用者介面）可說是虛擬與現實互換資訊的橋梁，也就是使用者和電腦之間輸入和輸出的規劃安排，遊戲介面設計應該由 UI 驅動，因為 UI 才是人們真正會使用的部份，我們可以運用視覺風格讓介面看起來更加清爽美觀，因為流暢的動作設計可以提升玩家操作過程中的舒適體驗，減少因等待造成的煩躁感。除了維持遊戲介面上視覺元素的一致外，盡可能著重在具體的功能和頁面的設計。

　　同時在遊戲設計流程中，UX（User Experience，使用者體驗）所佔的角色也越來越重要，UX 的範圍則不僅關注介面設計，更包括會影響使用體驗的所有細節，如視覺風格、程式效能、正常運作、動線操作、互動設計、色彩、圖形、心理等。真正的 UX 是建構在使用者的需求之上，是玩家操作過程當中的感覺，主要考量點是「遊戲玩起來的感覺」，目標是要定義出互動模型、操作流程和詳細 UI 規格。

3-3-2　避免干擾介面

　　一款遊戲介面必須避免干擾到玩家所操控的平台，例如一套遊戲的遊戲介面是採用即時框架來呈現，而這種介面框架又時常會去擋到玩家對於主角的操作。雖然即時對話框的構思很不錯，不過如果沒有善加處理空間來配置環境介面位置時，玩家所操作的遊戲主角，就會因為被環境介面擋到，而被敵人打到半死。如同這種做法，一般遊戲就很容易犯下這種錯，不但對遊戲的故事劇情沒有幫助，而且還會導致玩家非常反感。如下圖所示：

▲ 人物被對話框擋到了！

▲ 對話框配置在畫面的下方

3-3-3 人性化介面

以單純介面功能來說，它是介於遊戲與玩家之間的溝通管道，所以如果它的人性化考量越濃厚，玩家在使用起來就越容易與遊戲溝通。以筆者個人的觀察，玩家是非常不喜歡看遊戲說明書，不過有些標榜超專業的遊戲還是會推廣厚厚一本的遊戲說明書，不過實際上能將說明書看完的幾乎是寥寥無幾。

以「古墓奇兵」的 PC 版來說，開發者為了要配合蘿拉動作的變化，除了基本操作的方向鍵之外，可能還要加入其他的 Shift 或 Ctrl 鍵，因此在發展到「古墓奇兵 7」時，蘿拉不只有水中的動作，身上還有望遠鏡、繩索及醫包。遊戲進入系統後，要利用平行視窗或是母子視窗比較好，要不要儲存按鍵的訊息等，都考驗著開發者的智慧；如果藝術和實用並進，則會增加遊戲的耐玩度。如果介面的操作困難，即使故事性十足，玩家亦有可能放棄它，真是「差之毫釐，失之千里」。

▲ 養成類遊戲的介面以討喜可愛風居多

有些即時戰略遊戲的介面就做得非常人性化。例如當玩家去點選敵方的部隊時,遊戲介面上會出現「攻擊」指令圖示,而點選地圖上某一個地方時,遊戲介面上則會出現「移動」的指令圖示等,整個畫面看起來相當乾淨與簡單,在沒有說明書的輔助情況下,就可以直接操作容易上手。

例如動作射擊遊戲——陸戰英豪之重回戰場,提供四種連線對戰模式,最簡單的只需要序列埠即可連線對戰,另外還有數據機撥號連線對戰、區域網路對戰及 Internet 連線戰場大戰。操控性高,包括加速、減速、煞車及倒車功能一應俱全,還能作定速巡航,五個按鍵就能讓您無拘無束奔馳在沙場,與敵軍周旋作戰了!

3-3-4 抽象化介面

記得在「善與惡」(Black & White)遊戲中,看到了一種非常令人驚喜的遊戲介面,那就是「無聲勝有聲的介面」,也就是「抽象化介面」。換句話說,玩家在遊戲中是看不到任何固定的表單、按鈕、或選單,它是利用滑鼠的滑動方式來下達「補助指令」。

換「火爆」的繩子   換「快樂」的繩子

「補助指令」就是除了撿拾物品、丟掉物品、或點選人物之外的功能指令。例如要換牽引聖獸的繩子時,只要利用滑鼠在空地上畫出我們所要的繩子指令,就可以換下聖獸

上的繩子了。遊戲中使用抽象化介面是相當有創意的方式，在進行遊戲設計時是一種可以考慮的作法。

3-3-5　輸入裝置

　　一款遊戲擁有人機良好的操作介面設計之外，還要有合適的輸入裝置來幫助玩家，體驗到更精彩的遊戲世界。例如許多智慧型手機或平板電腦的遊戲，都會在觸控螢幕畫面上顯示虛擬搖桿，模擬一般實體控制器讓玩家使用。

　　對較早期的遊戲來說，主要的輸入工具即為鍵盤和滑鼠。甚至有些遊戲還會做到滑鼠是一種控制模式，鍵盤是另一種控制模式，導致玩一套遊戲必須記住操作相當多的按鈕，對於想單純打發時間的玩家來說是非常困擾的，而這種情況比較多出現在模擬類遊戲。

　　例如某種賽車類型遊戲，當按「↑」鍵，車子會執行加油前進動作、按「↓」鍵，車子會執行煞車動作、而換檔則是「1」、「2」、「3」、「4」及「5」鍵、切換第一人稱視角則為「F1」鍵、切換第三人稱視角為「F2」鍵等複雜的組合鍵，搞得玩家們暈頭轉向。

　　記得之前曾經還玩過一種 3D 第三人稱的遊戲，其人物的移動控制鍵分別為「↑、↓、←、→」、手攻擊鍵為「A」、腳攻擊鍵為「S」、跳躍為「空白鍵」。看似簡單，但因為它的左右鍵只是控制人物的平行左右移，一旦要執行轉身動作，就要使用滑鼠。若再遇到敵人的時候，兩隻手便得迅速地在滑鼠與鍵盤之間穿梭，不要說打敵人了，就連主角要移動都來不及，相信即便是電玩高手也很難控制流暢。

　　雖然鍵盤可以下達許多不同的指令，但是對於一款遊戲而言，不方便的輸入模式絕對會讓玩家手足無措，完全摸不著遊戲的方向。對於遊戲設計者而言，遊戲輸入裝置是玩家與遊戲真正接觸的實體介面，互動與實用性的好壞可以直接影響到玩家們對於遊戲品質的評斷，必須要細心規劃與設計。

3-4 遊戲流程陳述

在定義出遊戲主題與遊戲系統後,接著就可以嘗試畫出整個遊戲的概略流程架構圖,目的是用來設計與控制整個遊戲的運作過程。首先我們可以從兩個基本方向來定義,那就是遊戲要「如何開始」與「如何結束」。我們就以一個簡單的小遊戲來說明如何畫出遊戲流程架構圖,如下圖所示:

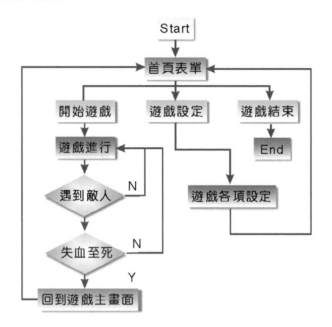

由上圖中可以清楚看到遊戲的首頁表單,玩家可由首頁表單開始進入遊戲,而在遊戲中可能會得到寶物或是遇到魔王,也可能稍不注意就被敵人打死,然後結束遊戲。以上的流程圖只是從程式面來陳述流程。而如果從劇情的角度來陳述,又可區分為以下兩種。

🎮 倒敘法

倒敘法就是將玩家們所在的環境先設定好,亦即先讓玩家們處於事件發生後的結局,然後再讓玩家們自行回到過去,自己去發現事件到底是怎樣發生的,或者讓玩家們自行去阻止事件的發生。如同「MYST」(迷霧之島)的 AVG 遊戲就是最典型的例子。

🎮 正敘法

正敘法就是讓遊戲劇情隨著玩家們的遭遇而展開，玩家們對於遊戲中的一切都是未知的，而這一切的事實就是等待玩家們自己去發現或創造。一般而言，通常多數遊戲都是以這樣的陳述式來描述遊戲故事劇情，如同本公司設計的巴冷公主遊戲。

3-5　電影與遊戲的結合

以近幾年當紅的遊戲來看，有許多知名的遊戲都將電影裡的拍攝手法應用在遊戲上，使得玩遊戲更像看電影一樣地讓玩家們感覺大呼過癮。像是 SQUARE（史克威爾）公司所推出「Final Fantasy」（最終幻想）遊戲系列來說，就是將現今電影的製作手法加入到遊戲中而大受歡迎。

▲ 最終幻想經典遊戲

例如有一項在電影中相當流行的定律，就是攝影機位置與角度在移動的時候，它不能跨越兩種物體的軸線。詳細說明如下：

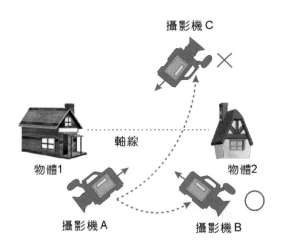

當攝影機在拍攝兩個物體的時候，這兩個物件之間的連線，稱為「軸線」。當攝影機在「A」處先拍攝物體 2 之後，下一個鏡頭，就應該要在「B」處拍攝物體 1，其目的是要讓觀眾感覺物體在螢幕上的方向是相對的。如此在鏡頭剪輯之後再播放，才不會造成觀眾對於方向上的混亂。但是如果攝影機在「A」處拍攝完物件 2 之後，從「C」處拍攝物件 1 的話，就會發生人物好像在螢幕上瞬間移動一樣，而造成觀眾對於方向上的混亂。

3-5-1　第一人稱視角

但遊戲有一個與電影不同的地方，亦即遊戲可以利用各種攝影機技巧來變更玩家在遊戲中的「可視畫面」。就拿上述定律來說，也不是不能跨越這條軸線，只要將攝影機的移動過程讓玩家能夠看見，而且不要將繞行的過程剪輯掉，那麼觀眾便可以自行去調整他們自己的視覺方位。這些手法通常可運用在遊戲的過場動畫中，以及最常用的玩家敘述角度（視角）來區分，分別為「第一人稱視角」和「第三人稱視角」。

所謂的第一人稱視角，是以遊戲主人翁的親身經歷作劇情敘述的角度，通常在遊戲螢幕中不出現主人翁的身影，這會讓玩家們感覺到他們就是遊戲中的「主人翁」，因此讓玩家們更容易投入到遊戲的意境中。簡單來說，是由至少四個角度 X、Y、Z 與水平方向所定義的攝影機，來拍攝遊戲的顯示畫面。玩家可以透過游標的控制作用，左右旋轉攝影機的角度，或上下移動（垂直方向動作）攝影機的拍攝距離。這種型式的攝影機，並不是說它是固定在原地的，而是指它可以在原地做鏡頭的旋轉，用以觀察不同的方向。示意圖如下：

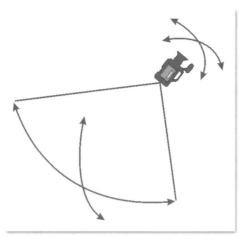

▲ 固定型

　　自從第一個以第一人稱視角的射擊遊戲——「德軍總部 3D」推出以來，越來越多的遊戲開始以第一人稱視角來製作遊戲畫面。甚至許多其他類型遊戲（SPT、RPG、AVG，或某些以 Flash 軟體製作的第一人稱虛擬電影等等）都允許使用者透過「熱鍵」（Hot Key）的方式，來切換攝影機在遊戲中的拍攝角度。不過第一人稱視角的遊戲在遊戲編寫上比第三人稱視角的難度還要大。

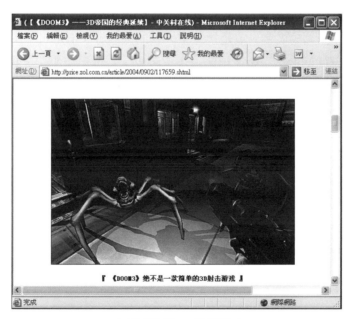

▲ 德軍總部 3D 遊戲畫面

3-5-2　第三人稱視角

第三人稱視角是以一個旁觀者的角度來觀看遊戲的發展，在過去普通的 2D 遊戲中或許感覺不出任何攝影機存在，但其實是可以利用攝影機技巧，由某個固定角度來拍攝遊戲畫面，並提供縮放控制動作，來模擬 3D 畫面的處理效果，這也是「第三人稱視角」的應用。這種型式的攝影機的移動方式是以某一點為中心來做圓周運動，並維持攝影機鏡頭朝向中心點，相當於追蹤著某一點，示意圖如下：

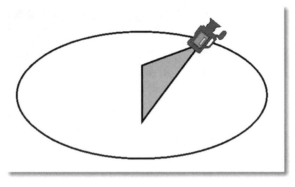

▲ 同心圓型路徑

另外在第三人稱視角的遊戲中，也可以利用各種方式來加強玩家們對遊戲的投入感，例如可自行輸入主人翁的名字、或是挑選主人翁的臉譜等。但是可千萬不要在同一款遊戲中隨意做視角間的切換（一會兒用第一人稱視點，一會兒用第三人稱視點），容易導致玩家對於遊戲的困惑和概念的混淆。通常只有在遊戲中的過關演示動畫或交代劇情的動畫裡，才有機會使用不同視點的切換。

3-5-3　對話藝術的掌握

接著順道介紹另一種電影的應用──對話。對話是任何表演藝術中非常關鍵的樞紐，無論是在戲劇、電影或某些遊戲（如角色扮演遊戲）。為了要突顯出遊戲中每一個人物的性格與特點，勢必要在遊戲中確立每個人不同的說話風格，同時，遊戲的主題也會在對話中得以實現。如下圖是巴冷公主中兩個頭目的對話，因為是頭目，所以對話內容必須沉穩莊重：

　　通常一款遊戲中至少要出現 50 句以上常用且饒富趣味的對話，而且它們之間又可以互相組合，玩家才不會覺得對話過於單調無聊且要避免出現如「你好！」、「今天天氣很好！」等簡單的字句。事實上，對話可以加強劇情張力，因此不要太單調呆板，可盡量誇張一些，必要的時候補上一些幽默笑話，畢竟遊戲是一項娛樂產品，目的是為了讓玩家們可以在遊戲中得到最大的享受和放鬆的心情。

3-6　遊戲不可預測性設計

　　人類是一種最好奇的動物，越是撲朔迷離的事情，越是感到充滿興趣。而遊戲中所要表達的情境因素非常重要，因為只有滿足人的本性才足以牽動人心真正沈醉於遊戲中，例如製造懸疑氣氛，可為遊戲帶來緊張和不確定因素，目的是勾起玩家們的好奇心，並猜不出下一步將要發生什麼事情。

　　再例如遊戲設計者可在一個奇怪的門後面放著玩家們所需要的道具或物品，但門上有幾個必須要開啟的機關，如果開到錯誤機關的同時會引起粉身碎骨的爆炸。雖然玩家們不知道門後面到底放置些什麼物品，不過可以透過周邊提示，了解到物品的功用，並且知道打開門的同時會發生危險，因此，要如何安全打開門就成為玩家們費盡心思要解決的問題。

3-6-1　關卡

在所有的遊戲發展中，玩家們的心理就是透過經驗的實現來與不可預測性的事件抗爭，而提升了遊戲對玩家們的刺激感，這就是遊戲關卡的應用。別出心裁的關卡設計可以彌補遊戲故事性的不足，通常它會在遊戲橋段中隱藏驚奇的寶箱、驚險的機關、危險的怪獸，或者隱藏關卡、隱藏人物、過關密碼等。

例如在「導火線」遊戲中，非線性設計的關卡設計讓玩家能以第三人稱視角進行遊戲，闖關時主角有五種主要武器及四種輔助武器可供使用，如果運用得當，武器就能變換出二十多種不同的攻擊方式。隨著故事主人翁必須完成的使命，不同的關卡讓主角在跳躍、射擊、翻滾的闖關過程中，必須利用巧妙的機智才能闖過七個關卡。

當玩家通過遊戲的關卡時，設計者也會給玩家們一些特別的獎勵，例如精彩的過場動畫、漂亮驚奇的畫面、甚至讓玩家得到一些稀有的道具等。這些無厘頭的驚喜非常有意思，但值得注意的是這些設計不要影響到遊戲的平衡度，畢竟這些設計只是一個噱頭而已。

我們也曾推出一套相當受歡迎的新無敵炸彈超人遊戲，是一款簡單易上手，內容又不失刺激有趣的動作益智闖關遊戲，共分八大關卡，每關卡分為三小關，加上兩個隱藏關卡，總計二十六個關卡。主要玩法則是於有限的時間內，充分利用遊戲中地形關卡，掌握不同炸彈的引爆時間來殲滅對手。遊戲過程中還會隨機出現許多豐富有趣的道具，可用來陷害競爭對手！

3-6-2　關連性

另一種製造遊戲不可測氣氛的則是遊戲關連性。遊戲關連性指的是遊戲對於玩家在遊戲中所做的動作或選擇上有某些特定的反應。例如主角來到一個村落中，村落裡沒有人認識他，因而拒主角於千里之外，但是當主角解決了村落居民所遇到的難題之後，主角便在村落中聲名大噪，並從村落居民的口中得到下一步任務的進行。

再例如有一個非常吝嗇的有錢人，平常就不太愛理會主角，但是在一個機緣下，主角救了這個有錢人，爾後當有錢人遇到主角時，態度有了 180 度的轉變。諸如此類地在主人翁身上加上某些參數，使得他的所作所為足以影響到遊戲的進行和結局。

以上這種明顯有前後因果的關係，稱為線性關連性，包括線性結構與樹狀結構。而遊戲的非線性關連性指的是開放的結構，而不是單純的單線或多線制。簡單來說，遊戲的

結構應該是屬於網狀型,而不是線狀或是樹狀,所以非線性即是將遊戲中的分支交點允許互相跳轉。如下圖所示:

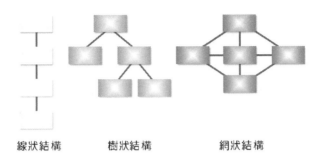

線狀結構　　　樹狀結構　　　網狀結構

基本上,在遊戲中使用非線性關連性來陳述劇情,更容易產生莫測高深的神秘感。從遊戲的不可預測性來看,可以區分成兩種類型,如下所示:

🎮 技能遊戲

技能遊戲的內部運行機制是確定的,而不可預測性所產生的原因是遊戲設計者故意隱藏了運行機制,玩家們只要透過遊戲運行的機制與控制(即為某種技能),就可解除這種不可預測性事件。

🎮 機會遊戲

機會遊戲的運行機制是模糊的,具有隨機因素,玩家們不能完全透過對遊戲機制的了解來消除不可預測性事件,對遊戲動作所產生的結果也是隨機而定。

3-6-3 情境感染

以上都是利用遊戲執行流程來控制懸疑性,其實還有一種「情境感染法」,藉由周遭人物的情境來烘托某個角色的特質。例如洞中有一個威力無比的可怕怪物,當主角走進漆黑洞穴裡,赫然看到滿地的骨骸、屍體、或者是在兩旁的牆壁上,有許多人被不知名的液體封死在上面,接著傳來鬼哭神號的慘叫。以這種情境感染的手法可以立刻讓玩家們感受不寒而慄,與即將面對生死存亡的恐懼感,間接當然突顯了這隻怪物令人心驚膽顫的威力。

▲ 恐怖場景的氣氛能讓遊戲玩家更投入其中

3-6-4　節奏掌控

遊戲節奏的流暢度也是緊扣玩家不可測心態的法寶之一。因此在製作一款遊戲的時候，也要明確地指出遊戲中的時間觀念與現實生活中的區別。在遊戲中的時間是由計時器所控制，可區分成以下兩種：

 在遊戲中，計時器的作用是給玩家們一個相對時間概念，使得遊戲的往後發展有了一個參考時間系統。

🎮 真實時間計時器

真實時間的計時器就是類似 C&C（終極總動員）和 DOOM（毀滅戰士）的時間表示方式，是以真實的時間為主。

🎮 事件計時器

它指的是回合制遊戲與一般 RPG 和 AVG 遊戲中所定時的表現方式。事實上，有些遊戲也會以輪流的方式來設定這兩種定時裝置，或者同時採用這兩種定時的表現方式，例如「紅色警戒」中的一些任務關卡的設計。在即時計時類型遊戲中，遊戲的節奏是直接由時間來控制的，但是對於其他的遊戲來說，真實時間的作用就不是很明顯，需要用其他的辦法來彌補。不過在當紅遊戲中，多半遊戲都會儘量讓玩家們來控制整個遊戲的節奏，較少是由遊戲本身的 AI 來做到。

　　遊戲設計者必須要儘量控制讓玩家們難以察覺到遊戲節奏表現方式。如同在「冒險類遊戲」（Adventure Game，AVG）中，可以調整玩家們活動空間的大小（如 ROOM）、或者調整玩家們活動範圍的大小（如遊戲世界）、或者是調整遊戲謎題的困難度等，這些動作都可以改變遊戲本身的節奏。至於在「動作類遊戲」（Action Game，ACT）中，則採取調整敵人的數量、或是敵人的生命值等方法來改變遊戲本身的節奏。在「角色扮演類遊戲」（RPG）中，除了可以採用與 AVG 遊戲中類似的手法之外，還可以調整事件的發生頻率、或者調整遊戲中敵人強度等，總之儘量不可讓遊戲拖泥帶水。一般來言，遊戲節奏會因為越接近遊戲尾聲而越來越快，玩家們也會感覺到自己正逐漸加快步伐地接近遊戲的結局。

3-7　遊戲設計的死角

　　即便對於一個遊戲設計的老手而言，都很容易在遊戲進行發生以下兩種類似死角或停滯的狀況，那就是「死路」、「遊蕩」、「死亡」，三者之間的差距如下：

3-7-1　死路

　　「死路」指的是玩家們在遊戲進行到一定程度後，突然發現自己竟然沒有可以繼續進行下去的線索與場景了，這種情況也可稱為「遊戲當機」。通常是因為遊戲設計者沒有做到整體遊戲的全面考量，也就是沒有將遊戲中所有可能的流程計算出來，因而當玩家沒有依照遊戲設計者所規定的路線前進時，就造成遊戲進行中的死路現象。

3-7-2　遊蕩

　　「遊蕩」指的是玩家在廣闊的地圖上任意移動時，卻很難發現遊戲下一步發展的線索和途徑，這種情況玩家們將它稱為「卡關」。雖然這種現象在表面上與「死路」很類似，但是本質卻有不同。通常要解決遊蕩的方法就是在故事發展到一定程度時，就把地圖的範圍縮小，讓玩家可以到達的地方減少，或者是讓遊戲路徑的線索再明顯地增加，讓玩家可以得到更多提示，而且可以輕鬆地找到故事發展的下一個目標。

3-7-3 死亡

通常遊戲中主角死亡的情況分成兩種，這也是開發者容易弄錯的地方。一種是因某些目的而死亡，另一種則是真正的結束。請看以下說明：

🎮 因目的而死亡

這是配合劇情進行中的需要，例如當主角被敵人打死（其實是受到重傷而已），很幸運地被一個世外高人所救，並且從這個高人身上學習到一些厲害招式後，再出來江湖上重新闖蕩。

🎮 遊戲結束

這種死亡則是所謂的「Game Over」，是讓玩家所操作主角面臨真正死亡。一般而言，玩家必須要重新開始或讀取進度才能繼續進行遊戲。

3-8 劇情的功用

有些遊戲玩一會就覺得了無新意，有些則是百玩不厭，關鍵就在於遊戲劇情張力，它也是影響遊戲耐玩度的重要因素。以目前市場上遊戲的評價來看，可以區分為兩種，一派是無劇情的刺激性遊戲，另一派是有劇情的感官性遊戲。分述如下：

3-8-1 無劇情遊戲

無劇情的遊戲著重在於遊戲帶給玩家的臨場刺激感，這種遊戲的主要目的是讓玩家自行去創造故事的發展，遊戲中只告訴玩家主角所在的時空與背景，而遊戲劇情的流程運作是要玩家自己去闖蕩。例如「戰慄時空」玩家所扮演的角色是一個拿著槍的人物，並和朋友一起去攻打另外一支隊伍，而在攻打的同時，也創造出了屬於玩家自己的「故事」。

3-8-2 有劇情遊戲

有劇情遊戲重點在於遊戲帶給玩家的劇情感觸。這種遊戲的主要目的是要讓玩家隨著遊戲所編排的故事劇情來運行，在遊戲中，會先讓玩家們了解到所有的背景、時空、人物、事情等要素，而玩家就可以依照遊戲劇情的排列順序來發展，例如角色扮演遊戲，玩家會扮演著故事中的一名主角，而遊戲中的劇情發展都是環繞著這名主角周圍大小事件所發生，所以有劇情遊戲也就是讓「故事」來引導我們，巴冷公主就是這種類型。

通常利用劇情來增加遊戲效果，可以區分為三種安排方式。當然也可以穿插不同的劇情安排方式，請看以下說明。

🎮 刻畫入微式劇情

人是很容易被感染的動物，越能將人事時地物描述清楚，越能讓玩家有身歷其境的感觸。如果只是以一種很簡單的敘述說明某種狀況，如下列所示：

A 君向著 B 君。

A 君說：「聽說樹林裡出現了一些可怕的怪物。」

B 君說：「嗯！」

A 君說：「這些可怕的怪物好像會吃人。」

以上述平淡無奇的對話中，實在很難去斷定這種對話的情境到底是「不以為意」還是「憂心忡忡」成分比較重呢？既然連設計者都不能判斷它的情境，那更不用說遊戲玩家了。不過如果將上述的對話修改成如下列所示：

A 君背上背著一把短弓，腰上繫帶著一把生鏽的短刀，面色凝重地向著 B 君。

A 君以微微顫抖的雙唇道出：「前幾天，我的兄長到村外不遠的樹林裡打獵，
可是他這一去就去了好幾天，不知道會不會發生什麼危險。」

B 君道：「你的兄長？！村外的樹林？！唉呀！會不會被怪物抓走了啊！」

A 君臉色大變地道：「怪物？！村外的樹林裡有怪物？！」

從上面這兩個簡單的對話例子來看，兩者的情境感染力差距就相當大，第二個對話的例子就很容易將玩家帶進當時情境中，而且會讓玩家有衝動想要更加了解遊戲中的劇情。以下是巴冷中的一段情節，敘述她大戰台灣山區特有鬼魅魔神仔的精彩片段，透過劇情的張力讓玩家有驚悚刺激、高潮迭起的投入感：

聽完小黑的遺言，巴冷心意已決，只見她凌空躍起，以大鵬展翅之勢，緊繞魔神仔上空旋轉。她眼中緊含著淚水，心中悲憤異常。一頭烏黑的秀髮竟然如刺蝟般的豎立起來，巴冷準備驅動自己生命中所有的靈動力與魔神仔同歸於盡。

正當魔神仔興奮地咀嚼小黑還在跳動的心臟時，巴冷使出幽冥神火的最終一擊，即使知道這招可能會同時讓她喪命也再所不惜，她大喝道：「烏利麻達吽呸！」

一道紫紅色泛著金黃光環的強光疾射向魔神仔的心臟，當被幽冥神火不偏不倚的射中時，牠突然停止所有的動作靜止不動，已經剩下最後一口氣的小黑，同時自殺式地引爆，結束自己的生命。

「砰！砰！砰！」連續數聲如雷般的巨響，魔神仔與小黑同時被炸成了數不清的肉塊及殘骸。不過匪夷所思的是魔神仔的心臟竟然還能跳動，一副作勢想要逃走的模樣。在半空中施法的巴冷見狀，唯恐這顆心臟日後借屍還魂，急忙丟出身上所佩帶的「太陽之淚」。

🎮 單刀直入式劇情

遊戲的建立是由主題來拓展，而主題也就是貫穿遊戲中的整體架構，但是所設計出來的遊戲主題，可以從玩家角度而衍生出許多的變化。單刀直入式劇情是被放置在遊戲的起始階段裡，用來將劇情講清楚說明白，告訴玩家接下來遊戲的最終目的。

以「巴冷公主」來說，遊戲畫面一開始，玩家會看到「巴冷」與「阿達里歐」在溪邊相遇的情景，正當巴冷要與阿達里歐面對面接觸時，阿達里歐則化做一陣輕煙，並且消失在空氣中。

說時遲那時快，巴冷從床上醒來，並且發現剛才的畫面原來是一場夢，而這個夢便展開了巴冷與阿達里歐之後的冒險過程。在以上陳述中，可以看到遊戲的結局，當巴冷在

遊戲冒險中，巧遇阿達里歐、卡多、依莎萊等伙伴，並且故事劇情一直讓阿達里歐環繞在巴冷的生活中，最後兩個人相愛結合。

坦白說，對於一款遊戲來說，最差勁的做法就是直接了當地告訴玩家們故事結局。巴冷的劇情雖然在遊戲畫面一開始時就已經知道了，不過這種直接了當的劇情結局必須建立在特殊性主題的基礎。請注意！巴冷不只是單純的愛情故事，而是前所未聞的人蛇相戀。有這種有趣的主題引導，玩家們才會一直想要了解巴冷與阿達里歐之間難分難捨、生死與共的愛情故事，因此可以創造出遊戲的延續性，並且玩家會有繼續想看完遊戲故事劇情的決心。

🎮 柳暗花明式劇情

設計者並不能夠事先知道玩家會如何想像一款遊戲的劇情發展，只能夠以自己的角度來編寫遊戲劇情，而故事發展的精彩度就必須取決於玩家們的想像力了。柳暗花明式劇情就是利用情節轉移技巧來將遊戲的故事劇情轉向，目的是要讓玩家冷不防地朝著另外一個全新的方向來進行遊戲。如同「太空戰士10」的故事，男主角與女主角在第一次相遇的時候，雖然對彼此都有好感，但是在族群的使命安排之下，兩個人只能默默地對彼此示愛。故事一開始主角會一直環繞在女主角召喚師身份的劇情變化，這讓玩家們感覺到主角是為了保護女主角而參與故事中的所有任務。

到了遊戲末期的時候，男主角的角色就漸漸地突顯出來了。一直發展到大召喚師向女主角示愛之後，男主角才發覺他對女主角有了一股昇華的情愛，而且為了阻止女主角與大召喚師結成連理，則與大召喚師進行一場決鬥，最後又發現大召喚師背後還有另外一種難以想像的陰謀。

▲ 太空戰士10 經典畫面

在「太空戰 10」的故事主題的安排之下，我們可以發覺它讓玩家有了很大的想像空間，雖然玩家都知道遊戲中的男女主角必定會結為連理，不過玩家還是喜歡那種峰迴路轉的驚奇感。

3-9　感官刺激的營造

遊戲是種表現藝術，也是人類感官的綜合溫度計。在早期雙人格鬥遊戲中，可以看到兩個人偶很簡單的對打和單純的背景畫面，在類似遊戲剛出現的時候，玩家被這一種特殊的玩法給打動了，這種兩人互毆遊戲帶給玩家純粹是一份打鬥刺激感。不過玩家對於這種遊戲的熱度卻保持不久，且開始厭倦了單調的畫面，因為它不能表現出更真實感覺。

以現在的格鬥遊戲來看，雖然在玩法和機制與過去沒有多大的不同，但卻在遊戲畫面上增強了聲光十足的特效，足以挑動玩家的熱情。如同在「鐵拳」的遊戲中，那些站在主角與電腦周圍的觀眾，對於主角是否可以取勝是完全搭不上關係，但是由於它們的襯托，玩家在玩它的時候，彷彿置身格鬥現場，氣氛更能幫助玩家融入到遊戲中。下圖是本公司的英雄戰場遊戲，以流暢的即時 3D 技術，及五光十色的聲光特效畫面，運用全新的 3D 運鏡手法，除了保有單機故事模式與自由對戰模式外，更搭配時下流行的網路對戰模式：

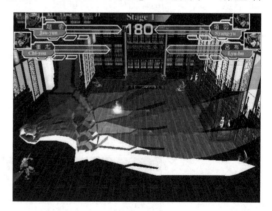

3-9-1　視覺感受

以電影的角度來說，就是一種以視覺感受來觸動人心的藝術，使其受到電影中的情節所影響。例如當各位看恐怖片的時候，心裡就會有一種毛毛的感覺！或者在看溫馨感人的文藝片時，淚水就會在眼眶中滾動！或者當您在看無厘頭的喜劇片時，心情可以在毫無壓力的情況下哈哈大笑！以醫學的角度來看，眼睛是靈魂之窗，我們大腦裡所接收到外界的訊息都是由眼睛來傳達，簡單的說，可以影響喜、怒、哀、樂最直接的方法就是利用視覺感受來傳達。

　　同樣道理，在遊戲裡直接影響我們最深的就是視覺的感受。一般而言，如果在遊戲中看到以暗沉色系為主的題材時，相信一定會被這一股莫名的壓力給壓制住，而遊戲所要表達的意境也就是這種陰森、恐怖的情景，如果在遊戲中看到以鮮豔色系為主的題材時，相信遊戲所要表達的意境也就是比較活潑、可愛的情景。

3-9-2 聽覺感受

　　除了眼睛之外，第二種影響玩家對外界的感官是耳朵，耳朵是可以接收聲波的工具，所以當我們在接收到聲音時，大腦會去分析解釋它的定義，然後再通知身體的每一個部份，並且適時地做出反應。如果一個人將鞭炮聲定義成可怕的聲音，那麼當這個人去聽到鞭炮聲時，大腦一定會通知他的手去摀住耳朵，然後身體再縮成一團，並且等待鞭炮聲的遠離為止。

　　在遊戲表現上，也可以利用聲音來強化遊戲的品質與玩家感受。以現在遊戲品質的要求，聲音已經是不可或缺的角色。例如您在玩一種跳舞機時，只能看到螢幕上那些上下左右的箭頭在一直往上跑，卻不能聽到任何的音樂，實際上，您只能看著那些箭頭猛踩踏板，而不能跟著音樂的節奏而跳舞，那麼這種遊戲玩起來是不是就顯得無聊了許多！

▲ 能娛樂兼健身的跳舞機

　　一款成功的遊戲，絕對會在音樂與音效上下很多的功夫，就如同您可能會因為某一些遊戲而去購買它的電玩音樂。一款品質好的遊戲，也會設計許多優質的音效，如在遊戲中陰暗的角落裡，可以聽見細細的滴水聲，在寬廣的洞穴中，也可以聽到揚長的迴盪聲，這些都是設計者以十分出色的技巧，在遊戲中塑造出一種充滿生命力的新氣息。

3-9-3　觸覺感受

　　什麼是遊戲中的觸覺？其實它不是一般所認定身體上的感受，而是綜合視覺與聽覺的感受。那什麼是視覺與聽覺的綜合感受呢？答案就是一種認知感，當我們從眼睛與耳朵上接收到訊息的感受後，大腦就會開始運作，以自己所了解到的知識與理論來評論遊戲所帶來的感覺，而這種感覺就是一股對於遊戲的認知感。

　　以玩家們對於遊戲的認知感來看，一款遊戲如果不能表現出華麗的畫面、豐富的劇情，或者是力與美的表現，這都會讓玩家對遊戲開始感到厭惡，就如同一款賽車遊戲，如果不能表現出賽車的速度感，以及物理的真實感（撞車、翻車），縱然遊戲畫面再怎麼華麗、音樂音效再怎麼好聽，玩家們還是不能從遊戲中感受到賽車遊戲所帶來的快感與刺激，那麼此遊戲很快地便會無疾而終了，所以觸覺的感受可以解釋成是視覺與聽覺的綜合感受了。

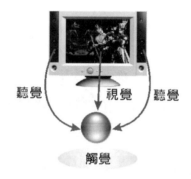

學習評量

1. 遊戲主題的建立與強化，各位可以從哪五種因素來努力？

2. 從劇情的角度來陳述，倒敘法的作用為何？

3. 何謂「第一人稱視角」和「第三人稱視角」的不同？試說明之。

4. 何謂遊戲風格？試說明之。

5. 遊戲介面的設計可以從哪四種方向著手？

6. 如果從遊戲的不可預測性來看，可以將遊戲區分成哪兩種類型？

7. 在遊戲中的時間是由計時器所控制，而這種計時器又可以區分哪成兩種？

8. 何謂死路？試說明之。

9. 什麼是遊戲中的觸覺感受？

10.請問一款有劇情遊戲，可以區分為哪三種安排方式？

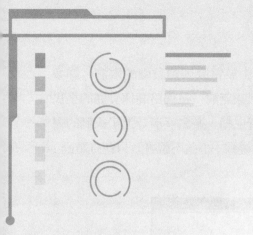

04

認識熱門遊戲類型與開發

記得三十年前，那個遊戲啟蒙發展的年代，那時候由於電腦硬體設備的限制，許多猜拳、打彈珠、小精靈等簡單的小遊戲，都讓人至今回味無窮。在網路高速發展的全民娛樂年代，追求更多的樂趣成為生活上不可或缺的消費主軸，遊戲逐漸走進了人們的視野，並成為一種流行生活元素，今天的遊戲產業已經從導致「小孩不讀書，只會打電動」的負面形象，提升到創造「電競比賽」的新興主流產業。

▲ 星海爭霸的成功帶動了電競類遊戲的起飛

在遊戲的王國裡，要成為一位遊戲設計的高手，絕對是有必要好好認真了解眾多不同的遊戲類型，遊戲分類方式直到目前為止，還沒有一套放諸四海皆準的標準。本章中將嘗試區分不同類型的遊戲發展與特色。此外，雖然遊戲的種類五花八門，但是與電競相關的遊戲，不外乎是第一人稱射擊遊戲（FPS）、即時戰略遊戲（RTS）、多人線上戰鬥競技（MOBA）、卡牌交換遊戲（TCG）、格鬥遊戲（FG）、運動類遊戲（Sports Game，SPG）等，也會在本章中為各位詳加介紹。

4-1　益智類遊戲

益智類遊戲（PUZ 或稱 PZG，Puzzle Game）是最早發展的遊戲類型之一，並不需要強烈的聲光效果，而是較著重於玩家的思考與邏輯判斷，運用使用者的思路來完成遊戲

所設定的目標。通常玩益智類遊戲的玩家都必須要有恆心與耐心，思索著遊戲中的問題，再依據自己的判斷來執行，目的是突破各項不同的關卡。

4-1-1 發展過程

益智類遊戲是由實體的紙上遊戲（例如黑白棋與五子棋等各式棋盤遊戲）與益智玩具（例如魔術方塊、七巧板等等）所衍生而來。比較不會讓玩家們朝著電腦鍵盤猛按，所以要走的步驟都必須加以思考，並在一定的時間內做出正確的判斷。

例如在 Windows 作業系統遊樂場內建的「踩地雷」（WinMine），就是典型的益智類遊戲。使用者必須在不觸動地雷（Mine）的情況下，以最短的時間將地圖內所有地雷加以標記（Mark）。下圖是「踩地雷」的執行畫面：

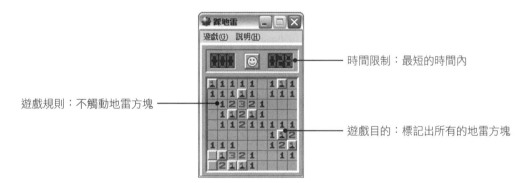

到了遊戲發展中後期，益智類遊戲開始以博弈市場為主，將原本在桌面上所玩的紙牌、麻將等，搬至電子遊戲中，發展至今更有賽馬、賽船或賽車的賭博益智遊戲。

4-1-2　設計風格

　　「規則」與「玩法」是益智類遊戲設計時的重心所在，製作前必須先了解此款遊戲的全盤規則，以及它所可能的全部玩法，以免因為設計人員與遊戲玩家之間想法的不同，而產生不可預期的情況。由於益智類遊戲產生的變化並不多，因此為了吸引玩家與增加遊戲的耐玩性，獨創的遊戲機制絕對是不可或缺的重要因素。

　　例如曾經風靡一時的「魔術方塊」遊戲，在玩家漸漸無法滿足於單調的遊戲內容後，開始有人將魔術方塊加以變化，以創新的遊戲方式與規則，創造出「勇者泡泡龍」的遊戲。不但將魔術方塊類型遊戲徹底改頭換面，更加入了對戰因素與部分角色扮演（Role Playing）手法，可謂是一款具有高度獨創性的益智類型遊戲。下圖是類似俄羅斯方塊的小遊戲——「魔法氣泡」執行畫面：

1. 如果某位玩家的泡泡堆積到超過顯示範圍，則遊戲結束

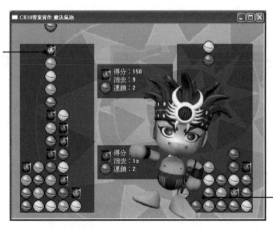

2. 計算兩位玩家積分，得分多的取得勝利，並播放勝利動畫

當然現在網路也有越來越多益智類的小遊戲，例如在「線上遊戲俱樂部」就提供相當多免下載、免安裝的益智類小遊戲。

▲ 線上遊戲俱樂部提供相當多的益智類小遊戲

4-1-3　卡牌交換遊戲

卡牌交換遊戲（Trading Card Game，TCG）也是屬於益智類的一種，和一般的撲克牌卡片遊戲不同，這類型遊戲純粹比智力，以販售的專用交換卡片所進行的遊戲，然後依自己設定的戰術編輯牌組，玩家在遊戲中通過開牌包或者交換與交易的方式取得所需卡牌，並根據規則將卡片做變化組合（組過的卡片組稱為「牌組」）和戰略後，再跟對方進行對戰的卡牌遊戲，多為 1 對 1 的 2 人對戰遊戲。

▲ 爐石戰記是一款具有奇幻風格的卡牌遊戲

由於傳統的紙質卡牌在遊戲方式和比賽形式上有著相當的不便，隨著網路的快速發展，更促成了卡牌遊戲的電子化，最吸引人之處在於每位玩家能夠依自己的風格建構牌組，除了競技對戰外，相關卡牌也有許多人爭相收藏。其中一款值得介紹的是由暴雪娛樂所推出的「爐石戰記」，不但包含許多充滿特色與奇幻風格的卡牌遊戲模式，還有強大的互動性，能在娛樂中鍛鍊你的技巧，受到許多玩家的追捧。

卡牌遊戲市場持續多樣的遊戲創意一直深受玩家青睞，例如由遊戲大廠 Valve 推出的數位卡牌交換遊戲「Artifact」，除了享受許多精緻傳統卡牌遊戲的樂趣，同時也加入了多人線上戰鬥競技（MOBA）元素，每場遊戲玩家都必須選擇 5 位英雄進行會戰，令人沉浸其中震撼的視覺效果號稱卡牌遊戲史上玩法最豐富、聲光最極致的體驗！

▲ Artifact 加入了多人線上戰鬥競技（MOBA）元素

4-2　策略類遊戲

「策略類遊戲」（Strategy Game，STA）也是屬於讓玩家動腦思考的遊戲類別，早期的策略型遊戲是以戰棋為主，如象棋、軍戰棋等，主要是要讓玩家們能夠在一場特定地形中，運用自己的思路來佈置屬於自己的棋子，以打敗對方為目的來進行的攻防遊戲。

4-2-1 發展過程

其實策略型遊戲發展的相當早，以經典的象棋遊戲而言，就是以自己所屬的戰棋，依據個人的思路佈置棋子來進行攻防戰，由於它只能以「一次走一步」的方式來進行遊戲，故少了些遊戲的緊湊性和戰爭的樂趣，但後來經過不斷地改良，加入了「即時」的遊戲機制，而成功地打造出策略型遊戲的另一個天空，其中以「Blizzard」公司的「星海爭霸」（StarCraft）最為成功。

▲ 星海爭霸 2 的精采畫面

※ 取自 http://www.starcraft2.com/screenshots.xml

> **Tips** 即時戰略遊戲（RTS）也是一種策略類遊戲，也就是即時進行而不是採用傳統戰略遊戲的回合制，標準的即時戰略遊戲會有資源採集、基地建造、科技發展，敵情偵察，生產兵力等元素，讓玩家有所謂運籌帷幄，決勝千里的情景。

「星海爭霸」是以各種不同的種族為單位，而這些種族間又更細分出不同能力的小角色，讓戰棋遊戲型態更添加了不少的樂趣。後來微軟公司（Microsoft）又出了「世紀帝國」（Age of Empires）遊戲，不但具有深度內涵的內容，更以歷史文化演進為背景，深入淺出地融入故事中，其中任務玩法多變，場景細膩豐富，滿足不同玩家之需求，更是征服了整個遊戲市場。爾後出品的如暗黑破壞神、魔獸爭霸、紅色警戒系列、諸神之戰等受到好評的遊戲，也都類似此種機制。

▲ 宇峻奧汀的「諸神之戰」是一款策略模擬類型的遊戲

　　另外五子棋遊戲可以看成是最簡單的策略類遊戲（也有人認為是益智類遊戲），就是兩方玩家在一個固定大小棋盤中，隨意擺放兩種不同顏色的棋子，當任何一方的棋子五個連成一線時，即取得這場遊戲的最後勝利。下圖是「五子棋」的執行畫面：

1. 遊戲主要畫面 ————

2. 遊戲進行內容 ————

3. 遊戲訊息視窗 ————

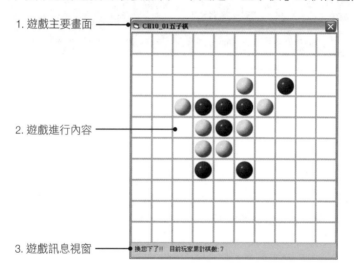

4-2-2　設計風格

　　策略型遊戲除了需要玩家勤練熟練度外，腦袋的靈活度往往也是遊戲結局成敗的關鍵。以早期戰棋遊戲來說，只能讓兩個人來進行遊戲，而目前策略型遊戲的主要樂趣就是取決於多人連線的廝殺過程。在遊戲中可以互相結盟，也可以反目成仇，以兩個人的力量來滅掉另一個種族，當然更可以翻臉不認人，在同盟時期又去殺同盟國，在遊戲裡

可以利用以物剋物的方式來攻打對方，對方也可以用同樣的方式來攻打我們，最大的特色就在於如何運用思路來配置戰棋兵種以及管理內政或開發。

策略類遊戲是所有遊戲類型中包含最多類型的一種遊戲模式，只要是讓玩家們花上心思，來達成另外一種目的所做的遊戲模式，都稱得上是策略類遊戲，可區分為兩大類，分別是「單人劇情類」與「多人連線類」，說明如下：

🎮 單人劇情類

是以單人單機為主，目的是讓玩家操作自己的戰棋來達成單關的故事劇情，玩家可以一邊玩著豐富的故事劇情，又可以隨時佈置自己的戰棋攻守電腦戰棋，來完成單關的任務。

🎮 多人連線類

是以多人多機方式來進行遊戲的，目的是讓遊戲中的玩家們可以呼朋引伴在遊戲中來一場大廝殺，而在沒有連線的情況下，玩家們也可以與電腦對戰，並以自己的開發思路來打敗對方。

策略類遊戲除了戰略模式外，還包括「經營」與「養成」的遊戲方式，如較為經典的「美少女夢工廠」系列遊戲。而以下的「寶貝奇想曲」就是一款養成遊戲。由玩家扮演熱愛動物的寵物店老闆，除了一般常見的寵物外，亦可移植各種動物的不同部位培育出新品種的寵物，在銷售或各類比賽中獲得佳績。

 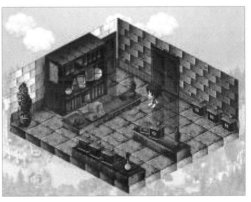

我們把寶貝奇想曲遊戲流程敘述如下，讓各位能夠對這類遊戲有更清楚的認識：

(1) 遊戲之初玩家必須利用有限的金錢建構理想的寵物飼育空間並取得基本類型的寵物，升級之後可改善寵物飼育空間，可飼養及培育的寵物類型會逐漸增加。

(2) 不同的開店地點會有不同的消費客群,玩家可針對所在地點的顧客喜好販售不同類型的寵物,以提高銷售成績。

(3) 除了向固定飼養場購買寵物販賣外,玩家也必須到世界各地去採集稀有品種的寵物,以滿足不同顧客的需求,在採集的過程中會遇到戰鬥(野獸或其他的寵物店主人搶奪),玩家可選擇店內戰鬥力較強的寵物隨行以作為保護。

(4) 玩家所訂閱的「寵物日報」會提供特別寵物需求或各類寵物比賽(如選美、比武、特異功能…等)等資訊。玩家可依自己的能力培育出顧客所期望的寵物或適合參加各種比賽的寵物。達成要求或贏得比賽後可獲得升級、賞金、或提昇知名度等獎勵。

(5) 玩家可依自己的寵物飼育能力以不同品種的寵物合成新種,創造出前所未見的新型態寵物。每一種動物的各個部分有不同的屬性(如白兔耳朵:可愛 +3;獒犬牙齒:攻擊 +5;龜殼:防禦 +4…),玩家所具備的各式基因藥劑也可加強新品種的各類屬性;藉此培育出可贏得比賽的神奇寵物。

4-2-3 多人線上戰鬥競技

「多人線上戰鬥競技遊戲」(Multiplayer Online Battle Arena,MOBA)源自即時戰略遊戲(RTS),也有人稱為「動作即時戰略遊戲」(Action Real Time Strateg,ARTS),由於遊戲機制多元且富戰略思考的玩法內容,電競賽事中以 MOBA 這類遊戲最為熱門,徹底革新了原本的 RTS 遊戲型態。MOBA 最原始的概念來自「魔獸爭霸 III」中的自定地圖「守衛遺蹟」(Defense of the Ancients,DotA)。DOTA 可以說是如今 MOBA 類遊戲最相似的原型,具有無需付費、多人公平競技和即時對抗的特點,具備高度的觀賞性,特別是在是 PvP 對戰的部分,後來玩家以操控單一英雄組隊進行多人聯機競技的方式就統稱為「DOTA」類遊戲。

▲ DOTA 遊戲是 MOBA 的鼻祖

　　MOBA 遊戲首重玩家對各個角色的技能熟悉度，核心玩法是建立在英雄對戰的基礎上，大多數都有 2 個以上的隊伍選擇不同英雄在遊戲地圖中進行對戰（通常是 5V5），每個玩家控制其中一名角色，玩家們必須擊敗對手，摧毀對方的基地或建築物才算獲勝，例如英雄聯盟（LOL）就繼承了 DOTA 的規則概念，也帶起了玩家對 MOBA 遊戲的風潮。

 英雄聯盟（lol）S 系列指的是英雄聯盟世界大賽（League of Legends World Championship Series），LOL 每年會舉辦全球總決賽，簡稱 S 系列賽，到 2023 年為止，S 賽已經舉辦了 13 年。

4-2-4　大逃殺遊戲

　　大逃殺遊戲（Battle royale game）是一種電子遊戲類型，也被台灣玩家暱稱為「吃雞」，此類型是於 1999 年由日本小說家高見廣春所撰寫的恐怖小說而來，融合了生存遊戲的法則及淘汰至最後一人的玩法。2017 年「絕地求生」（PlayerUnknown's Battlegrounds，PUBG）的流行，也間接成為大逃殺遊戲的典型規則，玩家可以使用不同特色技能或角色進行遊戲，最終目標就是於時間內存活下來並獲得優勝。

▲ 絕地求生遊戲中玩家需要堅持到最後一刻

4-3 模擬類遊戲

「模擬類遊戲」（Simulation Game，SLG），就是在模仿某一種行為模式的遊戲系統，並以電腦模擬出各種在真實世界中所發生的情況，並且藉此做出玩家在真實世界中所難以做到的事情。而通常模擬類遊戲模仿的對象有汽車、機車、船、飛機、甚至於太空船都有，如微軟的「模擬飛行」系列。

▲ 模擬飛行遊戲畫面

※ 取自 http://www.microsoft.com/taiwan/games/

另外也有人把經營遊戲歸類於模擬類遊戲，所謂「經營」模式就是讓玩家去管理一套運作系統，如城市、交通、商店等，玩家們需要憑著自己思路來經營運作系統，如美商藝電公司所發行的「模擬城市」系列與「模擬市民」系列。

▲ 線上遊戲俱樂部也有許多模擬類小遊戲

市面上還有一款相當特別的經營類遊戲「電競俱樂部」，在這款遊戲中，玩家將以自家的車庫和一台 PC 為起點，一步步建立屬於自己的電競王國，招募有實力的選手，實現電競夢想成為全球頂級的電競俱樂部。

▲ 電競俱樂部經營遊戲的精彩畫面

4-3-1　發展過程

　　模擬類遊戲的由來應該是參考模擬飛行機具的運作系統。由於飛機造價昂貴，對於不太熟悉飛行機具的駕駛員來說，貿然駕駛一台飛行機具是相當危險的，所以科學家就開始研發可以模擬飛行機，利用虛擬實境（Virtual Reality Modeling Language，VRML）技術成像各種物理現象與突發狀況，以供飛行員面對各種逼真狀況，直到能夠作出應有的正確反應後，才允許其擔任真實任務，以確保飛航的安全，應用於軍機作戰、民航機飛行教學與太空飛行訓練等。

▲ 飛行模擬訓練與虛擬實境的應用

> Tips　虛擬實境（VRML）是一種程式語法，利用此種語法可以在網頁上建造出一個 3D 立體模型與空間。VRML 最大特色在於其互動性和即時反應，可讓設計者或參觀者隨心所欲操作電腦與變換任何角度位置，360 度全方位地觀看設計成品。例如房屋仲介公司所架設的網站中，可以讓有意購屋者者利用虛擬實境的技術，以 360 度的方式，來檢視房子所有的外貌及細部裝潢。

　　之後這種模擬系統便引進到遊戲當中，當時玩家們的心態就是想在遊戲中尋找到駕駛的樂趣與快感。演變至今，模擬類遊戲已從飛行機具，慢慢地衍生到所有的硬體機具上，如汽車、機車等等，甚至還有雲霄飛車、機器人的模擬系統。

4-3-2　設計風格

　　模擬類遊戲最大的特色就是擬真度力求完美，遊戲操作指令也較為複雜。著重於機具的物理原則及給玩家的真實感，讓玩家可以從玩遊戲中感受到真實。因此設計上較重視物體的數學及物理反應，例如一顆鉛球由半空中落下，不會像羽毛一樣隨風飄動；一個物體的移動，也必須要符合物理的加速、減速原則才可執行。如違反物理原則則會讓玩

家感到無所適從，所以在製作模擬類遊戲時，必須要包含許多科學的原理與公式，如風阻、摩擦力等等，這樣的模擬遊戲才會更加地吸引人。

▲ 模擬飛行 X 網頁

例如微軟曾推出一款超寫實模擬類遊戲——「模擬飛行 2002」，玩家可以駕駛波音747-400 型噴射客機，親身體驗開飛機時的滑行、起飛、降落與塔台聯絡等逼真場景，更包括嘆為觀止的全新 3D 寫實風景。

4-4 動作類遊戲

「動作類遊戲」（Action Game，ACT）長久以來就是遊戲市場上佔有率最高的類型，其重點在於整體流暢度與刺激感。從早期大型遊戲機台的「少林寺」、任天堂紅白機的「超級瑪利歐」、「魔界村」、「越南大作戰」、「生死格鬥」等等，動作遊戲並未隨著時代被遊戲市場所淘汰，反而隨著軟硬體的強化不斷進步，形成多樣化的遊戲。

▲ 日本遊戲公司 Namco 推出的小蜜蜂遊戲

從近年來主機平台功能的升級，動作類遊戲在玩法上變得更複雜、內容更加地豐富，它帶給遊戲玩家的刺激感是不可否認的，接著就來探討一下動作類遊戲它成功的地方。

4-4-1 發展過程

在遊戲的產業裡，或許可以這麼形容，所有的遊戲類型幾乎都是從動作類遊戲的變形演化而來。其中任天堂的「超級瑪利歐」遊戲，更將動作遊戲的狂熱帶到巔峰，當時多少人為了破「超級瑪利歐」的遊戲，而不分晝夜沉醉在破關的狂熱中。後續又推出了許多代表性的動作遊戲，如第一人稱射擊遊戲的始祖毀滅戰士、戰慄時空系列、銀河爭戰錄系列等。

下圖為一款「誅魔記」格鬥遊戲，以 2D 仿 3D 的橫向多層捲軸作表現，遊戲操作方式是以鍵盤上下左右的方向鍵，適時配合砍殺（B）、法術（V）、跳躍（空白鍵）等三個按鍵，或者直接搭配 Game Pad 搖桿來進行遊戲。

另外，「勇者泡泡龍 4」是龍愛科技研發的創新加長遊戲場景畫面，可連續闖關最多五拉幕的 ACT 動作遊戲，曾獲 GAME STAR 最佳動作遊戲獎。

▲ 曾獲最佳動作遊戲獎的「勇者泡泡龍 4」

4-4-2 設計風格

動作遊戲的特色在於挑戰及快感，遊戲角色簡單的操控方式，讓玩家可以快速地融入遊戲中。並透過角色的攻擊、跳躍、前進與後退等動作，來考驗玩家的記憶力及反射動作。隨著關卡的進行、新式樣的陷阱、難纏的敵人，與遊戲的困難度，帶給玩家相當的成就感。

市面上動作類型的遊戲相當多，差異性相當高，而操作性與遊戲性也不盡相同。動作遊戲的開發架構是所有遊戲中最為簡單的一種，也因此動作遊戲所衍生的遊戲方式相當多樣化。基本上，可以區分為下列幾種類型：

🎮 射擊類動作遊戲

射擊類動作遊戲主要是利用 2D 平面，或 3D 立體畫面來呈現內容。玩家必須操控固定角色，並透過輸入裝置下達發射指令來消滅遊戲中所有敵人。下圖是一款縱向捲軸射擊遊戲──「娃娃射擊戰」執行畫面：

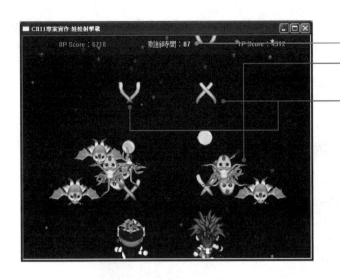

1. 每局的遊戲時間共有 120 秒
2. 敵人一組 10 隻，會從畫面四周不斷湧出
3. 玩家必須發射飛彈將敵機擊落，0P 玩家為藍色飛彈，1P 玩家為黃色飛彈

🎮 格鬥類動作遊戲

　　格鬥類動作遊戲的起步時間比一般動作遊戲稍晚，隨著硬體設施的進步，格鬥類遊戲帶給玩家的快節奏與多樣的聲光效果，使得格鬥類遊戲成為大型機台的主流。例如快打旋風系列，就以流暢的動作設計，搶眼人物造型而大受歡迎。其中「快打旋風 4」是經典對戰格鬥遊戲，採用 3D 繪圖技術來呈現原先的 2D 繪圖風格。

　　下圖則是一款雙人競爭 2D 格鬥遊戲「搶娃娃大作戰」的執行畫面：

1. 每隔 0.8 秒 (800ms) 時，會從天上落下一隻娃娃，而娃娃下方會出現影子陰影

2. 玩家可參考娃娃影子，移動到最佳位置取得娃娃。但在娃娃還沒落到地面上時，並不能取得娃娃

4-4-3 第一人稱射擊類遊戲

「第一人稱射擊」（First-person Shooter，FPS）遊戲就是限定玩家必須以第一人稱的觀看視角，來處理遊戲中所有相關畫面。也因為這種非常擬真的設定，所以必須用到強大的 3D 立體成像技術與豐富的音效資源。

▲ 逼真的 3D 戰鬥場景

FPS 一直以來也都是遊戲業最火爆的遊戲類型，著名的遊戲例如絕對武力（Counter-Strike Online，CSO），內容為恐怖份子與反恐小組對決，玩家可利用自動匹配選擇適當的遊戲模式來進行與其他玩家對戰並且累計積分，刺激痛快的對戰體驗及豐富多元的遊戲模式，增強了遊戲的主動性和真實感，其他如戰慄時空（Half-life，PC）、鬥陣特攻（Overwatch）、雷神之錘（Quake，PC）系列等也是 FPS 經典的鉅作。

▲ 絕對武力是國內外受歡迎的 FPS 遊戲

4-4-4 第三人稱射擊類遊戲

「第三人稱射擊」（Third-Person Shooter，TPS）遊戲的玩家是以第三者的角度觀察場景與主角的動作，玩家進入第三人稱視角後，猶如一個旁觀者或者操控者，能夠更加清楚地觀察到整個地形與所操控人物的背面，主角在遊戲螢幕上是可見的，也是第一人稱射擊遊戲的另一種變形。例如古墓奇兵（Tomb Raider）系列、英雄本色（Max Payne，PC）系列。

4-4-5　格鬥遊戲

　　「格鬥遊戲」（Fighting Game，FTG）也是動作類遊戲獨立出來的分支，一直是玩家最喜愛的熱門類型之一，不過對於雙方動作的對應和判斷比起大多數的動作遊戲還來得高，玩家操控螢幕上的自己角色和對手進行近身格鬥，格鬥遊戲的特點是對打擊回饋有一定要求，玩家必須精熟諸如防禦、反擊、進行連續攻擊、格檔、閃避等操作技巧。日本較多此種遊戲類型的比賽，例如快打旋風最早是由日本卡普空公司於 1987 年推出的，由兩個角色於限定的時間內，使用各種攻擊手段，設法令對手的生命值歸零，並以三戰兩勝的方式進行一場龍爭虎鬥，想要提升實力就要對遊戲的基本系統與術語有所了解，勝利後才能往下一個關卡前進。

▲ 快打旋風 5 是成功的格鬥遊戲之一

4-5　運動類遊戲

　　「運動類遊戲」（Sports Game，SPT）與模擬類遊戲有異曲同工之處，運動類遊戲也必須要符合大自然的物理原則，且注重人體活動行為。一般說來，只要與任何運動有關的遊戲，都可以納入這個分類中。特別是在大型機台中，運動遊戲經常有突出的表現，因為可以提供專用操作模式，不像電腦與家用主機只能提供按鈕操作。

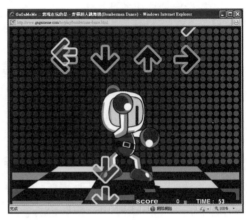

▲ 運動類遊戲網頁及跳舞機遊戲

4-5-1　發展過程

以早期的運動類遊戲看來，彷彿只是為了讓喜好運動而不能親自參與所製作出來的遊戲，由於真實的運動受到越來越多人喜歡，導致運動類遊戲大受歡迎，從籃球、足球、雪上運動，甚至高爾夫球運動，都慢慢地被引進遊戲中，甚至如奧運賽的各種比賽項目也被帶進遊戲當中，也讓運動類遊戲在遊戲世界裡占有一席地位。

其實運動類遊戲也會因為支持真實世界中的某一個隊伍，而愛上運動類遊戲，甚至為了讓所支持的隊伍打敗其他隊伍，不惜日夜苦練支持的隊伍，來滿足心中的好勝心。如著名遊戲 NBA Live 系列的場景以 3D 建構，流暢度十足，音效配音及人物均唯妙唯肖，搭配得宜有如置身於 NBA 籃球賽中。

4-5-2　設計特色

運動類遊戲的特色最主要就是在表現某一種類型的運動，最近的運動遊戲中也開始將運動員的管理融入。在與真實運動比賽相同的環境下，和電腦或朋友打一場屬於自己的運動競賽，足以滿足自己或朋友對運動的熱忱。運動類遊戲以球類運動占多數，不管是籃球、高爾夫球、還是足球，只要是越多人熱衷的運動，該類型遊戲的占有率則越高，其主要就是在突顯出此類運動的刺激性與臨場感。

4-5-3 賽車遊戲

▲ 跑跑卡丁車是一款 Q 版的賽車遊戲

　　例如跑跑卡丁車是一款老少咸宜的賽車電競遊戲，為韓國 NEXON 公司出品，由超可愛的卡丁車陪你一起軋車甩尾飄移，多種車款與遊戲主題賽道，可供玩家選擇競賽。遊戲橘子於 2019 年首度舉辦「跑跑卡丁車」世界爭霸賽，賽制採個人競速賽模式，比賽必須要進行 3 輪，有來自南韓、中國、台灣共 4 支參賽隊伍。

▲ 2019 年跑跑卡丁車世界爭霸賽由南韓隊奪得冠軍

　　極速領域（Garena）也是中國騰訊公司旗下一款簡單上手、操作手感絕佳的手機賽車類電競遊戲，包含經典賽車競速與道具賽等模式，特別是三分鐘就可玩一局，你可以利用手機體驗經典賽車競速外，盡情享受在賽道上瘋狂奔馳的快感。

▲ 極速領域可以讓玩家享受如同在賽道上瘋狂奔馳的快感

4-6 角色扮演類遊戲

不知各位是否曾經有過當閱讀一本書或看某部電影時，心中暗想如果自己是某某角色會如何如何…等等？「角色扮演遊戲」（Role Playing Games，RPG）就是基於這種原理，來提供玩家一種無限想像的抒發空間。也就是說，玩家負責扮演一個或數個角色，角色如同真實人物一般會成長。著名的遊戲如太空戰士（Final Fantasy）、創世紀（Ultima）系列、魔法門（Might and Magic）系列等。

4-6-1 發展過程

角色扮演遊戲是由桌上型角色扮演遊戲（Table talk - Role Playing Game，TRPG）演變而來。它屬於一種紙上的棋盤戰略遊戲，必須由遊戲主持人（Game Master，GM 或稱地牢主人），以及多個玩家所合力組成。

遊戲主持人負責在遊戲流程中，講述遊戲故事內容和解釋遊戲規則，所有玩家就等於是故事中一個特定角色，而這個故事的精彩與否則是取決於主持人的能力。利用投擲骰子的方式，體驗不可預知的結果和玩家的行動，這就是角色扮演遊戲最原始的雛形。

桌上型角色扮演遊戲在歐美國家已經風行多年，最深植人心的一款作品為「D&D」系列遊戲。所謂的 D&D 就是「龍與地下城」（Dungeons & Dragons），它是以中古時期的劍與魔法奇幻世界為主要背景的 TRPG 遊戲系統。

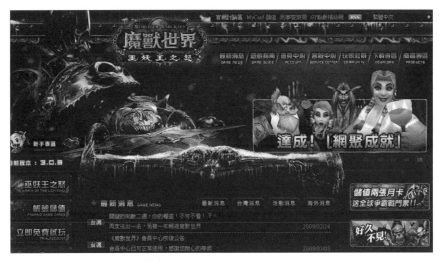

※ 圖片來源：http://www.wowtaiwan.com.tw/

　　D&D 系統創造了 RPG 遊戲類型，大部分的遊戲中，都遵循 D&D 系統所訂定的規則（戰鬥系統、人物系統、怪物資料等等），來進行遊戲內容相關的設定工作，隨著硬體設備的更新，RPG 遊戲除了原本的故事性外，也開始強調遊戲畫面的聲光效果，例如「天堂二」（Lineage II）、「無盡的任務」（EverQuest），或「魔獸爭霸三」（WarCraft III）等，都完整參考龍與地下城各個時期所製作的規則系統。

4-6-2　設計風格

　　以 RPG 的遊戲特色來說，它是由許多遊戲玩法機制所綜合而成，遊戲內故事已經固定，玩家必須遵循著固定路線來完成結局。單純以一個場景來說，當玩家操作的人物在路上行走時，可能會不預期地遇上敵人攻擊、或撿拾到裝備寶物、或者是觸發一些特定事件等，這些都必須要經過企劃人員事先的設計。一般說來，台灣與大陸出產的角色扮演遊戲多為重視劇情的日式風格。

　　關於 RPG 的遊戲設計原則，或許您會問：「那要怎麼樣才能讓玩家在遊戲裡找尋到樂趣呢？」其實不管所設計出來的 RPG 遊戲有多複雜，都不外乎以下的幾項基本原則：

- **人物的描寫**：RPG 遊戲最主要就是在強調人物的特性描寫與它的背景故事表現，以達到角色扮演的目的，亦即 RPG 遊戲就是要讓玩家能夠感覺到遊戲中的人物就像是自己在扮演一樣。

- **寶物的收集**：不管是裝備、或者是寶物，甚至於如同「太空戰士」（FINAL FANTASY）遊戲系列中的「召喚獸」機制，都可能成為玩家會想要繼續玩下去的理由。

- **劇情的事件**：主要軸心就是它所呈現的故事劇情內容，這種故事劇情能將角色扮演的成分提升至最高，強調角色在故事裡存在必要。

- **華麗的畫面**：為了提高 RPG 的遊戲品質水準，華麗的戰鬥畫面是設計者不能忽略的重點，因為這常會使得玩家們對遊戲愛不釋手，就如同「太空戰士」系列一般，它的 3D 真實戰鬥畫面深深地吸引著玩家，而且讓玩家們成為它死忠的粉絲。

- **職業的特色**：所有的人物都有自己獨特的個性，再加上本身所屬的職業，讓角色特性更突顯出來，如勇士、魔法師、僧侶等，每一種角色又可以與其他的角色能力做互補，加強了 RPG 遊戲的品質與張力。例如太空戰士 9（Final Fantasy，FF）就是以畫面精緻、質感佳、動畫生動吸引、戰鬥有趣豐富及人物個性刻劃鮮明而大受歡迎。

下圖是一款非捲軸動作遊戲──「忍者殺龍」的執行畫面：

1. 扣除玩家生命值

2. 顯示訊息文字

3. 返回玩家回合，進入待機狀態

4-7 動作角色扮演類遊戲

「動作角色扮演」（Action Role Playing Games，ARPG）同時具備動作遊戲與角色扮演遊戲要素，因為它是採取動作遊戲緊湊的玩法與 RPG 遊戲劇情的流程為主軸，這讓玩

動作角色扮演遊戲的玩家可以玩到動作遊戲的刺激感與 RPG 遊戲的角色扮演機制，所以讓遊戲產業再度掀起一股獨特的風潮。

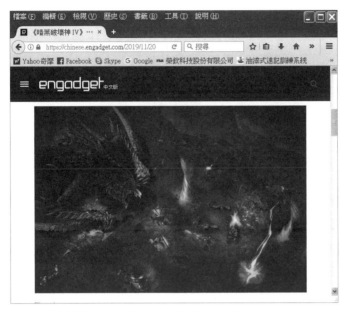

▲ 暗黑破壞神 4 的精彩畫面

巴冷公主也是兼採 ARPG 及益智類遊戲的特性，強調 RPG 的故事性，節奏明快，但過關過程則加入動作遊戲的刺激感：

4-7-1 發展過程

最早帶起動作角色扮演遊戲風潮的應該算是 PC 上的「暗黑破壞神」（Diablo）與電視遊戲主機上的「薩爾達傳說」（Legend of Zelda），它們打敗了當時單純的 RPG 故事劇情敘述與單純的動作遊戲。遊戲中以 RPG 遊戲故事為軸心，再以動作遊戲表現方式，讓玩家可以在遊戲中看到整個角色扮演的故事情節發展與直覺式的痛快打鬥方式。著名遊戲還有聖劍傳說系列、仙劍奇俠傳等。

4-7-2 設計風格

在設計一套動作角色扮演遊戲的時候，設計者必須要考慮的非常詳細，要將動作遊戲與 RPG 遊戲機制合併成另一種玩法。例如「暗黑破壞神」從發售以後，顛覆了遊戲產業的視覺風潮，ARPG 的遊戲彷彿已經席捲了整個遊戲市場，且網路連線功能讓玩家不只可以在單機平台上玩，更能呼朋引伴在遊戲中大肆殺敵。基本上，開發一套動作角色扮演類遊戲時，必須要從以下四方面來著手：

- **故事劇情架構**：其實與 RPG 遊戲是相同的，必須撰寫角色升級與裝備，藉此增加玩家參與感，並從故事的進行中交代出所設計的人物故事背景。

- **人物特色表現**：同上述與 RPG 遊戲設計的方式相同。

- **場景物件配置**：手法上要比單純的 RPG 遊戲仔細，因為在場景中，不只是單純的玩家所操控的物件在移動而已，還包含怪物、NPC 人物的移動，如果分配不好，就有可能造成玩家根本打不到怪物或拿不到寶物的現象。以下是巴冷公主中不同場景的人物配置與分佈：

- **物體動作設計**：在於玩家所操作的主角去做事，如打敵人或拿寶物等行為，設計者必須去編列所有物體動作行為，如此一來，才能夠讓遊戲更為生動自然。

4-8 冒險類遊戲

「冒險類遊戲」（Adventure Game，AVG）早期多半在 PC 上發展，也是電腦遊戲初期的類型之一。隨著電腦效能的進步，冒險類遊戲也有了一番新的蛻變，多半發展成類似動作角色扮演類遊戲，只有一些特殊條件不太相同而已。例如在冒險類遊戲中可能會非常強調人物故事劇情的進行，可是人物本身的等級強弱卻不會是遊戲中的重點。著名的有員警故事（Police Quest）、迷霧之島（Riven）、古墓奇兵（Tomb Raider，PS）等。

4-8-1 發展過程

冒險類遊戲的內容沒有 RPG 角色扮演遊戲的升級系統，卻含有相當多的解謎與冒險成分，主角的屬性通常固定。遊戲本身最主要的目的是要讓玩家在遊戲中不斷地思考，來獲得解決各種問題的答案。發展最經典的遊戲為日本「卡普空」（Capcom）公司所發行的「惡靈古堡」（Biohazard）系列遊戲，與 Eidos 公司所發行的「古墓奇兵」（TOMB RAIDER）系列遊戲，共通點就是以解謎為主軸。

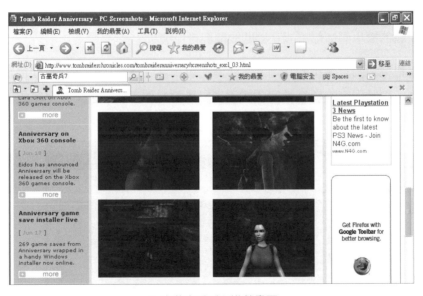

▲ 古墓奇兵系列遊戲畫面

冒險類遊戲通常以懸疑緊張的故事劇情為遊戲之軸心，通常主角會來到一個充滿機關的城鎮或建築物裡，在這些地方有著不可告人的祕密或寶藏，玩家們必須突破各種機關

或關卡來達成遊戲中的目的，思考與緊湊的劇情讓玩家可以樂在其中。例如知名的惡靈古堡系列，遊戲氣氛掌握成功，3D 人物、怪物造型十分驚人，故事安排舖陳多變化，隱藏的各種密技，遊戲模式令人耳目一新。

4-8-2　設計風格

　　冒險類的遊戲架構其實大致上與 ARPG 遊戲的架構非常相似，只是冒險類遊戲還必須加上大量合理機關與劇情發展，讓玩家感覺就好像在看一場電影、一本小說一樣，設計者如果希望複雜一點，還可在遊戲中加入分支劇情，這樣會更加提升遊戲的豐富性。筆者建議在製作冒險遊戲時，可以秉持以下三項特點：

- **強調人物的刻劃**：冒險類遊戲強調的是角色在故事裡的存在價值，角色背景需要非常清楚地讓玩家們了解，所有在故事劇情裡出現的人物都必須要有存在的合理性與意義。

- **合理的故事劇情**：冒險遊戲非常重視故事劇情的發展，它是吸引玩家們會想繼續玩下去的最有利工具，合理又懸疑的劇情讓玩家們能夠很容易地融入在遊戲當中，讓玩家會因想要看到故事劇情的結果，而不斷地玩下去。

- **豐富的機關結構**：冒險遊戲最主要結構就是由各式各樣的機關來構成，具備豐富性與合理性，而且又不會太難破解的機關。而遊戲中的機關通常是遊戲進行的主要幹道，所有的故事劇情都可能在機關的前與後所發生。

　　以美式風格為主的冒險遊戲在剛進入台灣遊戲市場的時候，許多玩家們很難去接受它的遊戲機制，但其內容的豐富性與美式電影風格的製作手法，近年來已經成功地打進玩家們的心。

▲ 惡靈古堡系列遊戲畫面

學習評量

1. 何謂「益智類遊戲」（PUZ 或稱 PZG，Puzzle Game）？

2. 益智類遊戲的特色為何？

3. 策略類遊戲除了戰略模式外，還包括哪些遊戲方式？

4. 請簡述何謂模擬類遊戲（Simulation Game，SLG）？

5. 請說明動作類遊戲的發展史。

6. 請簡述第三人稱射擊類遊戲的特色。

7. 運動類遊戲的玩家有哪一種很奇妙的現象？

8. 請說明角色扮演類遊戲的特色。

9. 關於 RPG 遊戲，有哪幾項設計原則？

10.試說明動作角色扮演類遊戲的發展過程。

11.開發一套動作角色扮演類遊戲時，必須要從哪四方面來著手？

12.在製作冒險遊戲時，可以秉持哪三項特點？

13.請說明卡牌交換遊戲（Trading Card Game，TCG）。

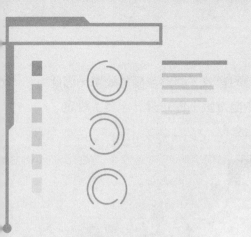

05

遊戲開發團隊的建立

早年的遊戲，由於開發規模並不龐大，無法支援動聽的音效，圖形也極為簡單，因此只需一、兩個人就可以完成遊戲開發。而遊戲設計的企劃遊戲、程式設計、美工設定、音樂創作，甚至於連測試的工作任務也都可由一人來完成。

▲ 遊戲團隊的溝通與合作能力是成功的關鍵

當硬體效能隨著時代進步有了顯著的提升後，一款足以在遊戲市場上能夠生存的產品，就不是獨自一人可以完成的任務了。對於一間公司來說，一個部門裡會有許多人加入開發遊戲，部門之間也必須相互依附合作，而結合眾多不同知識領域的專案，也不能像單人軟體開發一樣，能夠隨時隨地更改，一旦規劃不當或合作默契不夠，有可能會牽一髮而動全身，使得開發時程大幅延宕。

5-1　團隊人力資源分配

在準備開發一款遊戲之前，團隊成員除了需要了解到遊戲市場走向、遊戲的客群、遊戲未來前景等因素外，團隊人力資源分配才是最重要的工作。通常一個遊戲設計案子考量的原因有若干，包括市場、成本、技術層面、公司系列作品的續作壓力以及策略性產品等。

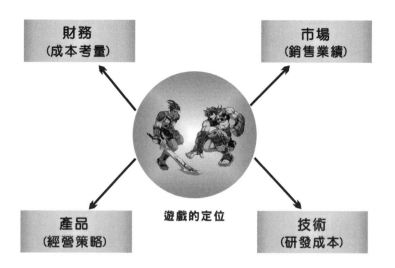

一般而言，主其事者會先將一個開發團隊的人物角色分配到「最恰當」的狀況，不過基於成本考量與人力資源不足，也有可能一個人扮演很多任務的角色、或由某一些人來扮演跨任務的角色。儘管人力資源的不足或是成本不能負荷的情況下，還是可以將這個遊戲開發團隊的任務分成五大類，分述如下：

任務分類	主要角色
管理與設計	系統分析 軟體規劃 企劃管理 遊戲設定
程式設計	程式統籌 程式設計
美術設計	美術統籌 美術設計
音樂創作	音樂作曲家 音效處理員
測試與支援	遊戲測試 支援技術

其人力資源最佳化分配與任務規劃的指派，可以將這五大類的分類架構繪製成如下圖所示的金字塔形狀：

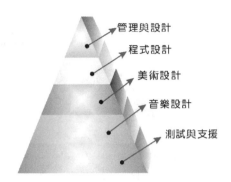

5-1-1　遊戲總監

　　製作一個遊戲通常是團隊工作，由遊戲總監帶領遊戲企劃、程式設計、美術設計等工作人員，而遊戲總監就是掌控一套遊戲製作流程與設計的管理人員，或者稱為遊戲製作人。他的主要工作任務就是在控管所有的團隊人力資源、建構遊戲中整體基本架構，以及統籌遊戲中的所有細節重點。例如遊戲總監在遊戲開發期間，可以依照以下的步驟來進行：

遊戲製作過程	概述
遊戲企劃撰寫	題材選擇與故事介紹、遊戲方式敘述、主要玩家族群分析、開發預算、開發時程。
團隊溝通	遊戲概念交流、美術設定風格、遊戲工具開發、遊戲程式架構。
遊戲開發	美工製作、程式撰寫、音樂音效製作、編輯器製作。
成果整合	美術整合、程式整合、音樂音效整合。
遊戲測試	程式正確性、遊戲邏輯正確性、安裝程式正確性。

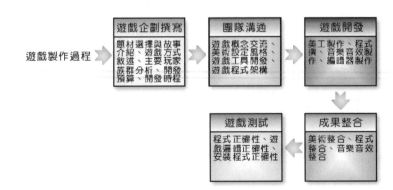

從實務面來講，遊戲總監就是整個遊戲的領航者，必須對市場與遊戲性有權威般的敏感程度，下轄有企劃、美術與程式總監。雖然他可能不必直接參與許多工作細節，但是必須要清楚知道自己想要製作的是什麼樣子的遊戲，並且在融合團隊成員意見時，也不忘主導遊戲的製作方向，做到「決策者」甚至是開發團隊間的「和事佬」，如此才不至於使遊戲開發變成多頭馬車，導致遊戲變得奇形怪狀。

遊戲總監的角色通常是由公司中一個可以統籌整體遊戲規劃的人員來擔任，在遊戲開發的初期，就必須建立跨部門的專案委員會，並由委員會來進行遊戲的提案、簡報與雛型的製作，並且能夠善用公司各種人力資源，各部門員工只要依照委員會所產出的企劃案與細部規格加以開發，這個委員會的負責時間包括遊戲提案到正式上線為止。

5-1-2 企劃人員

遊戲企劃是一個極需創意的工作，由於遊戲的主要顧客多為年紀輕的族群，所以遊戲企劃通常年紀較小。想要成為好的遊戲企劃人員，首要條件是喜歡玩遊戲，能夠創新遊戲玩法與撰寫遊戲提案，同時玩過多類型的遊戲，擁有很棒的表達能力，最好還會一些 2D/3D 美術工具與腳本程式語言基本能力，以及有廣泛收集資訊的能力。遊戲企劃之於遊戲開發可考量下列五種條件：

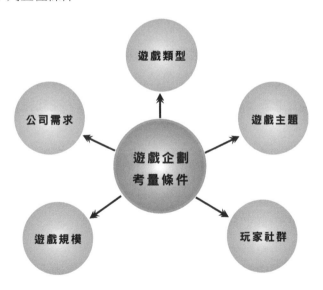

企劃人員可說是整個遊戲製作的靈魂人物，主要的工作是企劃案的提出和遊戲製作過程的規劃與協調。當公司提出製作新遊戲的類型、題材後，遊戲企劃就開始構思遊戲內容、劇情、系統設定、遊戲介面、玩法到對話設定等，並將構思出來的內容及方向，與程式設計和美術設計溝通，企劃人員必須將其編制出一套企劃書供其他參與人員閱讀。

　　企劃人員必須將遊戲中可能所需的場景元件，以企劃書方式知會並指導程式設計師與美工人員將所繪製出來的圖形元件，設計出一個可供企劃人員用來編輯遊戲場景的應用程式。除了開始進行遊戲的細節與規劃外，也必須擔任後勤支援的角色及定義遊戲中人物造型的各種數值（例角色的力量、智慧、體力、攻擊率、魔法等），工作範圍緊扣著專案流程的進行。

　　例如巴冷公主的遊戲企劃人員便在研究原住民文化、服飾、音樂、武器、飲食等主題上花了許多功夫。如下圖主角身上道地的魯凱族服飾，都是企劃人員費了九牛二虎之力才取得的樣本：

　　組織愈大，企劃分工就愈細，規模大一點的公司設有企劃總監一職，規模小的公司則直接由遊戲總監擔任。企劃人員在遊戲研發過程中，其實十分要求靈活的想法及思考，過程中可能會遇到許多瓶頸或挫折，所以勇於接受挑戰也十分重要。在某些小公司中也像是企劃助理，有需要就去收集資料，接著把提案寫出來。在此將企劃人員的工作歸類為下列幾點：

- **遊戲規劃**：遊戲製作前的資料收集與環境規劃。
- **架構設計**：設計遊戲的主要架構、系統與主題設計。
- **流程控制**：繪製遊戲流程與進度規劃。
- **腳本製作**：編寫故事腳本。
- **人物設定**：設定人物屬性及特性。
- **劇情導入**：故事劇情導入引擎中。
- **場景分配**：場景規劃與分配。

以下為巴冷公主遊戲的企劃人員於第一關中所撰寫的部份對話文字：

```
<#    文字分析器  2002/04/23  第一關至文字  Program creator By TG.
<#
[第 1 關  54 行] [IDS_DISPLAY] ‧‧‧是夢？‧‧‧
[第 1 關  58 行] [IDS_DISPLAY] ‧‧‧好美的夢境‧‧‧還有‧‧‧
[第 1 關  60 行] [IDS_DISPLAY] ‧‧‧那個人‧‧‧是誰呢？‧‧‧
[第 1 關  61 行] [IDS_DISPLAY] 唉呀！糟了‧‧‧
[第 1 關  63 行] [IDS_DISPLAY] 睡過頭！等會兒又要挨長老罵了‧‧‧
[第 1 關  73 行] [IDS_INFO] 取得本木杖！
[第 1 關  86 行] [IDS_INFO] 差點忘了，昨天削好的棒子呢？
[第 1 關  93 行] [IDS_INFO] 巴冷～！！
[第 1 關 101 行] [IDS_NORMAL] 妳呀～女孩子不像個女孩子
[第 1 關 103 行] [IDS_NORMAL] 跟妳說過多少次！
[第 1 關 104 行] [IDS_NORMAL] 不要老是拿著武器四處去野。
[第 1 關 106 行] [IDS_DISPLAY] 人家又不是拿武器～
[第 1 關 107 行] [IDS_DISPLAY] 這～不過是根棒子罷了！
[第 1 關 108 行] [IDS_DISPLAY] 不算是違背老祖宗的規距呀！
[第 1 關 110 行] [IDS_NORMAL] 伶牙俐齒的！
[第 1 關 111 行] [IDS_NORMAL] 都 歲了，還像個孩子一樣。
[第 1 關 112 行] [IDS_NORMAL] 快去長老那裡上課！
[第 1 關 113 行] [IDS_NORMAL] 要是貪玩，耽誤了學習‧‧‧
[第 1 關 114 行] [IDS_NORMAL] 那～可饒不了妳。
[第 1 關 116 行] [IDS_DISPLAY] 好啦～～人家知道了啦！
[第 1 關 117 行] [IDS_NORMAL] 快去上課，不要四處亂跑！
[第 1 關 138 行] [IDS_INFO] 取得小年糕！
[第 1 關 166 行] [IDS_DISPLAY] 對了，阿瑪今天出去打獵‧‧‧
[第 1 關 167 行] [IDS_DISPLAY] 我想～
[第 1 關 168 行] [IDS_DISPLAY] 去森林看看有沒有新奇的事‧‧‧
[第 1 關 171 行] [IDS_DISPLAY] 嗯～就這麼決定！
[第 1 關 195 行] [IDS_DISPLAY] ‧‧‧巴冷‧‧‧
[第 1 關 197 行] [IDS_DISPLAY] 巴冷～～
[第 1 關 202 行] [IDS_DISPLAY] 因那（媽媽）～早安！
[第 1 關 203 行] [IDS_NORMAL] 睡醒了呀～肚子餓不餓？
[第 1 關 204 行] [IDS_NORMAL] 廚房裡還有些小年糕！！！
[第 1 關 205 行] [IDS_NORMAL] 快去吃吧！
[第 1 關 206 行] [IDS_NORMAL] 吃飽了，就去長老那上課！
[第 1 關 207 行] [IDS_NORMAL] 別貪玩，省得妳阿瑪（爸爸）又要生氣了。
[第 1 關 209 行] [IDS_DISPLAY] 可是～去長老家上課很悶吶！
[第 1 關 210 行] [IDS_NORMAL] 妳喲～只想玩‧‧‧
[第 1 關 211 行] [IDS_DISPLAY] 因那（媽媽）～
[第 1 關 212 行] [IDS_NORMAL] 快去上課～
[第 1 關 214 行] [IDS_DISPLAY] 知道了～我現在就去長老家。
[第 1 關 219 行] [IDS_NORMAL] 對了！
[第 1 關 220 行] [IDS_NORMAL] 今天妳阿瑪（爸爸）要帶領族內勇士出去打獵‧‧‧
```

```
[ 第 1 關    221 行 ]  [IDS_NORMAL] 妳要乖乖在部落裡，不要四處亂跑！
[ 第 1 關    222 行 ]  [IDS_NORMAL] 別老是讓因那 ( 媽媽 ) 擔心啊～
[ 第 1 關    225 行 ]  [IDS_DISPLAY] 知道了～～
[ 第 1 關    237 行 ]  [IDS_NORMAL] 妳還沒到長老家上課呀！
[ 第 1 關    240 行 ]  [IDS_DISPLAY] 因那 ( 媽媽 )，妳怎知道。
[ 第 1 關    241 行 ]  [IDS_NORMAL] 妳哦～長老剛剛來過。
[ 第 1 關    242 行 ]  [IDS_DISPLAY] 哦！
[ 第 1 關    243 行 ]  [IDS_NORMAL] 快去上課～不要讓長老等太久！
[ 第 1 關    245 行 ]  [IDS_DISPLAY] 知道了～～
[ 第 1 關    248 行 ]  [IDS_NORMAL] 快去上課～不要讓長老等太久！
[ 第 1 關    250 行 ]  [IDS_DISPLAY] 知道了～～
```

以下為巴冷公主遊戲的企劃人員所撰寫的部份道具功能表：

原料組合	品名	藥劑功能
紫莖膝 + 風鈴草	輕血療劑	單人生命力回復 25%
滿天星 + 滿天星	血療劑	單人生命力回復 50%
滿天星 + 紫莖膝	強血療劑	單人生命力回復 75%
風鈴草 + 鵝掌黃苞花	精煉血療劑	單人生命力回復 99%
鵝掌黃苞花 + 風鈴草	輕活醫藥	全體生命力回復 20%
風鈴草 + 蒜頭蘆	活醫藥	全體生命力回復 40%
鵝掌黃苞花 + 滿天星	強活醫藥	全體生命力回復 60%
滿天星 + 蒜頭蘆	精煉活醫藥	全體生命力回復 80%
風鈴草 + 風鈴草	輕創治劑	單人生命力回復 100 點
風鈴草 + 滿天星	創治劑	單人生命力回復 200 點
風鈴草 + 紫莖膝	強創治劑	單人生命力回復 400 點
滿天星 + 風鈴草	精煉創治劑	單人生命力回復 600 點
滿天星 + 鵝掌黃苞花	輕復體藥	全體生命力回復 100 點
紫莖膝 + 滿天星	復體藥	全體生命力回復 200 點
紫莖膝 + 鵝掌黃苞花	強復體藥	全體生命力回復 300 點
紫莖膝 + 紫莖膝	精煉復體藥	全體生命力回復 400 點
紅茄果 + 滿天星	輕凝神劑	單人靈動力回復 25%
水晶蘭 + 滿天星	凝神劑	單人靈動力回復 50%

原料組合	品名	藥劑功能
水晶蘭＋風鈴草	強凝神劑	單人靈動力回復 75%
海星果＋風鈴草	精煉凝神劑	單人靈動力回復 99%
鵝掌黃苞花＋海星果	輕原靈藥	全體靈動力回復 20%
蒜頭蘆＋紅茄果	原靈藥	全體靈動力回復 40%
蒜頭蘆＋水晶蘭	強原靈藥	全體靈動力回復 60%
蒜頭蘆＋海星果	精煉原靈藥	全體靈動力回復 80%
針珠天南星＋滿天星	輕曉魄劑	單人靈動力回復 50 點
小福草＋滿天星	曉魄劑	單人靈動力回復 100 點
小福草＋風鈴草	強曉魄劑	單人靈動力回復 200 點
紅茄果＋風鈴草	精煉曉魄劑	單人靈動力回復 300 點
紫莖膝＋海星果	輕振精藥	全體靈動力回復 50 點
鵝掌黃苞花＋紅茄果	振精藥	全體靈動力回復 150 點
紫莖膝＋水晶蘭	強振精藥	全體靈動力回復 200 點
鵝掌黃苞花＋水晶蘭	精煉振精藥	全體靈動力回復 250 點
針珠天南星＋小福草	輕蔚生劑	單人生命力及靈動力回復 25%
紅茄果＋蒜頭蘆	蔚生劑	單人生命力及靈動力回復 50%
小福草＋針珠天南星	重蔚生劑	單人生命力及靈動力回復 75%
海星果＋蒜頭蘆	精煉蔚生劑	單人生命力及靈動力回復 99%
針珠天南星＋海星果	輕均命藥	全體生命力及靈動力回復 20%
小福草＋水晶蘭	均命藥	全體生命力及靈動力回復 40%
紅茄果＋紅茄果	強均命藥	全體生命力及靈動力回復 60%
海星果＋針珠天南星	精煉均命藥	全體生命力及靈動力回復 80%

5-1-3 程式人員

　　程式可以形容是一個隱性的遊戲品質因素，因為程式內容是沒有辦法獨立表現於外在的元件。也就是說，在企劃人員嘔心瀝血的企劃書中，還必須要利用電腦程式來加以組合成形。

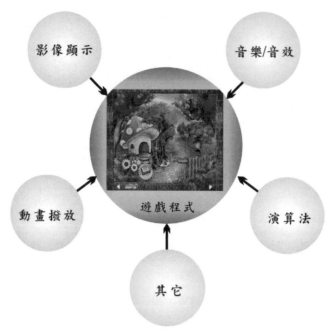

▲ 程式設計涉及的範圍

　　一般來說，在遊戲開發團隊中，工作壓力與心理問題最大的當是程式設計師，因為肩負著遊戲中最核心的技術。通常在企劃人員想要將遊戲達到盡善盡美的境界時，程式設計師就必須花上大把的時間來實現企劃人員的構思。

　　如果程式設計師迷失了方向，那將會把整個遊戲開發團隊推向可怕無底的深淵當中，或者程式設計師太過於專精自己的技術，沒有考慮到整體的人際關係與成本進度，最後可能會導致遊戲開發團隊的士氣低落與人心渙散。

　　程式人員必須要充份了解到企劃人員的構想計畫，討論程式的可行度，以及確定遊戲所要使用的各種資源（如變數、常數與類別等）等等細部問題，再規劃遊戲程式的執行流程，設計可能的程式架構、流程、物件庫與函式庫，如果是伺服端，還要負責規劃地圖、訊息解讀與驗證、環境互動資訊的處理等，甚至於單元測試、案例測試大概都是由程式這邊兼任。

　　例如線上遊戲程式設計跟單機遊戲設計就有不同，線上遊戲的客戶端設計如畫面表現、特效、人物動作等跟單機遊戲的開發十分類似，但在伺服端的設計就必須考慮不同動作間的封包驗證過程，在通訊的安全與穩定方面來說，要進行更多的檢查點與測試案例。

其實程式設計師的任務性質相當單純，他們只要由決策者與企劃人員所規劃出來的企劃書來開發其應用程式就可以了，而其他瑣碎的事情應該是要由管理者或決策者來處理或解決。因此遊戲掌舵者必須在程式設計群中，還要推舉一個可以管理眾人的『總監』角色。

由於程式設計師在遊戲開發中的重要性，在必須是團隊合作的模式下，掌舵者無法單獨管理個別的程式人員，因此推選出「程式總監」就相當重要且必要了，除了管理之外，當程式人員寫好程式後，程式總監必須整合每個人負責的部分，以達到企劃人員所要求的畫面或功能。程式人員所要做的工作，我們可以將它區分成下列幾點：

- **編寫遊戲功能**：撰寫企劃書上的各類遊戲功能，包括撰寫各類編輯器工具。
- **遊戲引擎製作**：製作遊戲核心，而核心程式足以應付遊戲中所發生的所有事件及圖形管理。
- **合併程式碼**：將分散撰寫的程式碼加以結合。
- **程式碼除錯**：在遊戲的製作後期，程式人員便可以開始處理一些不必要發生的錯誤程式碼。

通常這個總監的挑選，是程式小組中技術最好的且必須要有將程式全面整合化的能力，對上要以管理者的決策為主、對下就必須要可以管理程式設計小組與整合程式的能力，如果程式總監本身技術能力強、又有主見，並且遊戲製作人本身不善管理，就容易由他來主導遊戲走向。

5-1-4　美術人員

美術在整個遊戲製作的過程中非常重要，美術人員幾乎從一開始就必須參與，遊戲所呈現出來的美術水準與畫面表現，絕對是作品能否吸引人的重要關鍵之一。對於玩家們來說，最為直接接觸的就是遊戲中的畫面，在玩家還未接觸到遊戲的時候，他們可能會先被遊戲中的華麗畫面所吸引，而想要去玩這款遊戲。以下是巴冷美術團隊所繪製的屏東小鬼湖附近的精美圖片：

即使是同一款系列遊戲，若設定的目標族群不同，呈現出來的美術風格也會有所差異。當企劃的文字的描述經由原畫的彩稿呈現後，接著就是由美術部門將原畫的各個角色製作成數位圖檔，並決定美術風格。由於美術工作量相當驚人，所以通常是在遊戲公司中佔有最多成員的部門。

通常企劃人員對於角色與場景會有非常詳細的設定資料，例如個性、年齡等等，美術人員會依據這些資料設計出草圖後再進行修調。因此不管是承接原畫圖形、人物動畫製作、特效的製作與編輯、場景與建物的製作、介面的刻畫等，都是由美術部門來完成。舉凡一切跟遊戲中美的事務有關的工作都和美術設計有關。舉例來說，對於遊戲中的原畫設定項目包含以下三種：

- **人物設定**：包含我方角色、怪物、NPC 等。

- **場景設定**：分成兩個主要的部分，一個是場景的規劃，另一項是建物或是自然景的設定。

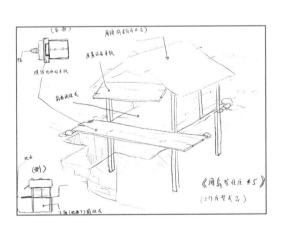

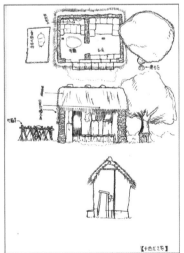

- **物品設定**：包含遊戲中所用到的道具、武器、船舶、用品、房屋等。

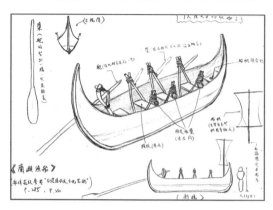 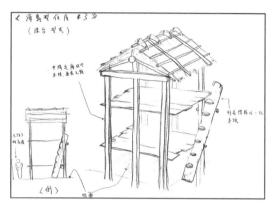

　　以一款大型線上角色扮演遊戲來說，美術部門負責的領域相當多元。從世界觀、原畫設定、2D 影像處理、地圖拼接製作、物件特效、動畫輸出等。基本上，美術人員在團隊中所要做的工作，我們將它歸納出下列幾點：

- **人物設計**：不管是 2D 或 3D 的遊戲，美術人員必須根據企劃人員所規劃的設定，設計且繪製所有需要登場的人物。

- **場景繪製**：在 2D/3D 的遊戲中，美術人員必須繪製出場景中所有要使用到的場景與物件，以提供地圖編輯人員編輯所用。

▲ 2D 與 3D 立體場景

▲ 3D 物件設計總覽

- **介面繪製**：除了遊戲場景與人物之外，還有一種經常在遊戲中所看見的畫面，那就是介面，這種介面就是讓玩家可以與遊戲引擎做直接溝通的畫面。美術人員要依據企劃人員的遊戲功能加以設計與繪製，並將介面的雛型製作成圖形檔甚至是動畫檔。

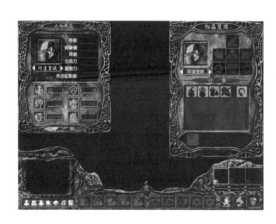

- **動畫製作**：遊戲中少不了會有一些串場的動畫，而在遊戲開發中，有一項圖量最驚人的部分就是戰鬥畫面，美術團隊必須依照企劃腳本所提出的戰鬥招式與魔法製作成各種戰鬥動畫。戰鬥動畫可分成兩種類型，一種是與人物本身有關的特技，例如動畫是某一戰士角色拿刀橫劈的動作，此時美術團隊必須畫出此一角色相關動作的圖片，並串連成一段動畫。另一種與人物本身無直接相關的魔法，由於魔法動畫沒有特定的人物圖形，而只是一個效果動畫，例如火焰燃燒、隕石墜落等。以下就是魔法動畫的畫面：

　　美術人員就像是藝術家，只要依照企劃人員所定出來的主題來繪製遊戲中的各種畫面與圖素。值得一提的是，一款遊戲畫面的完成不可能只靠一個美術人員的力量，而在這麼多美術人員的管理規劃前提之下，也該有一位與程式總監相等地位的「美術總監」，能夠總理一切美術相關的工作事項，如創意發想、設計統合、品質的控制、進度的協調等等，並統一遊戲整體的繪製風格，指揮相關人力配合輸出動作的片段。

5-1-5　音效人員

　　在一套遊戲中，少了音效輔助，它的娛樂性肯定失色不少。尤其音效卡已經成了個人電腦的標準配備，因此音效已成為遊戲所包含的必要項目。當玩家們在砍殺一個敵人的時候，如果只能看到遊戲人物一個砍人、另一個被砍，則刺激性便會減少許多，但是如果再加上適當音效，則玩家們便可以感覺到那份聲光十足刺激感，亦如同玩槍戰遊戲時，少了槍聲就好像少了槍林彈雨的臨場感？

　　例如當玩家在玩一款以恐怖為主題的遊戲，若特意地放上一些詭異的風吹聲、或是踏在腐朽木板上所發出的嘎嘎聲，便增加了遊戲的恐怖臨場感，而音效技術師便是這些聽了令人毛骨悚然音效的創造者。

　　基本上，遊戲中所使用的音效檔案是以 Wave 與 MIDI 這兩種格式的檔案為主。Wave 格式的音效檔所占容量上會比較大，一般的音樂 CD 最多只能容納約 15 到 20 首的歌曲（以一首約 2 到 4 分鐘來計算）。如果遊戲中對於音效的品質要求極高，或是想讓遊戲中的音樂成為賣點之一（像是巴冷公主遊戲中的原住民吟唱），通常就會採用 Wave 格式的音效檔案，讓玩家可以在遊戲進行時置入播放。

　　至於 MIDI 檔的優點是資料的儲存空間比 Wave 檔小了很多，且樂曲修改容易。例如太空戰士七在背景音樂上即是使用播放 MIDI 檔的方式。遊戲開發團隊中，工作性質最

單純的就屬音樂（效）人員了，他們只要做出遊戲中所需要用到的音效與相關背景音樂即可。有些規模較小的公司，音效是委由外包製作。

遊戲的聲音依照性質可以分成兩種：一種是遊戲中可以令人感動、甚至足以影響玩家情緒的音樂作曲家，另一種是創造出遊戲中各種稀奇古怪聲音的音效技術師，因此音效人員必須要非常地了解遊戲故事的劇情發展，哪一段應該是悲傷情景，就不能放輕快的音樂，避免文不對題引發反感效果。

5-2　遊戲開發前的省思

從現在市面上所發售的遊戲來看，不難發現不論是在遊戲的畫面、玩法、或操作等機制上，都有著異曲同工之處，不過相類似的遊戲卻只有幾款得以在遊戲業界上大放異彩。我們發現國產的遊戲都有兩種獨特的現象，一種是盲目的跟從，另一種是夢想與現實兩者都無法兼顧的現象，因而導致國產遊戲的銷售業績一落千丈，品質也越來越不能讓國內玩家所接受。

5-2-1　盲目的跟風

在國內的遊戲業界當中，會有一種「盲目追求」國外遊戲的現象，只要是國外的某一些遊戲在國內發展起來以後，過不了多久就會有許多相類似的國產遊戲誕生，但是內容卻不及國外的遊戲，使得玩家們有一種觀念就是「國產遊戲不能玩」的後果。

當遊戲團隊將遊戲順利開發完成後，就開始會擔心「這一套遊戲到底要賣給誰呢？」、「誰會來買我們所製作的遊戲呢？」、「遊戲到底是否能夠讓一般人所接受呢？」，或者「這一套遊戲能不能為公司帶來收益呢？」。通常以一個成功的決策者或開發團隊來看，這些問題早在遊戲開發之前，就會被詳加地省思過了。

許多遊戲開發團隊經常會發生被市場上當紅的遊戲所迷惑，並且以相同的模式，再製作出另一套與當紅遊戲類似的遊戲。結果就是過不了多久就被打了下來，不僅金錢上或精神上都賠了進去，就連遊戲開發團隊的士氣都被徹底打敗，最後只能將遊戲開發團隊解散。原因就是在跟進當紅遊戲的同時，也只能依照它們的遊戲模式加以仿效，儘管再做出一些自認與當紅遊戲不同的地方，主架構還是十分相似，等到遊戲完成並上市後才發現，這類遊戲的市場早就被第一套遊戲給獨占光了。

5-2-2　夢想與現實之間

另外一種在遊戲業界中常見的現象，那就是遊戲開發團隊的迷失。遊戲開發團隊是創造一套遊戲的主要靈魂，經常都可以看見遊戲開發成員想要將自己個人的夢想推往現實，讓自己的遊戲理念帶進遊戲中。每一個人都希望自己的遊戲可以去帶動風潮，但是卻不想去完整地落實遊戲製作的流程，因而不惜成本地製作一套遊戲。一開始可能都抱著崇高的理想沉浸於開發夢想的樂趣，等到無法負荷現實生活的成本壓力後，最後只有落得虎頭蛇尾的下場草草結束。

5-2-3　產品與玩家區隔

在實現製作遊戲的夢想之前，一定要了解到能夠致勝的關鍵。首先必須在遊戲開發之前，考慮到其成品要賣給誰？亦即是為了哪些人而製作這一款遊戲的？正所謂「知己知彼，百戰百勝」，玩家畢竟還是最後的裁判員。在此歸納出下列幾項原則：

🎮 性別區隔

在遊戲市場中，最直接的方式就是可以將玩家區分出男性玩家與女性玩家。一般而言，男性玩家幾乎可以涵蓋全部遊戲類型，這些遊戲類型都集中於 SLG、RPG、FPS、RTS、SPG 等方面。至於女性玩家所涵蓋的遊戲面積會較男性玩家小，而能讓女性玩家所接受的遊戲類型大略都集中於 RPG、TAB 等方面。

🎮 年齡區隔

其次也可以從玩家的年齡上來細分其購買力與類型關係，如下表所示：

年齡	階段	說明
14 歲以下	童年期	以小學生到國二以下為主，其家長決策購買為主。
14—18 歲	青春前期	以國三到高中生為主，兩方式並存。
18—22 歲	青年後期	以大學生與就職青年為主，自主決策購買為主。
22—25 歲	青年前期	以在職青年為主，自主決策購買為主。
25—30 歲	青年中期	以在職青年為主，自主決策購買為主。
30 歲以上	青年後期至終	職業型態不定，自主決策購買為主。

🎮 收入區隔

可以從玩家的經濟來源劃分出「學生」與「上班族」兩種玩家。特性如下列所示：

玩家	說明
學生玩家	沒有自主收入來源，主要是靠家庭供給來決策是否購買遊戲。
上班族玩家	有自主收入來源，自主決策購買。

🎮 學歷區隔

另外也可從學歷程度來劃分遊戲的族群，例如「初等學歷」、「中等學歷」、「高等學歷及以上」三種。特點如下表所示：

文化學歷	說明
初等學歷	初中以下文化程度，消費認知力較低。
中等學歷	初中至高中（中專）文化程度，消費認知力中等。
高等學歷及以上	大專及以上文化程度，消費認知力較高。

🎮 環境區隔

從遊戲玩家的居住環境劃分出「都市型」、「城市型」及「縣鎮型」三種類型。其特點如下表所示：

居住環境	說明
都市型	消費焦點廣度擴散，購物場所密集分佈，收入幅度較高。
城市型	消費焦點中度擴散，購物場所較為密集，收入幅度中等。
縣鎮型	消費焦點低度擴散，購物場所較為疏離，收入幅度較低。

🎮 消費心理區隔

從消費者的心態上劃分為「保守型」、「衝動型」及「理智型」三種。特點如下表所示：

消費心理	說明
保守型	消費欲望低，注重產品售後服務。
衝動型	消費欲望高，注重產品觀感與現場服務。
理智型	消費欲望中等，注重產品性價比。

🎮 軟體環境區隔

從玩家的軟體環境劃分為「Windows 玩家」及「Linux 玩家」。特點如下表所示：

軟體環境	說明
Windows 玩家	硬體配置不等，主流軟體環境。
Linux 玩家	硬體配置不等，目前尚未流行於一般用戶上。

🎮 玩家程度區隔

從玩家所認知的程度劃分出「普通用戶」、「進階玩家」及「熟練玩家」三種類型。其各特點如下表所示：

接觸程度	說明
普通用戶	遊戲與電腦的知識匱乏，尚未實際接觸遊戲的潛在玩家。
進階玩家	初步掌握遊戲知識，對簡單操控的遊戲剛剛上手的現實玩家。
熟練玩家	熟悉遊戲知識，能夠熟練操作遊戲與電腦的玩家。

🎮 購買模式區隔

從玩家的購買模式劃分出「試用版玩家用戶」、「正式版玩家用戶」及「綜合玩家用戶」三種類型。其各特點如下表所示：

購買模式	說明
試用版玩家用戶	一般試用版消費為主體。如雜誌中取得。
正式版玩家用戶	一般以正式版消費為主體。
綜合玩家用戶	此類玩家會兼具正式版與盜版對等的消費。

🎮 遊戲形式區隔

從遊戲形式劃分出「單機型」、「區域網路型」及「網際網路型」三種。其各特點如下表所示：

遊戲形式	說明
單機型	主要在單機上進行遊戲，涵蓋各種遊戲類型。
區域網路型	主要在區域網路上進行遊戲，競技類遊戲為主。
網際網路型	主要在網際網路上進行遊戲，競技類遊戲為主。

綜合上述的說明，其實目標玩家群可以從多方面來歸類分析，上述只是以簡單的類型來區分遊戲玩家，還可以更加詳細地繼續深入分析。無論如何，只要能夠確認玩家們喜好、消費能力及市場等等關鍵因素，並且結合製作遊戲的理念，及遊戲開發成本的許可，便可以利用這幾項原則與有效的資源來製作一款高品質、低成本、廣受歡迎的遊戲。

5-3　團隊默契的培養

一個遊戲開發團隊最為核心的主力是在於每一個人員身上所秉持的理念、精神與士氣，而藉著遊戲開發團隊默契和良好的工作環境，便可以造就出一個工作團隊的精神與士氣。所以筆者將這種優良的工作環境，再加上良好的默契，與生產出更好的產品劃上一個等號：

> 優良的工作環境 + 良好的默契＝傑出的產品

5-3-1　工作環境的影響

工作環境在現實生活中，指的是一個工作的場所，不過我們在這裡所要談到的工作環境並不是地方或場所，而是一種無形的夥伴關係，也就是人與人之間相互信任的環境。當彼此之間可以互相信任的情況下，工作默契與士氣便會在這裡慢慢地形成。例如可以信任員工的公司，在不影響工作進度及成本考量下，放手讓員工自行去發揮，更能夠將工作發揮到淋漓盡致。

5-3-2　士氣提升的方法

　　一個遊戲開發團隊的默契足以影響到遊戲本身開發的進度與品質，特別是士氣的提升。例如多數遊戲開發人員都喜歡以自己的行為模式來做事，特別是有一些恃才傲物的成員，如果一個管理者為了安撫他而縱容時，這個遊戲開發團隊的士氣便會很快瓦解了。

　　如果不改善這種管理風格，就算是換上一批新血，最後還是會發生同樣的問題，而筆者相信能夠維持良好的遊戲團隊士氣，就是以一種公平的心去對待團隊中的每一個人。因為一個成功的決策者絕對不會以單單一個人的行為模式來評斷一個開發團隊的士氣，畢竟每一個成員的生活方式都不一樣，成功的決策者會在開發團隊中取得一個公平的待遇與機遇來提升開發團隊中的默契。

5-3-3　工作時程的安排

　　在遊戲產業當中，形成了一股特有的風潮，那就是工作團隊都沒有固定的上班時間，甚至於徹夜不睡覺等奇特的現象。這種現象隱約看到是一種時程安排不良的後果，而工作團隊工作的時數越多，所消耗的士氣與精神也就相對地增加，等到士氣與精神跌到谷底後，那麼這個工作團隊只有到崩潰的階段了。

　　其次情況是，有些人早上看不到人，等到晚上時才看得到他的人，一旦遊戲的設定或程式發生問題時，這個工作團隊總是不能將所有的人集合起來處理，而導致遊戲開發的進度會嚴重的落後，加上一直沒睡飽的精神狀態，不僅影響到了團隊的士氣，也是一種既浪費成本與人力的現象。我們認為嚴格管制員工的工作時間，可以減輕員工白天所受的工作壓力，並且在有足夠的休息時間之後，第二天便會更有精神地面對任何的挑戰。

5-4　遊戲測試過程

　　測試與支援成員是由不需要具有特殊專業的人員所構成的，其工作的性質是在幫忙測試遊戲的優劣性與錯誤。在遊戲製作初期，企劃人員可以請程式設計師撰寫一個簡單的測試軟體提供測試人員使用，初期人數是最少的。不過距離遊戲製作完成的時程越近，

測試人員的人數也就會相對地增加，其目的是要讓遊戲撰寫人員了解到更詳細的錯誤訊息。

測試可區分成兩個階段，第一個階段是「遊戲開發階段」，測試重點在於特定的功能測試。第二階段是在遊戲製作成「內部測試」（Alpha Testing）或是「外部測試」（Beta Testing）版的時候。內部測試一般是遊戲有了初步的規模時才執行；外部測試則為遊戲接近完成時才執行，也就是針對整個遊戲的所有功能測試，包含整個劇情是否流暢、有無卡關的狀況、數據是否正確，可以說是全方位性的測試。

事實上，不管在遊戲的開發階段，甚至是已經發行，除錯管理絕對是一個必要的管理程序。在未發行前公司內部的封閉測試，或是公開測試到正式發行，錯誤的追蹤與管理都是必須持續進行的。在進行除錯的程序中，必須依照更新、測試、記錄、除錯四個步驟的循環。

從更新階段開始，也可以說是一個版本的釋出，不管是 alpha、beta 到正式版本都必須進行版本管理。而測試就必須依照更新或釋出的版本進行，若不能依照統一釋出的版本測試，將無法做統一版本的除錯記錄，更無法依照這些記錄而進行測試。至於遊戲開發過程中測試的項目可以整體歸納如下：

5-4-1　遊戲介面與程式測試

遊戲介面的好壞，直接關係著這個遊戲在玩家心中的評價。通常遊戲介面測試的優劣，會透過兩組不同的玩家來進行測試，一組是資深玩家，另一組則是新手玩家。透過觀察玩家操作過程與整合玩家操作後的意見調查，來評估介面設計的好壞以及需要改善的地方。

遊戲程式測試比較繁瑣，往往需要重複進行不同的玩法，因為程式中的臭蟲往往不完全是技術上問題，也包含了邏輯問題。例如在程式完成人物行走的功能後，測試人員必須針對人物的行走進行觀察與發現問題並回報至相關的部門。出現問題時可由執行美術部門確認是否為編輯或是圖形問題，如果都不是，則有可能是程式方面所產生的問題，這時候再由程式部門來進行確認與修正。

5-4-2　硬體與作業平台測試

主要是為了確保遊戲程式可在不同硬體上正確執行，包括 CPU、顯示卡、音效卡、遊戲控制裝置等等的相容性。通常在程式開發時，應該要事先弄清楚各種硬體的共同規格，待程式完成後，再進行各種硬體測試，如硬體驅動程式、硬體等級 ... 等等。至於進行作業平台測試，主要是為了要測試不同作業系統版本的驅動程式以及系統函式，是否能讓遊戲正常的執行，這也必須考量目前玩家所使用作業系統的普及率。

5-4-3　遊戲性調整與安裝測試

遊戲性調整是依據不斷重複進行遊戲後的遊戲心得來進行調整，目的是使遊戲能擁有良好的平衡度與耐玩度。通常由專業的遊戲測試人員或是資深玩家來進行遊戲測試，可以快速地得到如關卡與魔法數值調整的建議。

遊戲安裝程式包裝是一項很重要的工作，目前大部分的程式都會透過安裝檔製作程式來製作安裝檔，例如 Install Shield、Setup Factory 軟體等。使用專業的安裝檔製作程式，可以省去自行處理安裝／移除資訊的登錄、檔案的包裝以及安裝介面的設計。

5-4-4　產品發行後測試

經過測試的檢驗與除錯後，接著就是發行前的準備工作，雖然在正式發行前已經通過一段時間的測試，但是很難確保在軟體中沒有疏失存在。而這部分的資訊就必須藉由公司網站與客服人員來取得，並經由測試部門測試，確認錯誤的發生原因與類型，提交負責的部門或人員來進行修正。在問題修正後，再經由測試部門針對回報的問題進行測試，確保要修正的問題已經得到修正，最後再製作更新程式，並經由官方網站，提供玩家下載與執行來完成更新的動作。

5-5 線上遊戲企劃書撰寫

　　一份好的遊戲企劃書是遊戲成功的第一步。遊戲企劃書不只是寫給老闆看的，同時也是掌舵者的導引圖鑑，所考慮的內容包括遊戲內容、開發進度、美術品質、系統穩定度、市場感受等等。可以讓團隊其他成員透過企劃書內容，來了解遊戲的開發內容與目標，例如遊戲概念、功能、畫面的描述、市場分析與成本預算等。特別是成本預算，一般來說，軟體開發成本最高的就是人事費，遊戲開發也不例外。其中要考慮的成本有下列幾種：

- **軟體成本**：舉凡遊戲引擎、開發工具、材質與特殊音效資料，對於某些開發工具甚至可以租賃的方式來節省成本。

- **硬體成本**：電腦設備、相關周邊設備，包含特殊的 3D 科技產品。

- **人事成本**：包括企劃團隊、程式團隊、美術團隊、測試團隊、音效團隊、行銷廣告等人員的薪資，以及外包工作的薪資給付。事實上，一般音樂與音效的製作多是採用外包的方式，甚至於目前美術部份也多半由外包人員負責。

- **行銷成本**：遊戲廣告（電視、雜誌）、遊戲宣傳活動、相關贈品製作。

- **總務成本**：辦公用品、出差費、其他技術參考資料的購買。

　　本節將告訴各位如何準備一份遊戲企劃書。內容是假設某遊戲設計公司對於新款線上遊戲提出的完整企劃書，以供您參考與學習之用。背景說明如下：

　　本公司企劃團隊將現今線上遊戲連線機制劃分成兩大類：一是 Network Game，此種連線的遊戲機制是由玩家先在伺服器上建立一個遊戲空間，其他玩家再加入該伺服器參與遊戲，目前此類遊戲產品以歐美遊戲軟體居多，例如：始終維持發燒狀態的線上遊戲「CS」（戰慄時空之絕對武力）及世紀帝國；二是 Online Game，也就是目前於亞洲地區造成風潮的遊戲機制，主要強調虛擬世界的建構及社群管理，現今較為流行的線上遊戲「天堂」及「魔獸爭霸 Online」。

5-5-1　開發背景

　　在 RPG 型態遊戲充斥線上遊戲市場的情況下，雖然市場仍有開發空間，但由於社群黏著度所造成的市場壟斷，除了排名前三名的線上遊戲外，其他新遊戲可說幾乎是全軍覆沒。有鑑於此，本遊戲將以類似「世紀帝國」之即時 SLG 型態線上遊戲，並融合「轟炸超人」、「雪克星球」等動作型遊戲之優點，營造出一個容易上手又同時可享受領軍廝殺快感的「可愛」世界。一方面除了可以緊張刺激的戰鬥模式在男性玩家市場取得一席之地外，更可以可愛及爆笑的特色吸引女性玩家及小朋友的目光，進而形成一個新族群，以開拓全新的線上遊戲市場。若配合舉辦定期及不定期的比賽，將對此市場的拓展有所助益。

5-5-2　遊戲機制

　　遊戲玩家在遊戲開始僅擁有一間農舍及一小筆錢，最終目的是成為一個牧場經營者。在遊戲進行過程當中，玩家必須在有限的經費下，先將自己牧場所需的土地以圍欄圍起來。接下來得種植牧草、開闢牧場進行牛、羊的養殖，以賺取擴大牧場的經費。而在經營過程中，其他玩家也在擴張他們的牧場，所以為了爭奪有限的資源及防止其他玩家成為最大的牧場主人，玩家必須對對手採取一些破壞手段，例如購買割草機破壞對手的牧場、雇用獵人獵殺對手的牛羊及設置陷阱等。

　　另一方面，為了阻止對手的破壞，玩家也必須進行一些防禦措施，例如製作稻草人以進行定點防禦、養狗進行牧場外圍陷阱的解除等；此外，還會不定期出現怪物或天災襲擊牧場。經過一陣的「爆笑」打殺後，在設定的時間到時，再來清點牧場的「財產」，進行玩家的成績計算。

5-5-3 遊戲架構簡介

遊戲內容將採用 Network Game 的連線機制及 2D 斜視角的場景系統，建構出一個接近瘋狂的虛擬世界。在這樣的架構下將伺服器進行切割，以八個玩家為一個單位，開闢一個遊戲室。在每一個遊戲室中，可由第一個進入的玩家進行遊戲條件之設定，包括遊戲時間（20 分鐘、30 分鐘、40 分鐘）、決勝條件（積分制、資產制、牛羊總數、…）及最高遊戲單位數等。

在遊戲一開始，玩家必須先選擇自己想扮演的角色，也就是在遊戲中出現的牧場主人。接下來由伺服器清單中選擇自己喜歡的遊戲室，進入遊戲準備階段，並可以選擇是否與其他人同盟，以團體戰的方式進行捉對廝殺。

等到該遊戲室中玩家人數達到八人或等待時間到達時，遊戲即宣告開始。玩家此時必須依據決勝條件，採取適當的策略，與其他的玩家進行策略同盟或孤軍奮戰，設法擴大自己的牧場版圖、增加收入，並儘快生產戰鬥單位，進行防禦或攻擊，以取得必勝的優勢。但玩家必須注意的是，在遊戲時間結束之前，必須要依決勝條件調整自己的生產狀況，否則就算將其他玩家打到僅剩一兵一卒，玩家也不一定會是贏家！

5-5-4 遊戲特色

為了達到短時間決勝負的目的，遊戲當中採用較簡單而快速的生產機制，強調速度感及刺激感，讓玩家在一方面從事生產，一方面又得忙於對付來自電腦或其他玩家的襲擊。另外遊戲中所有的物件將以 Q 版的方式進行設計，動作也將朝著好玩、爆笑的方向進行設定，所以當玩家在忙於經營自己的牧場之餘，也會不禁莞爾一笑。

遊戲並提供對話的功能，玩家在連線進入遊戲後，將可設定條件進行特定玩家的搜尋，更可以通知已經上線的其他玩家並與之對話。如此一來，玩家只要記住朋友或「仇家」的帳號，只要他（她）在線上，將可輕鬆地「召喚」他（她），與玩家一同組隊爭戰或一較高下。另外，當玩家在某一玩家滿額（即已有八個玩家進入進行遊戲）或已經開戰的遊戲室中等待時，尚可與同在此遊戲室中的其他玩家聊天打屁，認識一些來自四面八方的對手或夥伴。遊戲特色如下：

(1) 本遊戲將現有即時戰略（SLG）遊戲的繁雜體系加以簡化，縮短各單場戰鬥的時間，並將血腥而暴力的戰鬥場面改以逗趣可笑的方式呈現，轉而將強調的重點鎖定在遊戲流程的緊湊與趣味性，如此將有別於現在流行的 RPG 型態線上遊戲之複雜遊戲架構及無趣而血腥的戰鬥方式。

(2) 本遊戲將提供單機版的遊戲方式,讓玩家在新手階段可以自行與電腦 AI 進行練習,避免一上線就被輕易 PK 掉了。

(3) 本遊戲提供 ICQ 的功能,除了可讓玩家於"茫茫網海"中找尋朋友或「仇家」進行遊戲外,若玩家不想玩遊戲,也可以將此當成一般的聊天室使用。

(4) 額外提供聊天室的功能,讓玩家疲累之餘,可在此休息並認識志同道合的朋友。

(5) 開放讓玩家申請組隊,一經認證後發給正式的隊伍帳號,隊伍更可擁有專屬的隊徽,並可於遊戲過程中出現在該隊員的屋頂上。已認證隊伍可享有優惠,並可直接於線上向 GM 申請特定時段的遊戲室使用權,以方便進行隊伍間之友誼賽。甚至可透過 GM 安排,申請比賽的隊伍進行配對,並通知已認證隊伍進行團體友誼賽。

5-5-5 遊戲延續性

於遊戲設計階段以模組方式實施程式及資料的整合,有助於往後進行以下的發展:

(1) 定期推出地圖資料片或提供下載,以不同的地形條件讓玩家永遠有「嘗鮮」感。

(2) 開放簡單版的地圖編輯器讓玩家參與地圖的設計,並定期舉辦地圖設計比賽,可從參賽作品中選出最佳者,收錄到地圖資料片中,讓玩家可以玩到自己所設計的地圖,以增加玩家對遊戲的參與感及黏著度。

(3) 每出幾次地圖資料片後,推出一次收費的「主題資料片」,讓玩家可將本遊戲內的角色進行改變或蒐集,例如:安裝「巴冷公主主題資料片」後,將使得玩家可以蓋出具有原住民風味的建築,玩家角色也可以變成巴冷公主或阿達里歐。

5-5-6 市場規模分析

基本上,線上遊戲廠商鎖定的消費市場,首重文化背景較為一致的大中華文化圈。除了同文同種及遊戲開發成本較為低廉的優勢外,兩岸之間的市場導向更是具有互為指標的作用,可提供遊戲研發時題材選定的參考。但由於兩岸政策及財經狀況有所差異,將國內市場及大陸市場分開討論較為合適。

在台灣市場方面,根據 MIC 資策會所提出的數據顯示,目前的線上遊戲市場在未來幾年仍是大有發展潛力。而大陸市場方面,隨著經濟的成長,線上遊戲人口成長速率將在台灣市場之上,有極大的開發空間。

5-5-7 研發經費預估

本遊戲研發製作時程預估約為一年，研發所需經費預估約為 1800 萬元，主要為製作小組之支出，研發經費預估如下：

🎮 小組成員之組成結構

專案監督	1 人
企劃人員	4 人（含文案企劃 2 人、美術企劃 1 人、程式企劃 1 人）
美術人員	15 人（含 2D 美術 8 人、3D 美術 7 人）
程式人員	10 人（含引擎開發 3 人、網路控管 3 人、主程式 4 人）
音樂人員	2 人
合計	32 人
單月薪水支出	32（人）* 4（萬元）=128（萬元）
合計薪水支出	128（萬元）*14（月；含年終及三節獎金）=1792（萬元）
行政及雜項支出	8 萬元
合計總支出	1800 萬元

5-5-8 投資報酬預估

線上遊戲之獲利模式，主要採取「遊戲免費、連線計費」的方式收費，而連線計費方式使用月費制及計點制兩種（後者之平均獲利較高）。我們採月費制為主要（預估）獲利模式（以下均以新台幣為幣值單位），設定台灣市場之平均收費為 360 元，大陸市場之平均收費為 120 元（一般為台灣市場之三分之一）；並且設定「會員人數對同時上線人數比」為 20:1（以「天堂」及「金庸群俠傳 Online」為參考標準），也就是依我們下面的估算結果，第一年兩岸將可達到 15000 人的「同時上線人數」，進一步推算將至少在兩岸各裝設 15 部伺服器，若假設採用 IBM 高階伺服器（每部約 100 萬～ 150 萬元），預計將於此支出 4000 萬元。若以此為獲利預估基準，採取保守方式進行預測（會員吸收狀況僅以「天堂」及「金庸群俠傳 Online」之同時期的三分之一估算），獲利狀況將呈現以下走向：

🎮 第一階段（第一個月～第三個月）

此階段屬於宣傳期，造勢活動於此時達到高峰，除需投入宣傳廣告經費（含平面、立體廣告、產品發表會、造勢記者會及聘用產品代言人等）外，另需提供試玩版及競爭其他線上遊戲玩家（以公會、聯盟為優先對象），總基本支出費用約為 800 萬至 1000 萬（本公司美術部門兼具優秀之靜態平面及動態視覺廣告能力，廣告可由本公司承包而另以專案方式規劃，將可節省一筆可觀之支出）。在這期間內無大規模獲利之可能，呈現完全之獲利負成長狀態，為遊戲之業務拓荒期。

🎮 第二階段（第四個月～第六個月）

若第一階段遊戲切入時機合適、造勢手段得當、客源競爭順利及社群管理模式受到認同的話，此階段可望進入遊戲之業務拓展期。保守估計兩岸之會員人數將可於第六個月均達 5 萬人，當月營收則將有 360（元）*5（萬人）+120（元）*5（萬人）=2400（萬元），若扣除宣傳廣告費（此時將可大幅縮小此項目支出）、通路之上架費、相關硬體維護及遊戲管理之人事費用等支出，預估此階段將接近「當季損益平衡」的獲利目標。

🎮 第三階段（第七個月～第九個月）

若前兩個階段作業均順利，此階段將進入遊戲之業務成長期。保守估計於第九個月將可達到兩岸會員人數各 15 萬的營運目標，當月營收則將有 360（元）×15（萬人）+120（元）×15（萬人）=7200（萬元）。若以合理估算方式設定第七、八個月之當月營收額總和將至少達到 7200 萬元，在扣除宣傳廣告費、通路之上架費、相關硬體維護及遊戲管理之人事費用等支出後，當季將至少有一半之淨利，也就是獲利將超過 7000 萬元淨值。此時考量整體損益狀況，研發經費、第一階段支出費用及部分硬體設施（含伺服器及線路）架設成本將可回收。

🎮 第四階段（第十個月～第十二個月）

若前三階段作業均按計畫進行，此階段將為遊戲之業務穩定期。可望於第十二個月突破兩岸會員人數各 30 萬的營運目標，當月營收則將有 360（元）×30（萬人）+120（元）×30（萬人）=14400（萬元）。以合理估算方式推斷，第十二個月之當月淨利超過 1 億 2000 萬元，意指營收總額中將有六分之五的淨利值。換句話說，當季淨利總額將遠超過硬體設施架設成本，以整體損益狀況而言，此時已可將所有成本回收，年度獲利狀況將因此呈現正成長。

🎮 第五階段（第十三個月～遊戲生命週期終結）

此階段將進入遊戲之業務高獲利期，各月當月之營收淨利額均可超越當月營收額之六分之五，也就是超過 1 億 2000 萬元。

5-5-9　企劃總結

在分析過現在的線上遊戲市場後，可發現新的 RPG 類型的線上遊戲市場由於類型與機制雷同，已趨向於「強者恆強、弱者恆弱」的態勢，新的此類型遊戲就算以挖角或其他方式進行客源競爭，仍不敵排行前兩名的「天堂」及「魔獸爭霸 Online」。

因此在切入線上遊戲市場若仍一直跟著別人的腳步走，將永遠無法超前，甚至將屍骨無存。在市場開發的同時，必須具備新的思維與行動模式，預知接下來的市場發展走向，才能走出自己的一片天。所以我們有理由相信只有以本遊戲的新型態與新概念，才能在現在的線上遊戲市場中殺出一條血路，發現另一個線上遊戲市場的春天。

學習評量

1. 何謂遊戲設計中的企劃工作？

2. 請問遊戲的原畫設定項目包含哪三種？

3. 請說明介面繪製的工作內容。

4. 遊戲開發團隊的任務分成哪五大類？

5. 遊戲開發期間，必須依照哪些步驟來進行？

6. 遊戲開發要考慮的成本包括哪些？

7. 請簡單說明什麼是 UML？

8. 遊戲的測試可以分為哪兩個階段？

9. 遊戲開發過程中測試的項目可以歸納成哪些？

10. 我們可以從哪幾個角度進行產品與玩家區隔？

11. 從遊戲形式區隔，可以簡單將遊戲分為哪些類型？

12. 請列出遊戲產業的四種發展趨勢？

13. 請問程式撰寫人員的主要工作為何？

14. 請問音效在遊戲中的功用為何？

15. 遊戲的聲音部份，依其性質可以分成哪兩種？

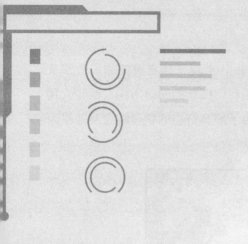

06

遊戲數學與物理

　　將真實世界中的自然現象於遊戲中呈現，對於遊戲設計來說是相當重要的，數學及物理相關知識的熟悉度，往往成為程式設計過程能否順利與成功的關鍵所在。例如欲利用電腦科技模擬出真實世界中的物理行為或現象，必須了解其背後的物理觀念及數學原理，才能真實表現物體移動、碰撞或是爆破等效果。

▲ 遊戲中的人物移動速度可以透過物理公式來計算

　　然而有些程式設計人員，對程式語言的專業運用功力十足，但是對遊戲中的數學及物理原理的理解稍嫌不足，所設計出來的遊戲，常有一些不自然動作，這些缺失往往是遊戲能否得到玩家認同的重要因素。本章整理出經常被應用在遊戲製作的數學及物理理論，用一種最容易理解的講述方式，教導各位熟悉這些知識。

6-1　遊戲相關數學公式

　　不管是在 2D 或者是 3D 的繪圖系統中，經常會運用到數學公式來計算物體的運動與移動，本節會探討與距離相關的公式、三角函數、向量、矩陣會使用到的數學運算公式。

▲ 度量衡的關係與遊戲設計息息相關

6-1-1 三角函數

　　三角函數是一種角度與長度間的關係式，除了日常生活中應用外，在遊戲中也可以運用三角函數，來製作物件飄動的感覺以及互動 3D 效果。另外三角函數也經常會結合向量觀念，被應用在遊戲中物體間的碰撞或行進中物體與靜止物體的反彈運動。在這些應用中，除了可以精確藉助三角函數表示碰撞後物理的反彈力道，也可以精確計算出其碰撞或反彈後的移動角度。三角函數中共定義了六種函數：正弦函數、餘弦函數、正切函數、餘切函數、正割函數、餘割函數等六個函數。以下圖來說明各種三角函數：

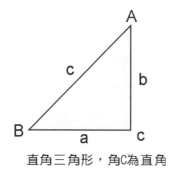

直角三角形，角C為直角

　　以下列出幾個三角函數間的常見公式：

1. $\dfrac{1}{\sin\theta}=\csc\theta$ ， $\dfrac{1}{\cos\theta}=\sec\theta$

2. $\dfrac{1}{\tan\theta}=\cot\theta$ ， $\dfrac{1}{\cot\theta}=\tan\theta$

3. $\dfrac{1}{\sec\theta}=\cos\theta$ ， $\dfrac{1}{\csc\theta}=\sin\theta$

4. $\tan\theta=\dfrac{\sin\theta}{\cos\theta}$ ， $\cot\theta=\dfrac{\cos\theta}{\sin\theta}$

5. $\sin^2\theta+\cos^2\theta=\dfrac{a^2}{c^2}+\dfrac{b^2}{c^2}=\dfrac{a^2+b^2}{c^2}=\dfrac{c^2}{c^2}=1$

6. $1+\tan^2\theta=1+\dfrac{b^2}{a^2}=\dfrac{b^2+a^2}{b^2}=\left(\dfrac{c}{b}\right)^2=\sec^2\theta$

7. $1+\cot^2\theta=1+\dfrac{b^2}{a^2}=\dfrac{a^2+b^2}{a^2}=\left(\dfrac{c}{a}\right)^2=\csc^2\theta$

6-1-2　兩點間距離

在 2D 系統裡，定義兩個點 A 和 B，座標分別為（x1,y1）與（x2,y2），而 AB 兩點之間的距離公式為 x 軸方向的座標差平方，再加上 y 軸方向的座標差平方後開根號，如下列公式所示：

$$x = x2 - x1$$
$$y = y2 - y1$$

兩點距離 $= \sqrt{x^2 + y^2} = \sqrt{(x2-x1)^2 + (y2-y1)^2}$

通常求兩點間距離，會使用到平方根的計算，這會花費電腦極大的運算資源，為了加速程式的執行，就要避免平方根運算。例如遊戲中球體間碰撞的測試，由於只要判斷是否發生碰撞，並不一定要精確計算出碰撞的範圍大小，因此可以省略平方根計算的繁複程序。例如兩點間距離也可以應用在射擊遊戲中，藉由射程距離遠近的判斷，來決定物件的大小呈現外觀。另外有關類似高爾夫球遊戲製作過程中，也常會使用到距離的運算，藉由兩點間距離的計算，可以精確計算出球與洞口的距離。

同理，在 3D 系統裡，定義兩個點 A 和 B，座標分別為（x1,y1,z1）與（x2,y2,z2），而兩點之間的距離為 x 軸方向的座標差平方，加上 y 軸方向的座標差平方，再加上 z 軸方向的座標差平方後，再將這三者加總開根號，如下面的公式所示：

$$x = x2 - x1$$

$$y = y2 - y1$$

$$z = z2 - z1$$

$$兩點距離 = \sqrt{x^2+y^2+z^2} = \sqrt{(x2-x1)^2+(y2-y1)^2+(z2-z1)^2}$$

6-1-3 向量

　　向量幾何在專業遊戲開發領域的應用非常廣泛，因此向量幾何對程式設計師而言，也是一門必備的知識。對程式設計師而言，遊戲場景的任何物體都必須在電腦的座標系中呈現，例如角色或物體移動軌跡，可能是屬於一種直線運動或曲線運動，而要能適當描述這些曲線運動，就必須藉助向量來呈現。另外其他遊戲中的物理行為或人工智慧，也可以看到向量表現的足跡。例如撞球類遊戲在描述其行進的路徑及碰到牆壁後該往那一個方向反彈，都必須使用向量來加以描述。從幾何（Geometry）的觀點來看，向量是有方向性的線段。在三維空間中，向量以（a,b,c）表示，其中 a、b、c 分別表示向量在 x、y、z 軸的分量。

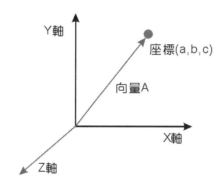

　　在上圖中的 A 向量是一個由原點出發指向三維空間中的一個點（a,b,c），也就是說，向量同時包含了大小及方向兩種特性。通常在向量計算時，為了降低計算上的複雜度，會以單位向量（Unit Vector）來進行運算。

　　由於向量具備方向及大小兩種特性，所以使用向量表示法就可以指明某變量的大小與方向。尤其在遊戲開發中有關模擬球體與牆壁碰撞或物體間的碰撞設計，如果利用向量可以簡化許多不必要的複雜運算。例如在遊戲中要表現某一角色或物體行進的方向及速度，只要使用向量表示法就可以同時表示出其 X 分量與 Y 分量的速度。

6-1-4　法向量

在三度空間中，任意兩個向量可以構成一個平面，而與該平面垂直的向量則稱為法向量（Normal Vector 或 Normal）。談到法向量的用途很多，除了拿來做背景面消除（Back-Face Culling）的依據外，還有進行 LOD（Level Of Detail）運算，以及進行卡通描圖（Cartoon Rendering）或是製作物理引擎。所謂 LOD 運算所指的是調整模型的精細程度，也就是構成物體的三角面多寡。好的 LOD 演算法可以讓模型在使用較少的三角面時，仍非常接近原始的模型。除此之外，在繪製 3D 畫面時，你也需要用到法向量來決定光源與模型面的關係。另外還要談到所謂點的法向量。一個點的法向量取得，是藉由所有包含了這個點的平面法向量總和的平均值，可用來產生較佳的著色效果。

6-1-5　向量內積

向量內積是一種力學與 3D 圖形學中很好用的工具。在 3D 圖形學裡，內積是屬於我們計算兩個向量之間角度的餘弦，如右圖所示：

在求內積之前，首先來了解一下向量的長度應該要如何求得（已知向量的大小）。這個問題關鍵就是在計算兩點之間的距離，以下將它分成兩種不同的維數系統來求得向量的長度：

(1) **2D 系統**：定義一個定義向量 V(x, y)，則

$$向量長度＝\sqrt{(x^2+y^2)}$$

(2) **3D 系統**：定義向量 V(x, y, z)，則

$$向量長度＝\sqrt{(x^2+y^2+z^2)}$$

當算出向量的長度之後，便可以開始來計算兩個向量之間的內積了。

(1) **2D 系統**：先定義 2D 系統中兩個向量，向量 A(x1,y1) 及向量 B(x2,y2)。其內積的公式如下列所示：

$$A \cdot B = (x1,y1) \cdot (x2,y2) = (x1x2+y1y2)$$

(2) **3D 系統**：在 3D 圖形學裡，定義兩個空間向量，向量 A(x1,y1,z1) 及向量 B(x2,y2,z2)。其內積的公式如下列所示：

$$A \cdot B = (x1, y1, z1) \cdot (x2, y2, z2) = (x1x2 + y1y2 + z1z2)$$

由以上運算的結果得知向量內積運算後還是一個純量，並且不帶有方向性。另外內積值可以用來計算兩個向量之間的夾角餘弦。各位可以應用內積來求得兩向量之間的夾角，請看以下公式：

$$\cos(\theta) = (v1 \cdot v2) / (v1 \text{ 向量長度} \cdot v2 \text{ 向量長度})$$

在 3D 遊戲的撰寫上，未必需要真正求得 θ 值，通常只要利用 $\cos\theta$ 的值就可以了。而透過內積的運算，可以只利用加法與乘法，就能得到兩單位向量的夾角相關數值。例如要判斷一個多邊形是否面向攝影機時，必須要取得多邊形中的兩個重要的向量，一個是該多邊形的法線向量，另一個是從攝影機到該多邊形的頂點向量。如果該內積運算值小於 0 的話，這就表明該多邊形是正對攝影機，也就是說玩家正看著該多邊形正面，如果該內積運算值大於 0 的話，那麼就表示該多邊形是背對著攝影機，也就是說玩家所看著的是多邊形背面。向量內積也可以應用在計算光線的照射量，例如：如果有一光源照射至某平面，如果求取平面的法向量與代表光源的向量的內積值為零，則表示光源與平面平行，亦即該平面受光量為 0。當平面的法向量與光源向量內積的絕對值越大，則該平面受光量越大。

6-1-6　向量外積

介紹完向量內積之後，接下來，我們來看看一般被使用在 3D 系統中的「外積」。

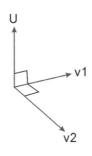

它是以 v1 與 v2 作為輸入向量，並且求出返回向量 c，而返回的向量 c 則會垂直於兩個輸入向量 u 與 v。兩個空間向量 u(u1,u2,u3) 與 v(v1,v2,v3) 的向量外積（Cross Product）的定義如下：

$$u \cdot v = ((u2\,v3 - u3\,v2), -(u1\,v3 - u3\,v1), (u1\,v2 - u2\,v1))$$

在 3D 圖形學裡，我們經常會需要計算一個多邊形的法向量。在 3D 空間裡，從一個點發出的兩條線段，只要這兩條線段不在同一條直線上，就可以確定一個平面的存在。對於一個多邊形來說，同一個頂點的兩條邊就可以確定該多邊形所在的平面了。如右圖所示：

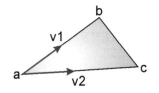

在圖學的領域也可以看到外積的應用，例如凸面體的隱藏面判斷，可以利用向量外積求得一平面的法向量，假設位於 Z 軸的正方向往負方向看過去，則若平面法向量的 Z 分量為正，表示平面朝向您，為可視平面，若 Z 分量為負，表示平面朝另一面，各位看不到這個平面。

6-2　遊戲物理學

在各式各樣的電玩遊戲中可以看到物理的運用，例如賽車遊戲速度與加速度的運算，及車子相互之間追撞或賽車跑道中離心力的計算等。又如球類遊戲中，球體的反彈角度行進方向及反彈力道，或者棒球遊戲中，揮棒的角度及球體在空中飛行間重力、風力等物理因子對球的飛行距離及飛行方向的影像。如果在表現遊戲的效果時，沒有配合真實世界中的物理原理，可能會造成遊戲中不自然的表現，自然會降低遊戲的逼真性。本節將為各位介紹物理學在遊戲上的各種應用。

6-2-1　等速度運動

所謂的「速度」就是說單位時間內所改變距離的量。物體會移動，那這個物體一定是具有一個「速度」，速度是物體在各個方向上「速度分量」的合成。例如描述一個人跑步每小時 10 公里，我們就稱該人的跑步速度為時速 10 公里。在遊戲中，要表現速度時，只要在物體座標位置上加上一個速度常量，這個物體就會在遊戲中以等速朝指定方向移動。

以一個在 2D 平面上移動的物體而言，假設它的移動速度為 V，X 軸方向上的速度分量為 Vx，Y 軸方向上的速度分量為 Vy，那麼 V 與 Vx、Vy 間的關係如下圖所示：

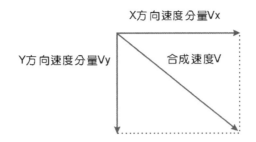

等速度運動的意義就指物體在每一個時刻的速度都是相同，亦即 Vx 與 Vy 都保持不變。在設計 2D 平面上物體等速度運動時，總會在每次畫面更新時，利用物體速度分量 Vx 與 Vy 的值來計算下次物體出現的位置，產生物體移動的效果，計算公式可表示如下：

> 下次 X 軸位置 = 現在 X 軸位置 + X 軸上速度分量
>
> 下次 Y 軸位置 = 現在 Y 軸位置 + Y 軸上速度分量

以下是我們所設計的小球等速度運動程式執行結果：

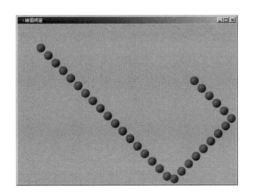

6-2-2 加速度運動

通常從物理學的角度來說，凡是物體移動時，其運動的速度或方向會隨著時間而改變，那麼該物體運動便是屬於加速度運動。加速度是指單位時間內速度改變的速率，平均加速度則為單位時間內物體速度的變化量，單位 m/s。例如，當各位踩下車子的煞車時，速度會遞減，直到車子到靜止的狀態。加速度運動不同於等速度運動，它是一種變量，當物體在空間中移動的速度越來越快、或是越來越慢時，我們只有靠加速度這個變量來決定與測量。

▲ 高鐵行駛與火車進站時都會受到加速度的影響

　　加速度通常被應用在設計 2D 遊戲的物理移動，一般物體的移動速度或者方向改變，大部份是受加速度的影響。加速度與速度的關係如下：

$$V = Vo + At$$

　　上面的公式中，A 表示每一時間間隔加速度的量，t 表物體運動從開始到要計算時間點為止所經過的時間間隔，Vo 為物體原來所具有速度，而 V 則是由以上公式所計算出某一時間點物件的運動速度。

　　作用於物體上的加速度同樣是各個方向上「加速度分量」的合成，加速度作用於物體上時，會依據上面的公式影響物體原有的移動速度。而在 2D 平面上運動的物體，根據上面的公式，考慮 X、Y 軸上加速度分量對於速度分量的改變，那麼其下一刻（前一刻與下一刻時間間隔 t=1）X、Y 軸上的速度分量 V_{x1} 與 V_{y1} 的計算方式如下：

$$V_{x1} = V_{xo} + A_x$$
$$V_{y1} = V_{yo} + A_y$$

　　上面的公式中 V_{xo} 與 V_{yo} 為物體前一刻 X、Y 軸上的運動速度，A_x 與 A_y 為 X、Y 軸上的加速度。在求出物體下一刻的移動速度後，便可依此再去推算出加入加速度後，物體下一刻的所在位置：

$$S_{x1} = S_{xo} + V_{x1}$$
$$S_{y1} = S_{yo} + V_{y1}$$

　　上面的公式中，S_{xo} 與 S_{yo} 分別表示物件前一刻 X、Y 軸的座標位置，V_{x1} 與 V_{y1} 是加入加速度後下一時刻物體的移動速度，如此求出的 S_{x1} 與 S_{y1} 便是下一刻物體的位置。

6-2-3 動量

物理學可說是所有科學最根本的基礎。遊戲程式設計的過程中,如果不了解物理的規則,所展現的遊戲行為可能會和真實的現象產生落差,例如以物理學裡最偉大的通則之一:能量守恆定律,它在物理力學與遊戲實作開發中就扮演了一個相當重要的角色。

在遊戲中,很多遊戲中物體可能會被設想成汽車、飛彈、飛行器或其他現實生活中的物體。這些物體在現實生活中是利用材料所製造而成,因此它們必須具有某種一定的質量。至於重量則是一種力的描述,但是質量並不能代表重量,而質量會對加速度發生作用。不管怎麼樣,在遊戲中為了呈現物體運動的真實感,所以這些物體就會具有某種程度的虛擬質量,換句話說,當這些物體在運動的時候,就必須具有一定的動量。

動量就是物體移動時的量能。簡單的說,就是具有移動物體的特性,而這種特性會與物體的質量與速度有關係。

> 動量＝質量 * 速度

當某個物體在以一定速率作運動,如果要想把它們停下來就必須要花費很大力量。例如要將一列以每小時 2 公里速度前進的火車停下來,這會比把每小時 1000 公里速度前進的子彈停下來還要困難許多,因為火車的質量會遠遠大於子彈的質量。

當一列火車以每小時 2 公里的速度撞擊我們,那麼我們可能會被火車給壓扁。在遊戲中,各位可以製造任意質量給遊戲中的物體,不過如果希望可以建立一個真實度很高的遊戲時,就應該在遊戲中設定這些物體的質量,如此一來,才能符合與現實生活相似的物理特性,在此就要先來了解一下「動量守恆定律」的原則。在物理學中的守恆指的是物體在一次運動後其能量的保持,而這種能量是可以轉換,不過還是會一直存在,所以守恆定律的基本原則就是「能量不能無故產生,也不能被消滅」。

在一個物體碰撞另一個物體的情況下,由於動能無法被釋放,所以它會一直被保持著。無論如何,如果有兩個物體撞在一起時,動量守恆公式則會如下所示:

> $M_1 V_1 = M_2 V_2$

- M_1 是第一個物件的質量。
- M_2 是第二個物件的質量。
- V_1 與 V_2 是它們的相對速度。

在了解到物理動量守恆的原則後，儘管不可能在遊戲設計時準確地遵循這種規律，不過卻儘可能在遊戲中的碰撞結果上，作出更真實的呈現畫面。

6-2-4　重力

在大自然裡存在著一股很大的力量，可使得我們穩當地站在地表上，不會從地球上飄到太空中，這個力量稱為「重力」。西元 1590 年，科學家伽俐略提出在地球上的相同地點，所有的物體受的重力是一樣的，並指出不同密度的物質自高空落下，在理想狀況下相同時間內所落下的距離是一樣，且稱為一種加速度運動。之所以會有重力加速度的力量，這是因為重力對物體施力而產生，所以當物體越往下掉時，速度會越來越快。在遊戲的虛擬空間裡，為了做到現實的真實感，也就在空間裡的所有物體上加上一個重力的單位。

通常重力是一個向下的力量，當物體要往上飄的時候，重力則會依據物體的運行方向再加上一個往下的力。重力是一個在垂直方向（Y 軸方向）、值大約為 9.8m/sec、方向向下的加速度。例如將球由 A 地拋向 B 地的時候，因為球的運動方向與重力之關係，球的運動路線則會形成一個拋物線。如下圖所示：

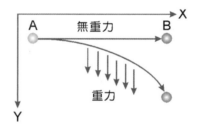

既然重力是一種加速度，那麼物體從高處落下其運動速度與位置座標的計算，就同樣適用前一小節中所討論物體加速度運動的觀念。不過由於重力對於物體運動的影響僅在 Y 軸方向，因此不會影響物體在 X 軸方向上的速度分量。

就以重力加速度在真實世界的表現為例，請看以下小球從高處受到重力影響往下墜，與地面碰撞後彈跳至原先的高度，這是在理想的狀況下依循物理中能量守恆定理的結果。我們設計小球於顯示視窗中進行等速度運動，當碰到視窗邊緣時則會反彈以反方向運動。如下圖所示：

視窗左緣，臨界座標 0

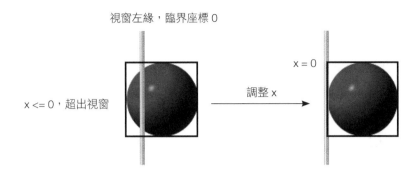

x <= 0，超出視窗　　　調整 x　　→　　x = 0

視窗右緣，臨界座標 rect.right

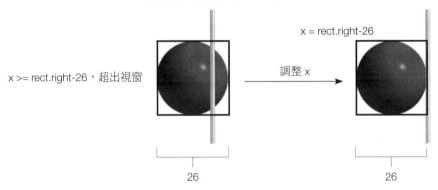

x >= rect.right-26，超出視窗　　調整 x　→　　x = rect.right-26

26　　　　　　　　　　　　26

請看下圖的部份程式碼：

```
x += vx;                // 計算 x 軸方向貼圖座標

vy = vy + gy;           // 計算 y 軸方向速度分量
y += vy;                // 計算 y 軸方向貼圖座標
if(y >= rect.bottom-26)
{
    y = rect.bottom - 26;
    vy = -vy;
}
```

右圖是我們以物體加速度運動的計算方式配合重力的觀念，設計小球下墜與彈跳的程式執行結果：

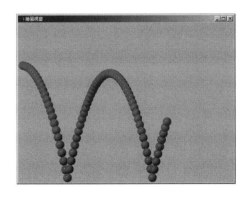

　　從畫面中可觀察小球從高處受到重力影響往下墜，與地面碰撞後彈跳至原先的高度，這是在理想的狀況下依循物理中能量守恆定理的結果。但是在真實的狀態中，物體下墜會受到種種外力的影響，例如：空氣阻力、摩擦力等，使得物體在下墜或者彈跳的運動過程中漸漸喪失了本身的能量，最後會變成靜止狀態。

6-2-5　摩擦力

　　兩物體接觸面間，常有一種阻止物體運動的作用力，稱為摩擦力，這是一種作用於運動物體上的負向力，摩擦力作用於運動物體上的結果，會產生一與物體運動方向相反的加速度，使得物體的運動越來越慢直到靜止不動為止。如開車時遇到紅燈踩剎車，車速會減速直到完全停止。影響摩擦力的因素包括接觸面的性質，也就是接觸面粗糙則摩擦力大，接觸面光滑則摩擦力小，另一個影響因子則是作用於接觸面的力，當作用於接觸面的力愈大，摩擦力愈大。

▲ 玩溜冰鞋或直排輪時最容易受地面摩擦力的影響

　　對於程式設計師而言，摩擦力計算的充份了解，絕對有助於於賽車遊戲類型的製作。一般在賽車遊戲中會有各種遊戲機制，就以單一賽事來說，某些路段就會以變化賽車路面性質，來作為賽車手對場地的臨場應變能力。在這類型遊戲中，往往為了逼真展現各種不同路況的速度及行進方式，就必須將各種不同路面材質，列入程式設計過程中，與應用演算法來判斷。

　　在上一小節範例中，小球的下墜與彈跳並沒有考慮摩擦力的影響，而如果要讓小球的運動狀態符合真實世界的情況，那麼就必須要加入小球運動受到摩擦力影響的效果。接下來將在小球與地面接觸時考慮摩擦力的影響，加入使小球運動速度減慢的負向加速度，並忽略小球與空氣摩擦所產生的空氣阻力。以下是小球落地接觸地面時其運動方向及作用於其上摩擦力的示意圖：

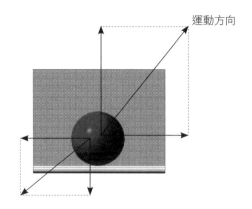

由上圖可看出，小球彈跳往右上方移動時，摩擦力的作用方向是向左下方，而因摩擦力產生的水平與垂直方向上的負向加速度，會使得小球在彈跳的過程中，X、Y 軸方向上的移動速度漸漸減慢，直到最後小球靜止不動為止。程式執行結果如下：

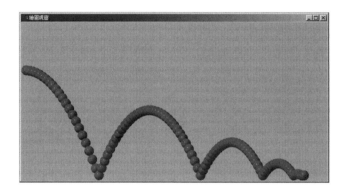

6-2-6 反射

當物體在做直線運動時，與其他平面或物體發生碰撞時，會產生反彈運動。在現實生活當中，各位都知道物體碰撞到另外一個物體時，都會做出適當的反射動作，例如球碰撞到牆壁的時候，球的運作方向則會因為牆的平面而有所改變，如右圖所示：

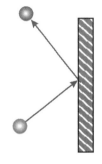

這種反射的動作在大自然裡是有一定的規則變化，而我們就是要來深入討論這一種物理反應。例如在遊戲中也會經常看到如上述所說的物理反射動作，例如撞球遊戲，當將

母球推向桌邊的時候，母球在碰撞到桌邊後，便會做出一定的反彈動作。但是反彈運動是有其規則性，不同的碰撞角度，會有不同的反彈路線。

基本上，當物體在碰撞到牆壁的時候，會做出一個特定的反射動作，各位可在物體運動方向與牆壁的交點上畫出一條垂直於牆壁的法線，如下圖所示：

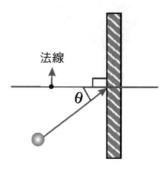

接下來再將物體運行的方向反射到這條法線的另一端上，如下圖所示：

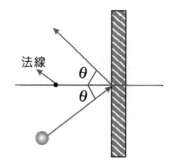

如果要計算物體碰撞到牆壁後的運動方向，只要得到這條法線和法線與物體運動方向的角度，就可以輕易求出另一個反射的運動方向了。現在來考慮一下 θ 的角度應該要如何計算。首先將上述的圖修改成如下圖所示：

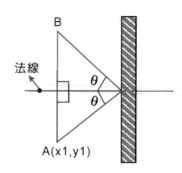

上圖中我們可以很輕易地看出 B 點座標值（x1,-y1），不過這個座標值似乎對我們的物體運動沒有用，而我們要求的是 θ 的角度值，它才是對我們物體運動過程中有用的數值。

在上圖中，下半部的三角形可以將它看成如下圖所示：

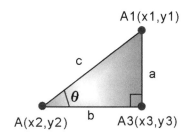

以這個三角形來說，可以得到如下列所示的三角函數方程式：

$$\tan\theta = a/b = (y1-y3)/(x3-x2)$$

如此一來，便可以很輕易得到「$\tan\theta$」的值了。在反射運動的過程中，為了求得真實感的呈現，還可以加入加速度量與摩擦力（與施力方向相反的力）的反應。

6-3　遊戲的碰撞處理技巧

在遊戲世界裡，碰撞是一種最基本的演算法，且可以分成好幾種，例如人物與敵人的碰撞、飛機與子彈的碰撞、或者是為了某些特殊的事件而產生的碰撞等等。

▲ 日常生活中的車禍事件就是一種碰撞處理

在遊戲中碰撞偵測的方式不只一種，有的碰撞偵測處理是以範圍來偵測、有的是以顏色來偵測、有的則是以行進路線是否交叉來偵測碰撞等。

6-3-1 行進路線偵測

▲ 衛星雲圖中以行進路線判斷颱風是否和台灣接觸

以行進路線來偵測遊戲中物件是否碰撞的方式相當簡單，主要是偵測兩個移動的物體，或者是移動物體與平面是否發生碰撞，如下圖所示：

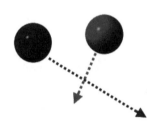

▲ 兩球行進路線交叉則可能產生碰撞

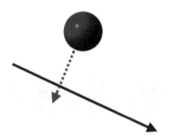

▲ 球行進路線與平面交叉則可能產生碰撞

上圖中不管兩顆球的行進方向或者是平面，它們各自都加上了一個箭頭，其表示為向量。下面筆者將以向量來判斷一個具有速度值的小球是否與斜面（非水平與垂直）會發生碰撞，在這裡先假設小球目前與下一個時刻的圓心位置分別為 P_3 與 P_4，而斜面的起點與終點為 P_1 與 P_2，原點為 O，若小球與平面發生碰撞則碰撞點為 C，如右圖所示：

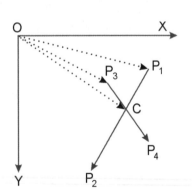

由上圖可推導出如下的式子：

$$OP_1C \text{ 中：} OC = OP_1 + P_1C = OP_1 + mP_1P_2$$

$$OP_3C \text{ 中：} OC = OP_3 + P_3C = OP_3 + nP_3P_4$$

$$=> OP_1 + mP_1P_2 = OP_3 + nP_3P_4$$

若交點 C 在兩向量之中，則在上面的式子中，m 與 n 的值會介於 0 ～ 1 之間，其值代表球與斜面是否發生碰撞。

假設斜面的起點座標 P_1 為（a,b），而向量 P_2-P_1 可得（Lx,Ly），小球圓心目前的座標為（c,d），其速度向量為（Vx,Vy），代入上式為：

$$(a,b)+m(Lx,Ly)=(c,d)+n(Vx,Vy)$$

$$\rightarrow X \text{ 軸方向的向量}：a+mLx=c+nVx$$

$$Y \text{ 軸方向的向量}：b+mLy=d+nVy$$

$$\rightarrow m=[Vx(b-d)+Vy(c-a)]/(LxVy-LyVx)$$

$$n=[Lx(d-b)+Ly(a-c)]/(VxLy-VyLx)$$

導出了 m 與 n 的結果之後，在程式中若要判斷小球與斜面是否會發生碰撞，只要將其移動的路徑、斜面的向量與起點座標代入上面的方程式中，然後判斷 m 與 n 是否都介於 0 ～ 1 之間，就可得知是否發生碰撞。

6-3-2 範圍偵測

以範圍偵測碰撞的方法其實是最簡單且快速，不過在製作遊戲程式時，使用到非規則形狀圖形的情況相當地多，若是在允許範圍內，還是希望能夠以範圍偵測的方式來偵測物體是否碰撞，如此將會省掉許多計算的時間。以範圍偵測碰撞的方式，適合用在規則形狀可取得其範圍大小的幾何圖形，如下面的圖示：

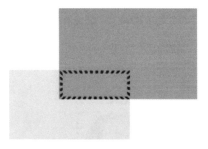

▲ 長和寬交集表示產生碰撞　　　　▲ 兩圓半徑交集表示產生碰撞

基本上，以矩形範圍來偵測，首要的條件是必須要取得矩形圖的左上角座標與右下角座標，如下圖所示：

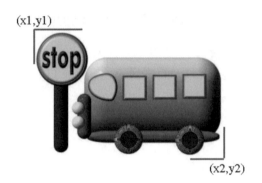

　　這時如果要判斷一個不定變數座標是否碰撞到矩形圖的話，只要判斷此不定變數座標的 X 值是否在 X1、X2 之間，和 Y 值是否在 Y1、Y2 之間，即可知道此不定變數座標是否碰撞到矩形圖了，如下圖所示：

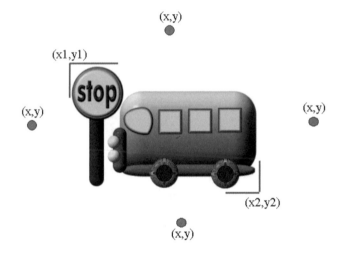

　　例如當兩台不規則形狀的車子在同樣的高度上移動時，所要偵測兩車是否碰撞，則只需要判斷這兩張車子的圖片長是否已交集。如下列所示：

▲ 兩車圖示的長已交集表示兩車產生碰撞

　　不過如果兩車在不同高度上移動的時候，就必須利用圖片矩形的寬與高來偵測是否碰撞，但是這種偵測碰撞的方式會產生少許的誤差。如下圖所示：

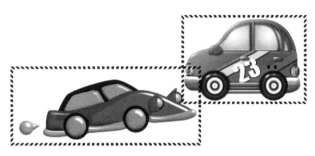

▲ 未真正碰撞但已偵測到碰撞

在 2D 遊戲裡，矩形圖的碰撞判斷是屬於較簡單但不精確的方式，因為這種方式的運算速度比較快，而且程式碼比較簡單。以下程式中，我們用了三張圖片，分別為兩張車子圖案，以及發生碰撞時所要顯示的提示圖案，並且將車子的移動設定在等高的位置上，並利用車子的兩個圖片矩形，以兩者在長度上是否產生交集來判斷是否發生碰撞。執行結果如下：

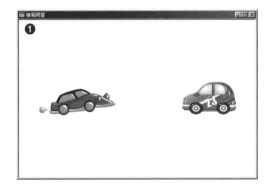
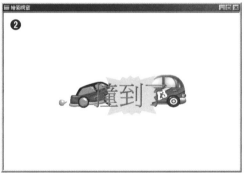

另外還有一種球面範圍偵測，它不像矩形可以利用四角的座標來判斷不定數座標是否在球面之內，如果堅持要使用四角座標來判斷球面的話，那麼將會產生如下圖所示的狀況：

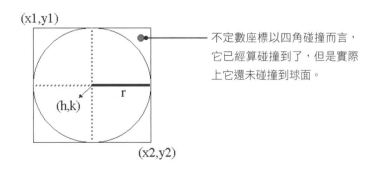

不定數座標以四角碰撞而言，
它已經算碰撞到了，但是實際
上它還未碰撞到球面。

所以在這個時候，就可以利用數學公式的「圓方程式」來求出不定數座標在球面的哪一個地方，其圓方程式的公式如下所示：

若圓心為 (h,k)，半徑為 r，則可得方程式「$(x-h)^2+(y-k)^2=r^2$」

例如有一個球面的圓心為 $(2,1)$，半徑為 2，其方程式如下所示：

$(x-2)^2+(y-1)^2=2^2 \rightarrow (x-2)^2+(y-1)^2=4$

其程式碼如下所示：

```
void CheckCircle(int x,int y)
{
    int point,r2;
    r2 = 4;
    point = sqr(x-2) + sqr(y-1);
    if ( point == r2)
    {
        // 不定數在球面邊緣上
    }else if ( point > r2)
    {
        // 不定數在球面外
    }else if ( point < r2)
    {
        // 不定數在球面內
    }
}
```

6-3-3　顏色偵測

上節所說明的碰撞判斷式都是使用一些數學公式來當成碰撞的基礎條件。不過在遊戲中，不管是主角、敵人或寶物它們都是沒有固定角度的圖形，如下圖所示：

因此要能夠更精確地判斷非規則狀的物體是否產生碰撞，最常使用的方法還是利用顏色來判斷。以顏色偵測碰撞方式基本上是比較麻煩，不過這種碰撞偵測方式卻可以很精確的判斷兩個非規則狀物體是否真的發生碰撞，假設目前會發生碰撞的情況如下圖所示：

偵測車子是否
進入樹林中

至於偵測車子是否進入樹林中的方法便是偵測車子是否與樹林發生碰撞，那麼該要如何利用顏色來判斷車子是否與樹林發生碰撞呢？當然由上圖中是看不出任何蛛絲馬跡的，因為它無法以任何顏色為基準點來計算出是否發生碰撞，現在筆者換了一張圖來試試看，如下圖所示：

上圖中，黑色部分與前一個樹林一模一樣，之所以要將樹林改成黑色的原因是為了要把它當作是「遮罩圖」，以便能夠利用顏色來判斷是否發生碰撞。當車子與樹林發生碰撞時，在車頭的部分就會被黑色所遮蔽了。

在此判斷有無碰撞的要點，就在於黑色部分與車子是否產生交集，但是又要如何來判斷車子與黑色部份有交集呢？方法很簡單，因為黑色與任何顏色做「AND」運算的結果還是黑色，所以如果以車子顏色來跟目前所在位置上的「遮罩圖」做 AND 運算後，即會有黑色的結果產生，如此一來，便表示車子與樹林發了碰撞，前提是車子圖案中不可以有純黑色。

接下來就以顏色判斷的方式來偵測是否產生碰撞，其概念如下圖所示：

前景圖

車子移動

暗圖

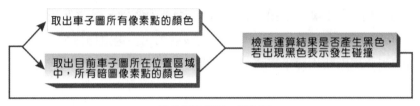

車子移動到下一個位置

　　以下在我們所設計的程式中，每次當車子移動時，便必須重新做透空以及取得點陣圖所有像素的色彩值，並加以運算然後再判斷有無產生碰撞。執行結果如下：

▲ 車子在樹林中

▲ 車子走出樹林

6-4　粒子系統簡介

　　所謂的「粒子系統」就是將我們看到的物體運動和自然現象，用一系列運動的粒子來描述，再將這些粒子運動的軌跡映射到顯示螢幕上，接著就可以在螢幕上看到物體的運動和自然現象的對比效果了。

▲ 遊戲中的火燄和雪花都是屬於粒子效果

關於遊戲的粒子系統，可以在螢幕上呈現 3D 電腦圖形學中，模擬一些特定現象的技術，例如遊戲中的火焰、煙霧、下雨、下雪、沙塵、爆炸效果等等。基本上，粒子系統在 3D 空間中的位置與運動是由發射器控制，我們可以將粒子定義出四個基本的特性，說明如下：

- **生成位置**：這個特性是決定粒子開始的初始位置，在粒子系統裡，每一個粒子的生成位置可以在同一個地方，例如瀑布特效，亦可以在不同的地方，例如雪花特效。

- **生命值**：這個特性是決定粒子在特效系統內存在時間，每一個粒子的生命值都不固定，有的比較短、有的比較長，就如同火焰特殊一樣，有的火苗可以飄得較高較久、而有的火苗可以存活的時間就較為短暫。

- **速度與方向**：每一個粒子同時也都存在有方向的運動軌跡，在粒子生成的時候，它也會有運動方向的特性，且有一個基本的飄移速度值。

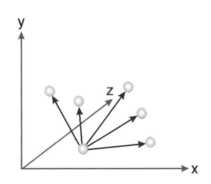

- **加速度**：其特性是讓每一個粒子看起來更加地逼真，就如同在大自然裡的定義一樣，一個物體從高處往下掉，在它還未到達地面之前，速度也就會越來越快，就稱為「加速度」。

談到這裡，相信讀者對於粒子系統還是很模糊不清吧！想要模擬自然界的粒子運動，還必須對基本的物理移動有所認識。接著我們來談談幾個較為常見的粒子系統原理。

6-4-1 煙火粒子

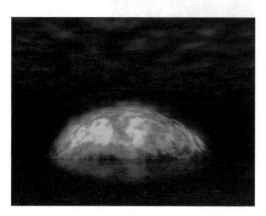 

▲ 煙火粒子的效果示範

在現實生活中，爆炸是屬於一瞬間將某個物體衝破的現象，而被衝破的物體會變成許多小塊狀的物體，並且散落四處。在遊戲中的魔法攻擊、飛彈射擊或是飛機對撞的效果，都必須要利用爆炸的畫面來襯托出視覺的效果。

粒子運動中一個很好的例子是煙火的爆炸，當一顆煙火爆炸時，會產生無數的煙火碎片，每一個碎片就是一個粒子，每個粒子擁有各自的位置、水平初速度、垂直初速度、顏色與生命週期等，粒子的資訊描述越詳細，煙火的模擬就越逼真。為了簡化範例說明的邏輯，我們將每個粒子的資訊定義如下：

```
1    struct fireball
2    {
3    int x;          // 火球所在的 X 座標
4    int y;          // 火球所在的 Y 座標
5    int vx;         // 火球 水平方向的速度
6    int vy;         // 火球 垂直方向的速度
7    int lasted;     // 火球的存在時間
8    BOOL exist;     // 是否存在
9    };
```

粒子是否存在就表示其是否燃燒殆盡。基本上，每個粒子的燃燒時間應該是不同的，不過由於它是在螢幕上展現，在此簡化為只要粒子超出視窗範圍就表示不存活；至於粒子起始位置則以亂數決定，之後則根據爆炸時所獲得的水平速度、垂直速度與重力加速度來決定。

　　以下這個程式將模擬煙火粒子的爆炸，其中煙火的爆炸點是在視窗中由亂數所產生的位置，在發生爆炸後會出現許多黃色粒子以不同的速度向四方飛散而去，當粒子飛出視窗外或者超過一定的存在時間後便會消失。當每一次爆炸所出現的粒子全部都消失後，便會重新出現爆炸與不斷施放煙火的效果。部份程式碼如下：

```
1    void canvasFrame::OnTimer(UINT nIDEvent)
2    {
3    if(count == 0)                 // 新增爆炸點
4    {
5        x=rand()%rect.right;
6        y=rand()%rect.bottom;
7        for(i=0;i<50;i++)          // 產生火球粒子
8        {
9            fireball[i].x = x;
10           fireball[i].y = y;
11           fireball[i].lasted = 0;
12           if(i%2==0)
13           {
14                   fireball[i].vx =  -rand()%30;
15                   fireball[i].vy =  -rand()%30;
16           }
17           if(i%2==1)
18           {
19                   fireball[i].vx = rand()%30;
20                   fireball[i].vy = rand()%30;
21           }
22           if(i%4==2)
23           {
24                   fireball[i].vx = -rand()%30;
25                   fireball[i].vy = rand()%30;
26           }
27           if(i%4==3)
28           {
29                   fireball[i].vx = rand()%30;
30                   fireball[i].vy = -rand()%30;
31           }
32           fireball[i].exist = true;
33       }
34       count = 50;
35   }
36   CClientDC dc(this);
37   mdc1->SelectObject(bgbmp);
38   mdc->BitBlt(0,0,rect.right,rect.bottom,mdc1,0,0,SRCCOPY);
```

```
39  for(i=0;i<50;i++)
40  {
41      if(fireball[i].exist)
42      {
43          mdc1->SelectObject(mask);
44          mdc->BitBlt(fireball[i].x,fireball[i].y,10,10,mdc1,0,0,SRCAND);
45          mdc1->SelectObject(fire);
46          mdc->BitBlt(fireball[i].x,fireball[i].y,10,10,mdc1,0,0,
            SRCPAINT);
47          fireball[i].x+=fireball[i].vx;
48          fireball[i].y+=fireball[i].vy;
49          fireball[i].lasted++;
50          if(fireball[i].x=-10 || fireball[i].xrect.right || fireball[i].
            y<=-10
51                          || fireball[i].y>rect.bottom || fireball[i].
                            lasted>50)
52          {
53              fireball[i].exist = false;      // 刪除火球粒子
54              count--;                        // 遞減火球總數
55          }
56      }
57  }
58  dc.BitBlt(0,0,rect.right,rect.bottom,mdc,0,0,SRCCOPY);
59  CFrameWnd::OnTimer(nIDEvent);
60  }
```

【執行結果】

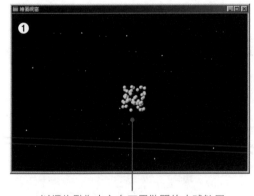

以爆炸點為中心向四周散開的火球粒子

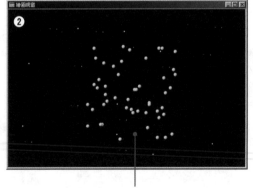

每一個粒子以各自的速度向四周飛散

6-4-2 雪花粒子

「下雪」可以說是相當常見的自然現象，而在程式中要產生下雪時雪花紛飛的情景，使用粒子來表現可以說是最恰當不過的了。雪花特效在粒子系統裡受地心引力的影響比較沒這麼大，所以停留在空中的時間相對地也會較長，不過它所受的風力影響卻可以大大地改變其每一個粒子的運動方向，其運動方式如下所示：

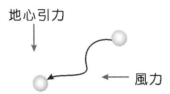

各位在實作雪花粒子系統時，必須考慮更多的物理因素對粒子的影響，包括雪花大小、風力、加速度等，因為每個雪花受到空氣阻力的影響，重力加速度反而不是影響飄落速度的主因，事實上每個雪花幾乎是以等速度落下，而這個速度取決於雪花的大小，大片的雪花應該擁有較快的落下速度，而小片的雪花應該慢慢落下。當風吹動的時候，風力對每一片雪花的影響也該不同，大片雪花應較不容易被吹動，而小片雪花受風力的影響會較大，所以綜合以上因素，雪花的大小將是模擬的效果是否逼真的主要因素。

以下這個範例便是以粒子來模擬下雪的景象，程式開始執行後，便使用亂數來決定每個雪花的位置。接著會慢慢不斷地出現雪花落下，一直到雪花出現數量的上限時（設為50）便不再繼續增加，而當雪花落到地上時，便重新設定該雪花粒子的顯示位置回到上方，以產生雪花消失與新的雪花落下的效果。程式碼如下所示：

```
1    struct snow
2    {
3    int x;           // 雪花所在的 X 座標
4    int y;           // 雪花所在的 Y 座標
5    BOOL exist;      // 是否存在
6    };
7    int i,count;
8    snow flakes[50];
9    void canvasFrame::OnTimer(UINT nIDEvent)
10   {
11   if(count<50)
12   {
13       flakes[count].x = rand()%rect.right;
14       flakes[count].y = 0;
```

```
15      flakes[count].exist = true;
16      count++;                          // 累加粒子總數
17  }
18  CClientDC dc(this);
19  mdc1->SelectObject(bgbmp);
20  mdc->BitBlt(0,0,rect.right,rect.bottom,mdc1,0,0,SRCCOPY);
21  for(i=0;i<50;i++)
22  {
23      if(flakes[i].exist)
24      {
25          mdc1->SelectObject(mask);
26          mdc->BitBlt(flakes[i].x,flakes[i].y,20,20,mdc1,0,0,SRCAND);
27          mdc1->SelectObject(snow);
28          mdc->BitBlt(flakes[i].x,flakes[i].y,20,20,mdc1,0,0,SRCPAINT);
29          if(rand()%2==0)
30                  flakes[i].x+=3;
31          else
32                  flakes[i].x-=3;
33          flakes[i].y+=10;
34          if(flakes[i].y > rect.bottom)     // 落到底部
35          {
36                  flakes[i].x = rand()%rect.right;
37                  flakes[i].y = 0;
38          }
39      }
40  }
41  dc.BitBlt(0,0,rect.right,rect.bottom,mdc,0,0,SRCCOPY);
42  CFrameWnd::OnTimer(nIDEvent);
43  }
```

【執行結果】

6-4-3 瀑布粒子

瀑布特效也是一種很簡單的粒子系統,它是利用拋物線的方式來進行粒子的運動,如同我們在上物理課的時候,老師會將一顆球從桌子的一端慢慢地讓它滾向另一端,等到球離開桌子之後,球會做一個拋物線的運動,直到落到地上,如右圖所示:

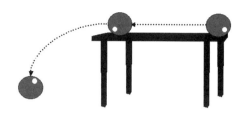

根據物理學的原理,如果我們推球的力量越大,球的拋物線則越大,如右圖所示:

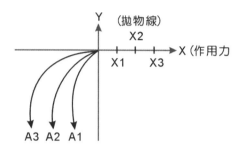

同樣的,瀑布原理也是這樣,如果水力較大,其噴射的拋物線也較大,而瀑布的粒子也會有之前所說的四種粒子特性,並且粒子在高處也會受到地心引力的影響而產生加速度,所以在計算瀑布粒子的時候,必須在每一個瀑布粒子中加上加速度的參數來增加逼真感。基本上煙火粒子與瀑布粒子在物理模擬上是有類似的效果,差別在於煙火粒子沒有垂直初速度,不過瀑布粒子落下時則會受到重力影響,而產生加速度的感覺。

以下我們所設計的程式會在粒子下落過程中再設置一層障礙物,當碰到障礙物時,粒子的垂直下落速度將變為 0,直到離開障礙物再繼續下降。另外還使用 1000 個粒子來模擬水分子的運動,由於每個粒子流動的速度不同,先要將粒子產生於視窗之外,如此進入視窗的時間就不同,而水粒子不可能只在一個平面移動,由於推擠效應,水流動時會形成一層厚度,這可以在 Y 方向使用亂數來模擬,而以不同的水平速度形成推擠時粒子交相出現的效果。執行結果如下:

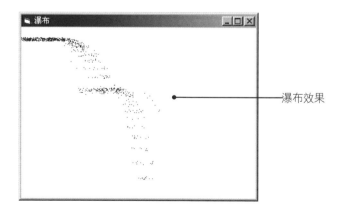

瀑布效果

學習評量

1. 動量與遊戲的關係為何？

2. 範圍偵測的作法是什麼？

3. 試列舉三角函數在遊戲中的應用。

4. 請說明向量內積的意義與應用。

5. 何謂加速度運動？

6. 試述重力與遊戲的關係。

7. 何謂摩擦力？

8. 何謂粒子系統？試說明之。

9. 瀑布粒子的作用為何？

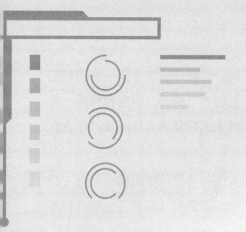

07

遊戲與資料結構

　　從廣義的角度來看，遊戲設計算是一門集合現代科學與計算機理論之大全，其中包括了數學、物理、2D 與 3D 圖學，例如碰撞處理、反射與折射、二維轉三維座標轉換、平行與遠景三維座標轉換等演算法。甚至於計算機科學中的人工智慧與資料結構都包含在一套遊戲的完整設計過程。

　　其中資料結構的研究重點是分析或探討計算機資料的各種特性和衍生的儲存結構，以及各種數量化描述的相關演算法。不管是應用在軟體工程或遊戲程式開發上，都具有舉足輕重的地位。

7-1　認識資料結構

　　常用的資料結構理論，包括有演算法（Algorithm）、資料儲存架構、排序、搜尋、堆疊（Stack）、佇列（Queue）、串列或稱鏈結（List）、樹（Tree）等。由於遊戲行為越來越複雜，使得實作出來的程式和資料變得越來越難以管理。若能利用資料結構中模組化行為的概念，讓遊戲中的程式藉著重複使用減少工作量，則隨著行為變得好管理，設計上也會得到更多好處。

▲ 線上遊戲中場景可藉由樹狀結構來分割

　　例如年輕人喜愛的大型線上遊戲中，需要取得某些物體所在的地形資訊，如果程式是依次從構成地形的模型三角面尋找，往往會耗費許多執行時間，非常沒有效率。因此程式設計師就會使用樹狀結構中的二元空間分割樹（BSP Tree）、四元樹（Quadtree）、八元樹（Octree）等來分割場景資料。

7-1-1 演算法

　　資料結構與「演算法」（Algorithm）是程式設計中最基本的內涵。對於資料結構在程式設計領域的要求上，通常是以執行速度為標準，首先必須了解每一種元件資料結構的特性，才能將適合的資料結構應用得當。若使用不適合的資料結構非但不能符合程式部分的執行結果，甚至會讓執行效率變得更差。我們可以這麼形容，程式能否快速而有效率的完成預定的任務，取決於是否選對了「資料結構」；而程式或專案是否能清楚而正確的把問題解決，取決於「演算法」。在日常生活中有許多工作都可以嘗試利用演算法來描述，例如專案的完成，建築工程的進度表、寵物飼養流程等等。一個完整的演算法必須符合下列五個條件：

1. **輸入（Input）**：0 個或多個輸入資料，這些輸入必須有清楚的描述或定義。

2. **輸出（Output）**：至少會有一個輸出結果，不可以沒有輸出結果。

3. **明確性（Definiteness）**：每一個指令或步驟必須是簡潔明確而不含糊的。

4. **有限性（Finiteness）**：在有限的步驟後一定會結束，不會產生無窮迴路。

5. **有效性（Effectiveness）**：步驟清楚且可行，能讓使用者用紙筆計算而求出答案。

　　雖然現在的電腦系統運算速度越來越快，3D 加速卡效能也越來越強，然而遊戲中所使用的 3D 模型也越來精緻，呈現的場景也越來越龐大，優秀的遊戲程式設計師，要會使用較佳的演算法來節省不必要的資源浪費，與處理重複執行次數高的程式部分，並壓榨系統的能力，來製作效果更令人驚豔的遊戲。

▲ 精緻的 3D 模型與大型遊戲場景

　　無論是應用程式的整體架構或是遊戲主程式的架構，都可以依照獨立功能的模組加以區分，並且是由大到小的規劃程序，也就是說從主體程式架構的劃分，再到遊戲主程式

內部的劃分。不一樣的遊戲類型有不一樣的區分方式，即使是相同類型的遊戲，也會因為團隊的觀念不同，而有不一樣的劃分方式。但這都是演算法的實作與延伸應用。所以可以這麼認為：「資料結構加上演算法等於可執行的程式或專案。」

7-1-2 物件導向程式設計

對於一些較不複雜的問題，用結構化程式設計來解決是綽綽有餘。然而面對日趨複雜的軟體或問題，結構化程式設計顯然是不足以應付，因此物件導向程式設計模式便因應而生。「物件導向程式語言」（Object Oriented Programming，OOP）是由結構化程式語言發展而來，目的是解決日益複雜的問題，並解決結構化程式語言的模組不能重複使用之遺憾。

它是以「物件」為中心，強調「資料的獨立性」，並以此主導整個程式碼的架構。這些物件都各自擁有「屬性」（Attributes）、「行為」（Behavior）或使用「方法」（Method），狀態代表了物件所屬特徵的現在狀況，行為或方法則代表物件所具有的功能，使用者可依據物件的行為或使用方法來操作物件，進而取得或改變物件的狀態資料。

當我們將問題領域中的各個資料處理單元以物件的形式來呈現，並透過物件的操作與物件間的互動來完成整個系統功能的建置時，這個系統就已經具備了物件導向的基本精神，例如電玩遊戲中的角色互動。以物件導向的觀點來看，就是先建立類別，然後再於程式中引用這個類別來產生一個實體物件，並運用這個物件來完成整個程式。

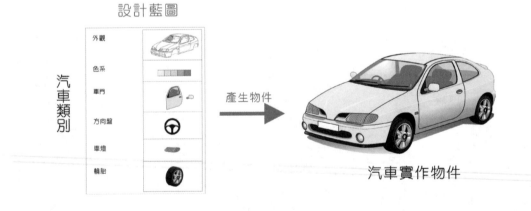

▲ 類別與物件的關係

由此可知，「類別」（Class）就像是設計藍圖，在這張設計圖裡，詳細記載了它所應具有的功能或特性，而物件則是依據此份設計圖所產生的實體。若這是個汽車的設計圖，那麼依據此圖所產生出來的就是汽車，而不會是機車。事實上，物件導向程式設計

模式，就是將問題實體分解成一個或多個物件，再依據需求加以組合。至於物件導向程式設計，具備了以下三種特性：

- **封裝（Encapsulation）**：將屬性與行為包入一個物件的過程，稱為「封裝」。也就是說，它的作用是將物件的功能細節加以隱藏，而只顯示出所提供的功能介面，例如您可以使用滑鼠來點選（Click）螢幕中的視窗，但是不需要了解滑鼠的內部構造，與滑鼠與電腦間的溝通方式。例如在 C++ 中，是以類別（Class）來實作抽象化資料型態（Abstract Data Type，ADT），物件內的資料只能由物件本身的函數來存取，其他物件內函數不可以直接存取資料，這樣的功能稱為「資訊隱蔽」（Information Hiding）。

- **繼承（Inheritacne）**：在以往程式設計語言，經常提供許多功能性的程式庫給程式設計師使用，不過一旦某些公用程式必須做調整，就得重新撰寫程式，這樣無法達到程式的重複使用性（Reusability）。而物件導向程式設計所支援的「繼承」性，正可提高程式的重複使用性。C++ 允許使用者建立新的類別來接收一個已存在類別的資料與方法，並且可視需要新增方法或修改繼承而來的方法，稱為覆載（Override）。

- **多形（Polymorphism）**：物件導向設計的重要特性，可讓軟體在發展和維護時，達到充份的延伸性。多形最直接的定義就是讓具有繼承關係的不同類別物件，可以呼叫相同名稱的成員函數，並產生不同的反應結果。如下圖同樣是計算長方形及圓形的面積與周長，就必須先定義長方形以及圓形的類別，當程式要畫出長方形時，主程式便可以根據此類別規格產生新的物件，如下圖所示：

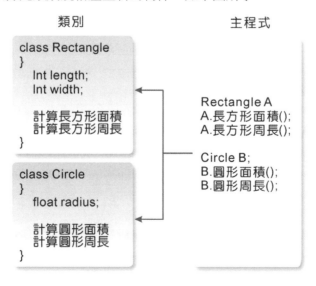

7-1-3　電腦儲存結構

電腦中的資料按照記憶體儲存的方式，可區分為以下兩種儲存結構。

🎮 靜態資料結構（Static Data Structure）

靜態資料結構又稱為「連續結構」（Contiguous Allocation）或「密集串列」（Dense List），例如陣列（Array）是一種典型的靜態資料結構，結構為一排緊密相鄰的可數記憶體，並提供一個能夠直接存取單一資料內容的方法。一個陣列元素可以表示成一個「索引」和「陣列名稱」，「索引」的功能用來表示該陣列元素是在記憶體空間的第幾號位置，而「陣列名稱」則是用來表示一塊位置緊密相鄰的記憶體空間起始位址。優點是設計相當簡單及讀取與修改串列中任一元素的時間都固定，缺點是記憶體配置在編譯時，就必須配置給相關的變數。因此必須事先宣告最大可能的固定空間，這樣容易造成記憶體的浪費，另外刪除或加入資料時，需要移動大量的資料。

🎮 動態資料結構（Dynamic Data Structure）

指動態的串列結構，是將具備線性串列特質的資料使用不連續記憶空間來儲存，並且在程式執行期間，依據程式碼的需求來動態配置記憶體空間。例如鏈結串列（Linked List），在電腦程式中就是由「指標變數」（Pointer）組成。優點是資料的插入或刪除都十分方便，不需要大量資料的移動，另外動態資料結構的記憶體配置是在執行時才發生，所以不需事先宣告，能夠充份節省記憶體，在此結構的生命週期中，可以動態的增大或縮小。例如在遊戲設計中，如果遇到像怪獸的死亡或復活這樣需要變動的資料，就非常適合。缺點就是設計資料結構時較為麻煩，另外在搜尋資料時，也無法隨機讀取資料，必須循序找到該資料為止。

7-1-4　鏈結串列

「鏈結串列」（Linked List）是由許多相同資料型態的項目，所組成的線性有序串列。其實可以把鏈結串列想像成火車，有多少人就只掛多少節的車廂，需要車廂時再跟系統要一個車廂，人少了就把車廂還給系統。鏈結串列也是一樣，有多少資料用多少記憶體空間，有新資料加入就向系統要一塊記憶體空間，資料刪除後，就把空間還給系統。

例如「單向鏈結串列」（Single Linked List）是鏈結串列中最常使用的一種，它就像火車箱一般，所有節點串成一列，而且指標所指的方向一樣。至於串列的組成基本要件為節點（Node），而且每一個節點不必儲存於連續記憶體位址，並且包含下面兩個基本欄位：

1. **資料欄位**

2. **鏈結欄位**

在「單向鏈結串列」中第一個節點是「串列指標首」，指向最後一個節點的鏈結欄位設為 NULL 表示它是「串列指標尾」，不指向任何地方。以下是使用鏈結串列處理遊戲人物的戰鬥力設計：

代號	角色名稱	戰鬥力指數
01	巴冷公主	85
02	百步蛇王	95
03	鬼族戰士	58
04	智長老	72
05	骷髏怪	69

首先您必須宣告節點資料型態，讓每一個節點包含一筆資料，並且包含指向下一筆資料，使所有資料能串在一起而形成一個單向鏈結串列，如下圖所示：

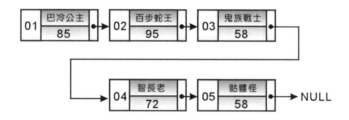

7-2　堆疊與佇列

資料結構學科中，堆疊（Stack）與佇列（Queue）是兩種相當典型的抽象資料型態，主要特性是一群相同資料型態的組合，並限制了資料插入與刪除的位置和方法。在遊戲程式實作的過程中，我們經常會利用堆疊與佇列來處理遊戲進行時大量的資料處理，由於兩者都是一種抽象資料型態（ADT），無論是陣列結構或串列結構（指標）都可以用來實作。

7-2-1 堆疊

「堆疊」是一群相同資料型態的組合，所有的動作均在堆疊頂端進行，具「後進先出」（Last In, First Out，LIFO）的特性。例如自助餐的餐盤由桌面往上一個一個疊放，且取用時由最上面先拿，這就是一種堆疊概念。

最簡單的定義如下：堆疊（Stack）是一群相同資料型態的組合，所有的加入和刪除動作均在頂端（Top）進行，具有後進先出（Last-In-First-Out，簡稱 LIFO）的特性，並符合以下五種工作定義：

CREATE	建立一個空堆疊。
PUSH	存放頂端資料，並傳回新堆疊。
POP	刪除頂端資料，並傳回新堆疊。
EMPTY	判斷堆疊是否為空堆疊，是則傳回 true，不是則傳回 false。
FULL	判斷堆疊是否已滿，是則傳回 true，不是則傳回 false。

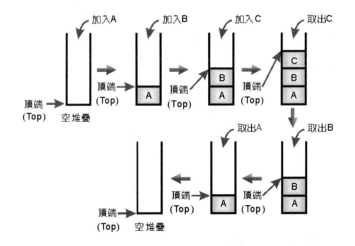

堆疊結構在電腦中的應用相當廣泛，時常被用來解決電腦的問題，例如遞迴程式的呼叫、副程式的呼叫、CPU 的中斷處理、算術式的中序法轉換等。至於在日常生活中的應用也隨處可以看到，例如大樓電梯、貨架上的貨品等等，都是類似堆疊的資料結構原理。

7-2-2　佇列

　　佇列則是「先進先出」（First In, First Out）的觀念，像各位在排隊買火車票時，先到有先買票的權利，這就是一種佇列的應用。最簡單的定義如下：佇列是一個有序的串列，所有的加入與刪除發生在串列的不同端；加入的一端為尾端（Rear），刪除一端稱為前端（Front），使其具有先進先出（First-In-First-Out，簡稱 FIFO）特性。另外佇列的基本運算可以具備以下五種工作定義：

CREATE	建立空佇列。
ADD	將新資料加入佇列的尾端，傳回新佇列。
DELETE	刪除佇列前端的資料，傳回新佇列。
FRONT	傳回佇列前端的值。
EMPTY	若佇列為空集合，傳回真，否則傳回偽。

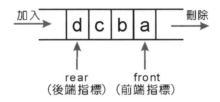

7-3　樹狀結構

　　樹狀結構是一種相當重要的非線性資料結構，廣泛運用在如人類社會的族譜或是機關組織、計算機上的 MS-DOS 和 Unix 作業系統、平面繪圖應用、遊戲設計等。對於一個遊戲程式而言，可以看成是「資料」與「邏輯」的集合體，而樹狀結構所延伸的邏輯應用，更是有著無與倫比的地位。首先來看樹（Tree）的定義：

1. 存在一個特殊的節點，稱為樹根（Root）。

2. 其餘的節點分為 nn 個互斥的集合，$T_1, T_2, T_3 \cdots T_n$，且每個集合稱為子樹。

所謂一棵合法的樹，就是符合由一個或一個以上的節點所組成，而且節點間可以互相連結，但不能形成無出口的迴圈。例如下圖就是一棵不合法的樹：

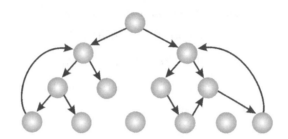

7-3-1　二元樹

「二元樹」（又稱 knuth 樹）是一種極為普遍的特殊樹狀結構，也是資料結構中相當重要的抽象資料型態。雖然二元樹可以用來表示任何樹，但樹與二元樹還是屬於不同的兩種物件，例如樹不能有零個節點，但二元樹可以，或者二元樹中有次序性，但樹沒有，另外樹的分支度為 $d \geq 0$，但二元樹的節點分支度必須為 $0 \leq d \leq 2$。二元樹是一種有序樹（Order Tree），並由節點所組成的有限集合，這個集合若不是空集合，就是由一個樹根與左子樹（Left Subtree）和右子樹（Right Subtree）所組成。如下圖所示：

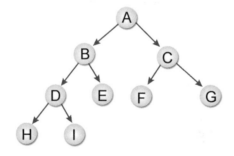

以下這兩個左右子樹都是屬於同一種樹狀結構，不過卻是二棵不同的二元樹結構，原因就是二元樹必須考慮到前後次序關係。這點請各位讀者特別留意：

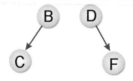

7-3-2 二元空間分割樹

「二元空間分割樹」（Binary Space Partitioning Tree，BSP Tree）是一種二元樹，每個節點有兩個子節點，也是一種遊戲空間分割的方法，通常被使用在平面的繪圖應用。因為物體與物體之間有位置上的相聯性，所以每一次當平面要重繪的時候，就必須要考慮到平面上的各個物體位置之關係，然後再加以重繪。BSP Tree 採取的方法就是在一開始將資料檔讀進來的時候，就將整個資料檔中的數據先建成一個二元樹的資料結構。如右圖所示：

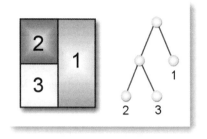

▲ 二元樹示意圖

二元樹節點裡面的資料結構是以平面來分割場景，多半應用在開放式空間。場景中會有許多物體，並以每個物體的每個多邊形當成一個平面，而每個平面會有正反兩個面，就可把場景分兩部分：先從第一個平面開始分，再從這分出的兩部分各別再以同樣方式細分，依此類推。所以當地形資料被讀進來的時候，BSP Tree 也會同時被建立了，不過只會建立一次而已。當視點開始移動時，平面景象就必須重新繪製，而重繪的方法就是以視點為中心，對此 BSP Tree 加以分析，只要在 BSP Tree 中，且位於此視點前方的話，它就會被存放在一個串列當中，最後只要依照串列的順序一個一個將它們繪製在平面上就可以了。

基本上，BSP 通常是用來處理遊戲中室內場景模型的分割，不只可用來加速位於視錐（Viewing Frustum）中物體的搜尋，也可以加速場景中各種碰撞偵測的處理，例如雷神之鎚引擎或毀滅戰士系列就是用這種方式開發。不過要提醒各位 BSP 最好還要經過轉換成平衡樹（Balanced Tree）的過程，才可以減少搜尋所花的時間。

> Tips　視錐可看成是場景中的一個三維空間，這個空間決定了模型將如何投影到螢幕上。如下圖所示：

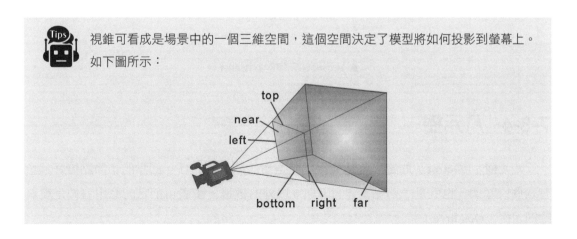

7-3-3 四元樹

二元樹的作法可以幫助資料分類，當然更多的分枝自然有更好的分類能力，如四元樹與八元樹，當然這也是屬於 BSP 觀念的延伸。可以用來加速計算遊戲世界畫面中的可見區域，與圖像處理技術有關的數據壓縮方法。

「四元樹」（Quadtree）就是樹的每個節點擁有四個子節點。許多遊戲場景的地面（Terrain）就是以四元樹來做地劃分，以遞迴的方式，軸心一致的將地形依四個象限分成四個子區域。如下所示：

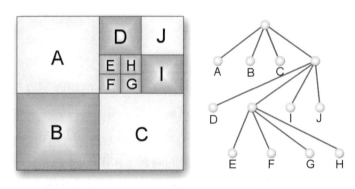

▲ 四元樹示意圖

四元樹在 2D 平面與碰撞偵測相當有用，以下的圖形是可能對應的 3D 地形，分割的方式是以地形面的斜率（利用平面法向量來比較）來做依據：

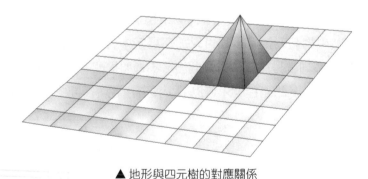

▲ 地形與四元樹的對應關係

7-3-4 八元樹

「八元樹」（Octree）的定義就是如果不為空樹的話，樹中任一節點的子節點恰好只會有八個或零個，也就是子節點不會有 0 與 8 以外的數目。讀者可把它的應用看做是雙層的四元樹（Quadtree）。

八元樹通常用在 3D 空間中的場景管理，多半適用在密閉或有限的空間，可以很快計算出物體在 3D 場景中的位置，或偵測與其他物體是否有碰撞的情況，並將空間作階層式的分割，形成一棵八元樹。當在分割的過程中，假如有一子空間中的物體數小於某個值，則不再分割下去。也就是說，八元樹的處理規則就是利用遞迴結構的方式來進行，在每個細分的層次上有著同樣規則的屬性。因此在每個層次上我們可以利用同樣的編列順序，以獲得整個結構元素由後到前的順序依據。

7-4 圖形結構

樹狀結構主要是描述節點與節點之間「層次」的關係，但是圖形結構卻是討論兩個頂點之間「相連與否」的關係。圖形除了被活用在資料結構中最短路徑搜尋、拓樸排序外，還能應用在系統分析中以時間為評核標準的計畫評核術（Performance Evaluation and Review Technique，PERT），又或者像一般生活中的「IC 板設計」、「交通網路規劃」等都可以看做是圖形的應用。

圖形理論起源於 1736 年，一位瑞士數學家尤拉（Euler）為了解決「肯尼茲堡橋梁」問題，所想出來的一種資料結構理論，這就是著名的七橋理論。簡單來說，就是有七座橫跨四個城市的大橋。尤拉所思考的問題是這樣的，「是否有人在只經過每一座橋梁一次的情況下，把所有地方走過一次而且回到原點。」

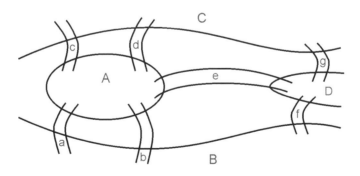

他先以頂點表示城市，以邊表示橋梁，並定義連接每個頂點的邊數稱為該頂點的分支度。如下圖所示：

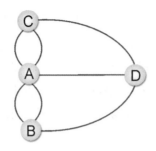

後來他發現不可能有人能在只經過每一座橋梁一次的情況下，把所有地方走過一次而且回到原點，因為在上圖中每個頂點的分支度都是奇數。只有在所有頂點的分支度皆為偶數時，才能從某頂點出發，經過每一邊一次，再回到起點，這就是有名的「尤拉環」（Eulerian Cycle）理論。但是如果條件改成從某頂點出發，經過每邊一次，不一定要回到起點，亦即只允許其中兩個頂點的分支度是奇數，其餘則必須全部為偶數，符合這樣的結果就稱為尤拉鏈（Eulerian Chain）。

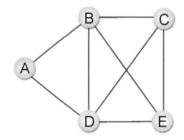

7-4-1 圖形追蹤

圖形的追蹤是從圖中的某一個頂點 V_x 開始，拜訪所有可以從 V_x 到達的頂點，在拜訪過程中可能會重複經過某些頂點，最大的功用是找出圖形的連通單元及路徑。定義如下：

一個圖形 $G=(V,E)$，存在某一頂點 $v \in V$，我們希望從 v 開始，經由此節點相鄰的節點而去拜訪 G 中其他節點，這稱之為圖形追蹤。

至於追蹤圖形的方法有二種：

🎮 先深後廣搜尋法（DFS）

從圖形的某一頂點開始走訪，被拜訪過的頂點就做上已拜訪的記號。接著走訪此頂點的所有相鄰且未拜訪過頂點中的任意一個頂點，並做上已拜訪的記號，再以該點為新

的起點繼續進行先深後廣的搜尋。這種圖形追蹤方法結合了遞迴及堆疊兩種資料結構的技巧，由於此方法會造成無窮迴路，所以必須加入一個變數，判斷該點是否已經走訪完畢。

🎮 先廣後深搜尋法（BFS）

先深後廣是利用堆疊及遞迴的技巧來走訪圖形，而先廣後深的走訪方式則是以佇列及遞迴技巧來走訪。先廣後深是從圖形的某一頂點開始走訪，被拜訪過的頂點就做上已拜訪的記號。接著走訪此頂點的所有相鄰且未拜訪過頂點中的任意一個頂點，並做上已拜訪的記號，再以該點為新的起點繼續進行先廣後深的搜尋。

我們可以利用以上原理，求取下圖的兩種圖形追蹤結果：

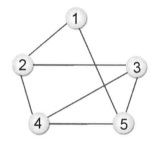

- **DFS**：頂點 1、頂點 2、頂點 3、頂點 4、頂點 5。
- **BFS**：頂點 1、頂點 2、頂點 5、頂點 3、頂點 4。

7-4-2　花費最小擴張樹

假設我們在圖形的邊加上一個權重（Weight）值，這種圖形就成為「加權圖形（Weighted Graph）」。如果這個權重值代表兩個頂點間的距離或成本，這類圖形就稱為網路。而在網路中找出一個具有最少代價的擴張樹，稱之為最小花費的擴張樹（MST），也就是擴張樹中成本最低的一棵。

在一個加權圖形中如何找到最小成本擴張樹是相當重要的，因為許多工作都可以由圖形來表示，尤其在遊戲程式的地圖或故事腳本中，例如主角從魔宮走到關卡的距離或花費等等。

在此我們將以「貪婪法則」（Greedy Rule）為基礎來求得一個無向連通圖形中的最小花費樹的常見建立方法，也就是 Prim's 演算法及 Kruskal's 演算法。

🎮 Prim's 演算法

Prim's 演算法又稱 P 氏法，對一個加權圖形 G=(V,E)，設 V={1,2,……n}，假設 U={1}，也就是說，U 及 V 是兩個頂點的集合。然後從 U-V 差集所產生的集合中找出一個頂點 x，該頂點 x 能與 U 集合中的某點形成最小成本的邊，且不會造成迴圈。然後將頂點 x 加入 U 集合中，反覆執行同樣的步驟，一直到 U 集合等於 V 集合（即 U=V）為止。

接下來，我們將實際利用 P 氏法求出下圖的最小成本擴張樹。

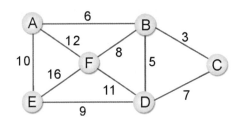

Step 1 V=ABCDEF，U=A，從 V-U 中找一個與 U 路徑最短的頂點。

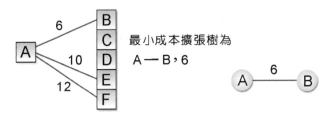

Step 2 把 B 加入 U，在 V-U 中找一個與 U 路徑最短的頂點。

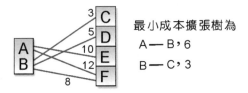

Step 3 把 C 加入 U，在 V-U 中找一個與 U 路徑最短的頂點。

Step 4 把 D 加入 U，在 V-U 中找一個與 U 路徑最短的頂點。

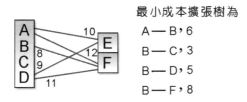

最小成本擴張樹為
A — B，6
B — C，3
B — D，5
B — F，8

Step 5 把 F 加入 U，在 V-U 中找一個與 U 路徑最短的頂點。

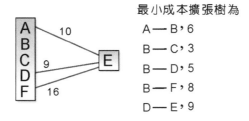

最小成本擴張樹為
A — B，6
B — C，3
B — D，5
B — F，8
D — E，9

Step 6 最後可得到最小成本擴張樹為：{A — B，6}{B — C，3}{B — D，5}{B — F，8}{D — E，9}

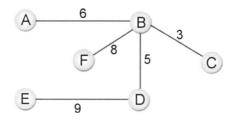

🎮 Kruskal's 演算法

Kruskal's 演算法是將各邊線依照權值大小由小到大排列，接著從權值最低的的邊線開始架構最小成本擴張樹，如果加入的邊線會造成迴路則捨棄不用，直到加入了 n-1 個邊線為止。有一網路 G=(V,E)，V={1,2,3,…n}，有 n 個頂點。E 中每一邊皆有成本，T=(V,∮) 表示開始時 T 沒有邊。首先從 E 中找有最小成本的邊；若此邊加入 T 中不會形成循環，則將此邊從 E 刪除並加入 T 中，直到 T 含有 n-1 邊為止。

我們直接來看以 K 氏法得到範例下圖中最小成本擴張樹：

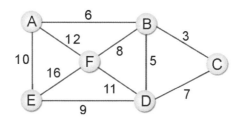

Step 1 把所有邊線的成本列出並由小到大排序：

起始頂點	終止頂點	成本
B	C	3
B	D	5
A	B	6
C	D	7
B	F	8
D	E	9
A	E	10
D	F	11
A	F	12
E	F	16

Step 2 選擇成本最低的一條邊線作為架構最小成本擴張樹的起點。

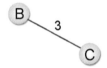

Step 3 依 Step 1 所建立的表格，依序加入邊線。

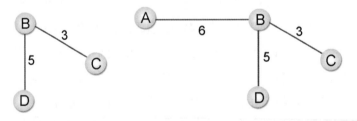

Step 4 C — D 加入會形成迴路，所以直接跳過。

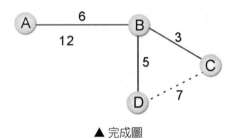

▲ 完成圖

7-4-3 最短路徑

最短路徑的功用是在眾多不同的路徑中，找尋行經距離最短、或者所花費成本最少的路徑。最傳統的應用是在公共交通運輸或網路架設上可能的開始時間的最短路徑問題，如都市運輸系統、鐵道運輸系統、通信網路系統等。

例如智慧型手機中常見的衛星導航系統（Global Positioning System，GPS），就是透過衛星與地面接收器，達到傳遞方位訊息、計算路程、語音導航與電子地圖等功能。其中路程的計算就以最短路徑的理論為程式設計上的依歸，提供旅行者路徑選擇方案，增加駕駛者選擇的彈性。基本上，上節中所說明的花費最少擴張樹（MST），是計算連繫網路中每一個頂點所須的最少花費，但連繫樹中任兩頂點的路徑倒不一定是一條花費最少的路徑，這也是本節將研究最短路徑問題的主要理由。一般討論的方向有兩種：

(1) 單點對全部頂點（Single Source All Destination）。

(2) 所有頂點對兩兩之間的最短距離（All Pairs Shortest Paths）。

🎮 單點對全部頂點

一個頂點到多個頂點通常使用 Dijkstra 演算法求得，Dijkstra 的演算法如下：

假設 $S=\{V_i|V_i \in V\}$，且 V_i 在已發現的最短路徑，其中 $V_0 \in S$ 是起點。

假設 $w \notin S$，定義 Dist(w) 是從 V_0 到 w 的最短路徑，這條路徑除了 w 外必屬於 S。且有下列幾點特性：

- 如果 u 是目前所找到最短路徑之下一個節點，則 u 必屬於 V-S 集合中最小花費成本的邊。

- 若 u 被選中，將 u 加入 S 集合中，則會產生目前的由 V_0 到 u 最短路徑，對於 $w \notin S$，DIST(w) 被改變成 DIST(w) ← Min{DIST(w),DIST(u)+COST(u,w)}

從上述的演算法我們可以推演出如下的步驟：

Step 1

G=(V,E)

D[k]=A[F,k] 其中 k 從 1 到 N

S={F}

V={1,2,……N}

D 為一個 N 維陣列用來存放某一頂點到其他頂點最短距離，

F 表示起始頂點，

A[F,I] 為頂點 F 到 I 的距離，

V 是網路中所有頂點的集合，

E 是網路中所有邊的組合，

S 也是頂點的集合，其初始值是 S={F}。

Step 2 從 V-S 集合中找到一個頂點 x，使 D(x) 的值為最小值，並把 x 放入 S 集合中。

Step 3 依公式 D[I]=min(D[I],D[x]+A[x,I]) 其中 (x,I)∈E 來調整 D 陣列的值，其中 I 是指 x 的相鄰各頂點。

Step 4 重複執行步驟 2，一直到 V-S 是空集合為止。

我們直接來看一個例子，請找出下圖中，頂點 5 到各頂點間的最短路徑。

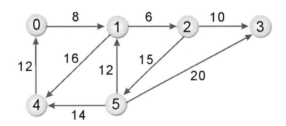

做法相當簡單，首先由頂點 5 開始，找出頂點 5 到各頂點間最小的距離，到達不了以 ∞ 表示。步驟如下：

Step 1 D[0]= ∞,D[1]=12,D[2]= ∞,D[3]=20,D[4]=14。在其中找出值最小的頂點，加入 S 集合中：D[1]。

Step 2 D[0]= ∞,D[1]=12,D[2]=18,D[3]=20,D[4]=14。D[4] 最小，加入 S 集合中。

Step 3 D[0]=26,D[1]=12,D[2]=18,D[3]=20,D[4]=14。D[2] 最小，加入 S 集合中。

Step 4 D[0]=26,D[1]=12,D[2]=18,D[3]=20,D[4]=14。D[3] 最小，加入 S 集合中。

Step 5 加入最後一個頂點即可到下表：

步驟	S	0	1	2	3	4	5	選擇
1	5	∞	12	∞	20	14	0	1
2	5,1	∞	12	18	20	14	0	4
3	5,1,4	26	12	18	20	14	0	2
4	5,1,4,2	26	12	18	20	14	0	3
5	5,1,4,2,3	26	12	18	20	14	0	0

由頂點 5 到其他各頂點的最短距離為：

頂點 5 - 頂點 0：26

頂點 5 - 頂點 1：12

頂點 5 - 頂點 2：18

頂點 5 - 頂點 3：20

頂點 5 - 頂點 4：14

🎮 兩兩頂點間的最短路徑

由於 Dijkstra 的方法只能求出某一點到其他頂點的最短距離，如果要求出圖形中任何兩點，甚至所有頂點間最短的距離，就必須使用 Floyd 演算法。

Floyd 演算法定義：

(1) $A^k[i][j]=\min\{A^{k-1}[i][j],A^{k-1}[i][k]+A^{k-1}[k][j]\}$，$k \geq 1$

    k 表示經過的頂點，$A^k[i][j]$ 為從頂點 i 到 j 的經由 k 頂點的最短路徑。

(2) $A^0[i][j]=COST[i][j]$（即 A^0 便等於 COST）。

(3) A^0 為頂點 i 到 j 間的直通距離。

(4) $A^n[i,j]$ 代表 i 到 j 的最短距離，即 A^n 便是我們所要求的最短路徑成本矩陣。

這樣看起來 Floyd 演算法似乎相當複雜難懂，我們將直接以實例說明它的演算法則。例如以 Floyd 演算法求得下圖各頂點間的最短路徑：

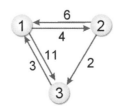

Step 1 找到 $A^0[i][j]=COST[i][j]$，A^0 為不經任何頂點的成本矩陣。若沒有路徑則以為（無窮大）表示。

$$
\begin{array}{c|ccc}
A^0 & 1 & 2 & 3 \\
\hline
1 & 0 & 4 & 11 \\
2 & 6 & 0 & 2 \\
3 & 3 & \infty & 0 \\
\end{array}
$$

Step 2 找出 $A1[i][j]$ 由 i 到 j，經由頂點 1 的最短距離，並填入矩陣。

$A^1[1][2]=\min\{A^0[1][2],A^0[1][1]+A^0[1][2]\}$
$\quad\quad\quad=\min\{4,0+4\}=4$

$A^1[1][3]=\min\{A^0[1][3],A^0[1][1]+A^0[1][3]\}$
$\quad\quad\quad=\min\{11,0+11\}=11$

$A^1[2][1]=\min\{A^0[2][1],A^0[2][1]+A^0[1][1]\}$
$\quad\quad\quad=\min\{6,6+0\}=6$

$A^1[2][3]=\min\{A^0[2][3],A^0[2][1]+A^0[1][3]\}$
$\quad\quad\quad=\min\{2,6+11\}=2$

$A^1[3][1]=\min\{A^0[3][1],A^0[3][1]+A^0[1][1]\}$
$\quad\quad\quad=\min\{3,3+0\}=3$

$A^1[3][2]=\min\{A^0[3][2],A^0[3][1]+A^0[1][2]\}$
$\quad\quad\quad=\min\{=,3+4\}=7$

依序求出各頂點的值後可以得到 A^1 矩陣：

$$
\begin{array}{c|ccc}
A^1 & 1 & 2 & 3 \\
\hline
1 & 0 & 4 & 11 \\
2 & 6 & 0 & 2 \\
3 & 3 & 7 & 0 \\
\end{array}
$$

Step 3 求出 $A^2[i][j]$ 經由頂點 2 的最短距離。

$A^2[1][2]=\min\{A^1[1][2],A^1[1][2]+A^1[2][2]\}$
$\quad\quad\quad=\min\{4,4+0\}=4$

$$A^2[1][3]=\min\{A^1[1][3],A^1[1][2]+A^1[2][3]\}$$
$$=\min\{11,4+2\}=6$$

依序求其他各頂點的值可得到 A^2 矩陣

A^2	1	2	3
1	0	4	6
2	6	0	2
3	3	7	0

Step 4 算出 $A^3[i][j]$ 經由頂點 3 的最短距離。

$$A^3[1][2]=\min\{A^2[1][2],A^2[1][3]+A^2[3][2]\}$$
$$=\min\{4,6+7\}=4$$

$$A^3[1][3]=\min\{A^2[1][3],A^2[1][3]+A^2[3][3]\}$$
$$=\min\{6,6+0\}=6$$

依序求其他各頂點的值可得到 A^3 矩陣

A^3	1	2	3
1	0	4	6
2	5	0	2
3	3	7	0

完 成 所有頂點間的最短路徑為矩陣 A^3 所示。

由上例可知，一個加權圖形若有 n 個頂點，則此方法必須執行 n 次迴圈，逐一產生 $A^1,A^2,A^3,\cdots\cdots A^k$ 個矩陣。但因 Floyd 演算法較為複雜，讀者也可以用上一小節所討論的 Dijkstra 演算法，依序以各頂點為起始頂點。

7-4-4 A* 演算法

前面所介紹的 Dijkstra's 演算法在尋找最短路徑的過程中算是一個較不具效率的作法，那是因為這個演算法在尋找起點到各頂點的距離的過程中，不論哪一個頂點，都要實際去計算起點與各頂點間的距離，來取得最後的一個判斷，到底哪一個頂點距離與起點最近。

也就是說 Dijkstra's 演算法在帶有「權重值」（Cost Value）的有向圖形間的最短路徑的尋找方式，只是簡單地做廣度優先的搜尋工作，完全忽略許多有用的資訊，這種搜尋演

算法會消耗許多系統資源,包括 CPU 時間與記憶體空間。其實如果能有更好的方式幫助我們預估從各頂點到終點的距離,善加利用這些資訊,就可以預先判斷圖形上有哪些頂點離終點的距離較遠,而直接略過這些頂點的搜尋,這種更有效率的搜尋演算法,絕對有助於程式以更快的方式決定最短路徑。

在這種需求的考量下,A* 演算法可以說是一種 Dijkstra's 演算法的改良版,它結合了在路徑搜尋過程中從起點到各頂點的「實際權重」及各頂點預估到達終點的「推測權重」(或稱為試探權重 Heuristic Cost)兩項因素,這個演算法可以有效減少不必要的搜尋動作,以提高搜尋最短路徑的效率。

▲ Dijkstra's 演算法 A* 演算(Dijkstra's 演算法的改良版)

因此 A* 演算法也是一種最短路徑演算法,和 Dijkstra's 演算法不同的是 A* 演算法會預先設定一個「推測權重」,並在找尋最短路徑的過程中,將「推測權重」一併納入決定最短路徑的考慮因素。所謂「推測權重」就是根據事先知道的資訊來給定一個預估值,結合這個預估值,A* 演算法可以更有效率搜尋最短路徑。

例如在尋找一個已知「起點位置」與「終點位置」的迷宮的最短路徑問題中,因為事先知道迷宮的終點位置,所以可以採用頂點和終點的歐氏幾何平面直線距離(Euclidean Distance),即數學定義中的平面兩點間的距離:$D = \sqrt{(x1-x2)^2 + (y1-y2)^2}$)作為該頂點的推測權重。

A* 演算法在計算從起點到各頂點的權重,會同步考慮從起點到這個頂點的實際權重,再加上該頂點到終點的推測權重,以推估出該頂點從起點到終點的權重。再從其中選出一個權重最小的頂點,並將該頂點標示為已搜尋完畢。反覆進行同樣的步驟,一直到抵達終點,才結束搜尋的工作,就可以得到最短路徑的最佳解答。實作 A* 演算法的主要步驟,摘要如下:

Step 1 首先決定各頂點到終點的「推測權重」。「推測權重」的計算方式可以採用各頂點和終點之間的直線距離，採用四捨五入後的值，直線距離的計算函數，可從上述三種距離的計算方式擇一。

Step 2 分別計算從起點可抵達的各個頂點的權重，其計算方式是由起點到該頂點的「實際權重」，加上該頂點抵達終點的「推測權重」。計算完畢後，選出權重最小的點，並標示為搜尋完畢的點。

Step 3 接著計算從搜尋完畢的點出發到各點的權重，並從其中選出一個權重最小的點，再將其標示為搜尋完畢的點。以此類推…，反覆進行同樣的計算過程，一直到抵達最後的終點。

　　A* 演算法適用於可以事先獲得或預估各頂點到終點距離的情況，但是萬一無法取得各頂點到目的地終點的距離資訊時，就無法使用 A* 演算法。因此 A* 演算法常被應用在遊戲軟體開發中的玩家與怪物兩種角色間的追逐行為，或是引導玩家以最有效率的路徑及最便捷的方式，快速突破遊戲關卡。

▲ A* 演算法常被應用在遊戲中角色追逐與快速突破關卡的設計

7-4-5　路徑演算法

　　路徑演算法就是圖形應用的一種，在遊戲中佔有相當重要的地位。不管是 RPG、SLG、益智類型遊戲都會使用到路徑演算法。事實上，遊戲地圖中的路徑演算都是以四方向移動為主，也就是上、下、左、右四個方向，也就是說斜角格子是不能直接移動的，請參照下圖：

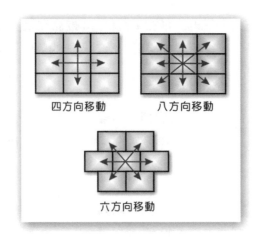

遊戲中所用的路徑演算法有許多種，以下要介紹的逼近法可以說是最簡單直覺的演算法，也就是直接以目前的座標漸漸朝目的座標移動的方式計算，因此常用在遊戲地圖中沒有任何障礙物的環境，例如空氣中、水中等。在下圖中，如果玩家要從 A 點到 B 點有三種計算方式，以路徑 1 來說，先對 Y 軸逼近，再對 X 軸作逼近就可以得到路徑 1 的行走路線；路徑 2 是先對 X 軸作逼近的結果。至於路徑 3 的計算方式是比較 X 跟 Y 的距離比例，由差異值最高的軸向最先逼近，在過程中因為 XY 的差異比例會變化而變成各位所看到的路徑 3，如下圖所示：

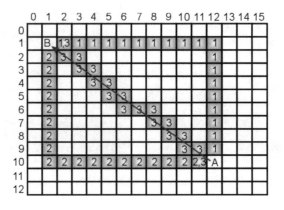

雖然三種路徑的行走距離都是一樣長，在過程中因為 XY 的差異比例會變化而變成我們所看到的路徑 3，感覺上逼近法似乎就很不錯了。不過在下圖中，各位可以看到在第 14 步的時候逼近法就已經失效了，不管是 X 軸或 Y 軸都沒有辦法依照原本的演算式計算，如下圖所示：

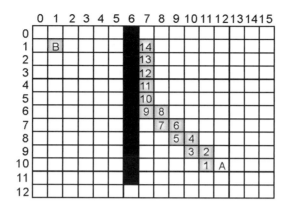

　　因此可見逼近法只是在計算路徑的簡單工具，實在沒有辦法應付複雜的地形，而需要借用其他的演算法來獲得解決。在此介紹只是給各位有關路徑演算法的基本概念。

7-5　排序理論

　　「排序」（Sorting）功能對於電腦相關領域而言，是一種非常重要且普遍的工作。所謂「排序」，就是將一群資料按照某一個特定規則重新排列，使其具有遞增或遞減的次序關係。按照特定規則，用以排序的依據，我們稱為鍵（Key），它所含的值就稱為「鍵值」。甚至在遊戲程式設計中，經常會利用到排序的技巧，例如在處理多邊形模型中的隱藏面消除的過程時，不管場景中的多邊形有沒有擋住其他的多邊形，只要按照從後面到前面順序的光柵化圖形就可以正確顯示所有可見的圖形，這時可以沿著觀察方向，按照多邊形的深度資訊對它們進行排序處理。一個好的遊戲程式設計師，就要懂得適時的使用這些與遊戲相關的排序演算法。

7-5-1　氣泡排序法

　　氣泡排序可說是最簡單方便的排序法之一，屬於「交換排序」（Swap Sort）的方法，是由觀察水中氣泡變化構思而成，氣泡隨著水深壓力而改變。氣泡在水底時，水壓最大，氣泡最小；當慢慢浮上水面時，發現氣泡由小漸漸變大。氣泡排序法的比較方式是由第一個元素開始，比較相鄰元素大小，若大小順序有誤，則對調後再進行下一個元素

的比較。如此掃描過一次之後就可確保最後一個元素是位於正確的順序。接著再逐步進行第二次掃描，直到完成所有元素的排序關係為止。

以下排序我們利用 6、4、9、8、3 數列的排序過程，主要是一開始資料都放在同一個陣列中，比較相鄰的陣列元素大小，依照排序來決定是否交換彼此的值，這樣的比較從輸入陣列的第一個元素開始，跟相鄰元素比大小，要求陣列遞增排序，所以較大的元素會逐漸地往上方移動。如此在經過了 5-1 次迴圈之後，所有的資料排序已經完成了。各位可以清楚知道氣泡排序法的演算流程。

由小到大排序：

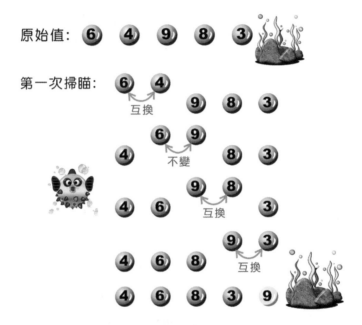

第一次掃描會先拿第一個元素 6 和第二個元素 4 作比較，如果第二個元素小於第一個元素，則作交換的動作。接著拿 6 和 9 作比較，就這樣一直比較並交換，到第 4 次比較完後即可確定最大值在陣列的最後面。

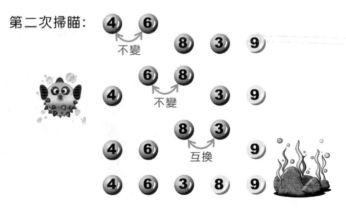

第二次掃描亦從頭比較起，但因最後一個元素在第一次掃描就已確定是陣列最大值，故只需比較 3 次即可把剩餘陣列元素的最大值排到剩餘陣列的最後面。

第三次掃描完，完成三個值的排序。

第四次掃描完，即可完成所有排序。

7-5-2 快速排序法

「快速排序法」又稱「分割交換排序法」，是目前公認最佳的排序法，平均表現是我們所介紹的排序法中最好的，目前為止至少快兩倍以上。它的原理和氣泡排序法一樣都是用交換的方式，主要的原理是利用遞迴概念，將陣列分成二部份：不過它會先在資料中找到一個虛擬的中間值，把小於中間值的資料放在左邊而大於中間值的資料放在右邊，再以同樣的方式分別處理左右兩邊的資料，直到完成為止。

假設有 n 筆記錄 $R_1,R_2,R_3\cdots R_n$，其鍵值為 $k_1,k_2,k_3\cdots k_n$。快速排序法的步驟如下：

Step 1　取 K 為第一筆鍵值。

Step 2　為由左向向找出一個鍵值 K_i 使得 $K_i>K$。

Step 3　由右向左找出一個鍵值 K_j 使得 $K_j<K$。

Step 4　若 i<j 則 K_i 與 K_j 交換，並繼續步驟（2）的執行。

Step 5　若 i≥j 則將 K 與 K_j 交換，並以 j 為基準點將資料分為左右兩部份。並以遞迴方式分別為左右兩半進行排序，直至完成排序。

下面為您示範快速排序法將下列資料的排序過程。

因為 i<j 故交換 K_i 與 K_j，然後繼續比較：

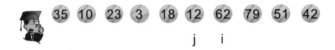

因為 i<j 故交換 K_i 與 K_j，然後繼續比較：

35 10 23 3 18 12 62 79 51 42

因為 i≥j 故交換 K 與 K_j，並以 j 為基準點分割成左右兩半：

[12 10 23 3 18] 35 [62 79 51 42]

由上述這幾個步驟，各位可以將小於鍵值 K 放在左半部；大於鍵值 K 放在右半部，依上述的排序過程，針對左右兩部份分別排序。過程如下：

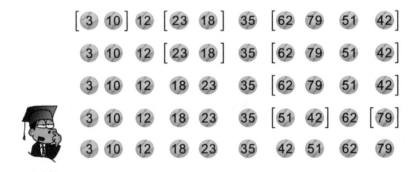

課後評量

1. 試列舉在遊戲程式設計中排序的應用。

2. 試簡單說明二元空間分割樹與平面繪圖的應用。

3. 請敘述四元樹與八元樹的基本原理。

4. 請簡單說明樹狀結構的定義與列出 3 種以上在遊戲中的可能應用。

5. 請簡述二元樹的定義。

6. 堆疊的定義為何？

7. 何謂鏈結串列（Linked List），試說明之。

8. 請說明圖形的定義。

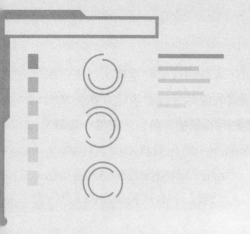

08

細說遊戲引擎

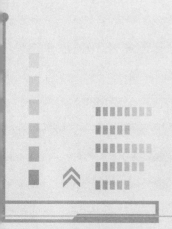

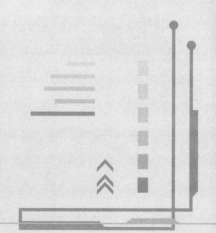

　　在現實生活當中，引擎就好比汽車的心臟，影響著車子本身的性能與速度，並決定車子的穩定性和特有性能，而車子的行駛速度與駕駛者操縱的優越感都必須建立在引擎的基礎上。遊戲引擎是一種概略名稱，玩家在遊戲中所體驗到的劇情、角色、美工、音樂、動畫及操作方式等內容都是經由遊戲引擎所直接控制。有些引擎只負責處理 3D 圖像，比如雷神之槌（Quake3）、毀滅戰士（Doom3）遊戲。而若在遊戲開發過程中，可提供繪圖引擎函式庫，那程式設計師就不需浪費大量時間去處理繁雜的 3D 繪圖與成像工作，可以專注於遊戲程式的細節與效能設計。

▲ id Software 是 Doom 及 Quake 系列的研發商

　　遊戲引擎包含了圖形、音效、控制裝置、網路、人工智慧與物理模擬等功能，遊戲公司可透過穩定的遊戲引擎來開發遊戲，省下大量研發時間。例如本公司曾花費高達 1200 萬台幣開發巴冷公主的 3D ARPG 引擎，事後評估若當時直接購買專業的遊戲引擎，成本上會划算許多。下圖是巴冷引擎執行時畫面的成像度：

8-1 遊戲引擎的角色

「遊戲引擎」（Game Engine）在遊戲中到底扮演什麼角色？它對於遊戲未來發展產生了哪些影響呢？簡單的說，有了一套好的遊戲引擎，遊戲程式設計師便可以專注於遊戲程式的細節與效能設計。遊戲引擎在一套遊戲中扮演的角色，和汽車引擎類似，各位不妨把遊戲引擎看成是事先精心設計的程式庫搭配一些對應的工具，舉凡遊戲中的劇情表現、畫面呈現、碰撞的計算、物理系統、相對位置、動作表現、玩家輸入行為、音樂及音效撥放等動作，都必須由遊戲引擎直接控制。

在遊戲產業發展最輝煌的時期，每一家遊戲廠商幾乎都只關心要如何多開發出一些新款的遊戲，以及費盡心思要將這些遊戲賣給玩家。儘管當時大部份的遊戲都顯得有點簡單而且粗糙，但是每一款遊戲平均開發時間最少也要長達到八、九個月，一方面受到當時成像技術的限制，另一方面也因為幾乎都要從頭撰寫新的程式碼，以至於造成了大量重複程式碼不斷地產生。

8-1-1 遊戲引擎的特性

因此一些遊戲開發者開始著手研究較為節省成本的方式，就是將前一款類似題材遊戲中某些部分的程式碼，拿來做為新遊戲的基本框架，以降低開發時間與成本，這也是早期發展遊戲引擎的主要目的。像是日本 ENIX 公司（2003 年和 SQUARE 合併成 Square Enix）從 1986 年開始推出的勇者鬥惡龍系列，從第一代到第四代，都是使用相同的遊戲引擎製作。

使用遊戲引擎雖然比從設計底層製作來得容易，但仍有許多困難存在。目前市面上的遊戲引擎往往伴隨著昂貴的授權金，一般企業根本無法負擔。基本上，每一款遊戲都有屬於自己的引擎，不過一套遊戲的引擎要能夠真正獲得其他人的肯定，並且成為爾後製作遊戲的一項標準的實在不多。由於早期引擎開發的難度不高，遊戲公司通常都選擇自行開發符合自己產品製作需求的遊戲引擎。

由於目前有幾種主機平台上可以執行遊戲，再加上每一種遊戲平台有其基本的市場佔有率，因此大部份遊戲開發廠商會考慮除了單一主機平台外，也會在設計階段將跨平台的因素考慮進去，達到設計單一遊戲，卻可以在各種不同平台環境正常執行，以擴大此遊戲的市場佔有率。

　　不過由於各種遊戲主機平台的硬體設計不完全相同，如果希望所設計出來的遊戲可以達到跨平台的目的，就必須設法將與平台相關的程式碼寫入遊戲引擎的函式庫中。另外對於 3D 遊戲引擎的設計上，也必須考慮目前市面上玩家所使用的各種 3D 圖形加速晶片，因為這會影響到整個遊戲的流暢度。

　　時至今日，遊戲引擎越來越專業複雜，所呈現的分工效果也越來越驚人。針對如音效、網路、人工智慧、影像與物理運算等不同需求部分，有許多不同的引擎被開發出來，就像框架打好後，關卡設計師、建模師、動畫師就可往裡面填充內容，讓遊戲設計公司能快速解決各個部分的開發問題。雖然有許多好處，但往往都是使用複雜的 API 或函式庫，而函式庫的使用對一般程式人員來說複雜度還是過高，增加了開發困難度。例如 Valve 公司推出的「戰慄時空 2」（Half-life 2），裡面的物理運算即是使用 Havok 物理引擎，其他則搭配由 Valve 公司自行研發的 Source 引擎來建構整個遊戲。

8-1-2　遊戲引擎發展史

　　儘管 2D 引擎也有著相當久遠的歷史，例如「Planescape：Torment」（中譯名為「異域鎮魂曲」）、「Baldur's Gate」（中譯名為「博德之門」），但是上述遊戲引擎的應用範圍畢竟還是被侷限在『龍與地下城』風格的角色扮演遊戲。嚴格來說，遊戲引擎的真正誕生是起源於西元 1992 年。當時「德軍總部」這款遊戲開創了第一人稱射擊遊戲的大門。由其首推在遊戲中以 X 與 Y 軸的基礎上再增加了一個 Z 軸座標，由寬度與高度所構成的平面上增加了一個向前與向後的深度空間，這個具有 Z 軸的遊戲畫面對於一些習慣於 2D 遊戲的玩家們來說是史無前例的驚喜。

▲ Wolfenstein 3D

　　在遊戲引擎誕生的初期，id Software 公司又發行了另一款非常成功的第一人稱射擊遊戲一毀滅戰士（Doom），儘管「毀滅戰士」遊戲的關卡還是維持在二維空間，不過它的引擎可以在牆壁的厚度上做出任意的變化，而且路徑的角度也可以設定成任何的度量。即使 Doom 引擎在遊戲畫面上缺乏了足夠的細膩感，但是卻可以表現出驚人的臨場環境特效。

　　1993 年年底，Raven 公司取得 Doom 引擎的授權，這也成為第一個對外授權的商業引擎。畢竟在此之前，遊戲引擎只是做為一種自做自銷的開發工具，從來沒有一家遊戲廠商有考慮過要依靠遊戲引擎來賺錢，由於 Doom 引擎的成功，無疑也為遊戲產業打開了另一片新天地。

　　接著於 1994 年，3D Realms（原名為 Apogee）公司使用了一個名為 Build 的引擎，並開發了毀滅公爵（Duke Nukem 3D）遊戲，這款遊戲具備了所有第一人稱射擊遊戲的所有標準技術。在毀滅公爵推出後不久，id Software 推出了雷神之槌（Quake），為 3D 引擎帶來相當突破性的發展。Quake 引擎不但是當時第一款完全支援多邊形模型，還是連線遊戲的始祖。在 Quake 推出的一年之後，id Software 公司又推出「雷神之鎚 2」（Quake2）的遊戲，一舉確立了 id Software 公司在 3D 引擎市場上霸主的地位。

　　雷神之鎚 2 的引擎可以更充分地利用 3D 的加速效果與 OpenGL 的技術，在圖形成像和網路方面也與前作有了更佳的效果支援。id Software 公司意識到第一人稱的遊戲要人與人之間的互動才有趣，於是在 Quake2 引擎的架構上加入許多網路機制的成分，破天荒地順勢推出了一款完全沒有單人過關模式的網路遊戲——「雷神之鎚 3 之競技場」（Quake 3 Arena），這個引擎直到多年後仍然被一些主流遊戲選用。

　　在此還要補充一點，正當 Quake2 獨霸整個遊戲引擎市場的時候，Epic 遊戲公司的「Unreal」（中譯名為「虛幻」）問世了。雖然當時的「虛幻」遊戲只能在 300×200 的解析度下運行，但也呈現出相當驚人的畫面與效果，除了可以看到精緻的建築物之外，也可以看到許多出色的特效。「虛幻」的遊戲引擎可能是當時被使用最廣的一款引擎。介紹至此，我們大致知道遊戲引擎的進化過程非常地複雜且辛苦，不過對於遊戲而言，它創造出遊戲在品質上的提升，且以遊戲的技術層面來說，遊戲引擎也在不斷地突破新的技術。

▲ Unreal Tournament 的遊戲畫面

8-1-3 免費的 Unreal 引擎

從遊戲引擎的發展史可以看出，這幾年所推出的幾部引擎依舊是延續了近幾年來的發展趨勢，一方面不斷地追求遊戲中的真實互動效果，例如 MAX-FX 引擎是第一款支援輻射光影成像技術（Radiosity Lighting）的引擎，能對物體營造出一種十分真實的光影效果，另一個特點就是它具有高超的人工智慧演算。

▲ 畫面的精細度會影響遊戲執行的流暢度

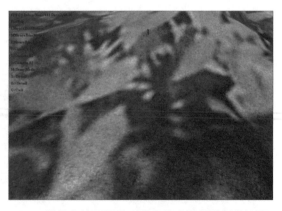

▲ 3D 遊戲在鏡頭設計不當會造成操控機制的缺陷

　　由於遊戲引擎不斷地進化，一個好的遊戲引擎可以提供跨平台的遊戲開發平台，因此目前利用 3D 遊戲引擎來開發遊戲，可提高程式碼的重用性，並為遊戲開發商降低成本，已經成為一股新的遊戲開發的趨勢。現今的遊戲研發商有了兩種分類：一種是完全投入遊戲引擎的開發；另一種則購買現成的引擎來製作遊戲。許多優秀的遊戲開發者正在退出遊戲開發的市場，並轉而進入引擎授權的時代，加之遊戲引擎不斷地演進，而使得遊戲的技術品質越來越高，如同之前所說的一樣，遊戲引擎相當於遊戲的框架，在框架基礎打好以後，只需在框架內設定其內容就可以了。

　　例如 Unity 3D 是廣泛被業界使用的跨平台直覺式的遊戲引擎，以 3D 為主的開發環境，且開發介面是以所見即所得呈現，可用於開發 Windows、MacOS、Linux 單機遊戲，或是 iOS、Android 等行動裝置的遊戲，甚至可以在網頁瀏覽器安裝外掛程式後即可開發線上遊戲。使用 Unity 來開發遊戲不必具有太專業的程式技術，還能夠跟其他廠牌的多媒體製作工具與 Plug In 搭配，包括 3D 建模、動畫、手繪軟體等，而且支援 Ageia PhysX 物理引擎、粒子系統、光影材質編輯、地形編輯器等，並且可以透過 RakNet 支援網路多人連線的功能，與擁有支援 DirectX 與 OpenGL 的圖形最佳化技術。

　　由於 Unity 3D 操作簡易，開發成本非常便宜，但同時卻擁有華麗精彩的 3D 效果，都賦予玩家強烈的視覺享受，即使是個人工作室製作遊戲也不再是夢想，相當受到遊戲業界的歡迎，整套專業版 Unity 3D pro 的價格約在 3000 美元上下，最新版本為 Unity LTS，各位可先從官方網站下載 Unity 試用版（http://unity3d.com/unity/download）。

▲ 網路上有許多很實用的 Unity 教學網站

至於 Unreal 引擎是 Epic Games 在 1998 年為了第一人稱射擊遊戲所開發的引擎,功能非常強大且運用靈活,不少遊戲用 Unreal 引擎建構完成。2015 年 Epic Games 開放了引擎的原始碼,並宣佈 Unreal 引擎可以免費使用,最棒的是其擴展能力,眾多的 VR 遊戲開發者使用 Unreal 引擎創造出聲光華麗玩法的知名遊戲。

從渲染效果、運行效率與畫面,Unreal 在當代授權引擎中無出其右,尤其在描算真實風景和高階光線追蹤的能力上,提供給開發者定製的光線,例如濃淡處理,VR、建築視覺效果,模擬內容,數字影像等視覺效果,音效也作了相對的改良,而整體動畫的場景重現也相當到位。開發者可以免費下載並使用,但當發布遊戲或應用時,您的每個遊戲在每季度獲得首個 3,000 美元的收入後,再付約 5% 左右的授權費用即可。

▲ Unreal 引擎打造的手遊 - 絕地求生:刺激戰場精彩畫面

然而請各位記住,真正讓玩家喜歡的遊戲不一定需要最好的引擎。因為最後決定一款遊戲是否成功的因素,是在於使用技術的人而不是技術本身。但是我們也承認最好的引擎才可以帶來更多的可能,讓看似天馬行空的構想得以實現。遊戲的精彩與否取決於故事內容的豐富性而不是框架。遊戲引擎只能為我們帶來遊戲技術的提升,而不能決定遊戲是否更加地好玩。

8-2 遊戲引擎功能簡介

遊戲引擎在遊戲中無可避免地必須要處理一些複雜運算,而設計時所選用的演算法優劣,會直接影響引擎的執行效能,並表現在整體遊戲的品質與執行流暢度。而每一個遊

戲引擎所提供的功能和特性都不盡相同,不過大致上來說,大部分的遊戲引擎都會具備以下功能。

8-2-1 光影效果處理

光影處理是指光源對遊戲中的人、地、物所展現的方式,也就是利用明暗法來處理畫面,這對於遊戲中所要呈現的美術風格有相當的影響力。在遊戲中為了讓這些物體或場景可以逼真展現,通常會加入光源的考慮因素,這和現實生活中的視覺一致,當人物或物體移動時,依光源位置的不同,會呈現出不同的影子大小及位置,而這些遊戲中的光影效果必須是要依靠遊戲引擎來控制。例如許多遊戲為了達到半透明效果,都會採用 AlphaBlend 技術。另外各物體間光線折射與反射,及光源的追蹤,都是光影處理的一環,除了剛才所陳述的基本光學的處理外,一些優異的引擎還可以做到動態光源、彩色光源等進階的光學行為。以下是巴冷 3D 引擎中對光影處理的效果圖:

例如當遊戲中光線照射在遊戲人物皮膚上的透射與複雜的光線反應與質感表現,甚至於光源移動時,還能觀察到光線穿透人物皮肉較薄部分的差別,會呈現粉色的半透光現象。下圖是英雄戰場遊戲引擎中的光影處理效果:

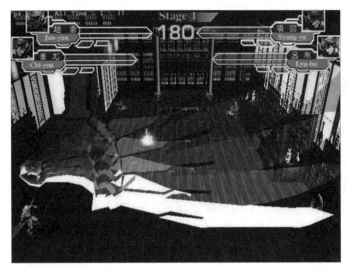

▲ 各物體間光線折射與反射，都是光影處理的一環

8-2-2 行為動畫系統

功能完備的遊戲引擎也必須包含行為動畫系統，因為現實中角色的行為模式也被實現在遊戲，包含人物的行為模型，而且具有路徑規劃及人物間的感情交流等。通常可以將行為動畫系統區分成以下兩種，使得動畫設計者可以方便為角色設計一些豐富動作造型。分述如下：

🎮 骨骼行為動畫系統

骨骼行為動畫是利用內建的骨骼資料來帶動物體而產生行為運動，也就是骨骼系統視為人體運動模擬的對象。例如人體是由頭、軀幹、手臂、腿等部分所組成，而這些部分又可區分成更小的單元，如果分別為這些單元定義出相關的可能運動模式，就可以組成整個人體複雜的運動行為。如下圖所示：

▲ 骨骼系統視為人體運動模擬的對象，引擎中要說明網格上各支點的骨骼牽動與控制

　　通常對於視覺效果要求不高的 3D 遊戲畫面，這種骨骼行為動畫系統會比較節省電腦系統資源，而且運算速度快。不過如果在 3D 引擎中要實現此種動畫系統的精緻度，則需要預先製作好皮膚和骨骼的圖像與關聯表，並且記錄皮膚網格上的各支點分別受哪些骨骼的牽動與控制。下圖是以骨架物件與反向動作（IK）物件，來輔助機器人動作的設定：

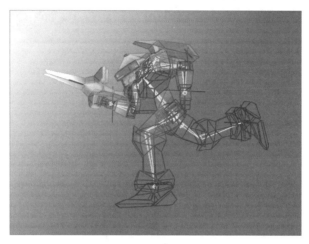

▲ 機器人的骨架與 IK 物件

　　經過外觀製作、材質製作與畫面成像設定後，所完成的 3D 模型圖：

▲ 機器人完成版

🎮 模型行為動畫系統

　　遊戲中還設計了一套人物的模型屬性發展系統，也就是「模型行為動畫系統」。我們知道對於一個遊戲中虛擬人物的模擬系統而言，最重要的核心技術就是如何在 3D 世界中有效地呈現與控制虛擬人物的行為模型。總的來說，如果想讓遊戲中的任何物體有逼近真實的行為與動作，就要更正確地模型化物體。

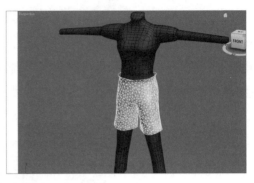

▲ 模型行為動畫系統可模擬遊戲人物的行為

8-2-3 畫面成像系統

當遊戲中的模型製作完畢後，美工人員會依照角色中不同的面，將特定的材質貼在模型上，再透過遊戲引擎中的成像技術將這些模型、行為動畫、光影及特效在系統中即時展現在螢幕上，這就是畫面成像的基本原理。

畫面成像在遊戲引擎的所有環節中最複雜，而且它的運算結果是可以直接影響到最後所輸出的遊戲畫面，例如真實的天氣變化，如刮風下雪和各種全新的地形環境。在此還要說明何謂畫面成像的 2D、2.5D 與 3D 的視覺效果：所謂全 2D 的畫面是以固定正視角為主，並且人物的移動通常只有水平左右、垂直上下之分，像棒打豬頭、超級瑪利歐二代、三代，以及早期任天堂的絕大多數遊戲都是 2D 遊戲的例子。下圖是 2D 遊戲的平視效果圖：

▲ 2D 遊戲（平視）

而 2.5D 遊戲是利用某種視角來欺騙人類的視覺，就像下圖的小恐龍，它並不是正視角，而是採取 45 度視角，然而各位將會因此而產生立體感的錯覺，不過這些影像卻仍然

只是平面影像而已，為了製造出立體效果，2.5D 遊戲的角色通常在移動上必須具備更多的方向，進而製造出前進、後退、跳躍等等的動作。

▲ 2.5D 遊戲畫面呈現可以帶來 3D 視覺效果

　　至於全 3D 的遊戲應該能由各種角度來觀看遊戲中的角色，為了簡化遊戲的製作與操作的方便，3D 遊戲會提供固定的幾個角度供玩家進行切換，在切換到 45 度角時，如果只單看一張畫面是很難去分辨 2.5D 與 3D 的，當然必要時也能平視遊戲中的角色：

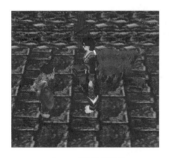  

▲ 45 度角俯視　　　　　　　▲ 80 度角俯視　　　　　　　▲ 平視

8-2-4　物理系統

　　遊戲引擎中的物理系統可以讓遊戲中的物體在運動時，遵循某些自然界中特定的物理規律。對於一套遊戲來說，物理系統可以增添遊戲的真實性及豐富程度。例如在許多賽車競速遊戲中，早期的許多遊戲是讓所有的車輛共用簡單且單一的物理系統，但近年來相同類型的遊戲則嘗試透過獨特的物理系統賦予每輛車不同的駕馭感受，也就是整合了相當層級的物理引擎模擬真實世界的駕駛體驗，讓遊戲的豐富性與變化性大幅提高。

　　另外在物理系統中會套用符合物理原理的演算法，並在遊戲中表達出效果，例如粒子爆炸、碰撞、風動效果、重力加速度等物理現象之模擬。還有 3D 遊戲引擎中配合功能

強大的物理系統和粒子系統，可以更加有效地處理遊戲中物體間的各種碰撞，間接使整個遊戲世界更為真實。

▲ 分子特效是 3D 引擎中的物理系統

例如當玩家所操作的角色或物體跳起來時，遊戲引擎中會依據所設定的物理原理參數，來決定這些角色的彈跳行為。例如在 3D 格鬥遊戲──英雄戰場中，人物跳起的高度及下降的速度，都是由真實的物理定律所模擬與設定。

▲ 遊戲中主角跳起的高度與速度是由物理定律所設定

此外，碰撞偵測也是由遊戲引擎中的物理系統所切割出來的，主要用來偵測遊戲中各物體是否碰撞，並在某個有障礙物環境中，透過碰撞偵測與路徑搜尋，計畫可移動物體的移動路徑。碰撞偵測在遊戲中應用的時機很多，比方說人物走到視窗的盡頭，或者碰觸到了其他的物體，會停住或往回走。碰撞偵測就是當遊戲中的兩個物體接觸後，遊戲引擎所作出的反應。如果沒有碰撞偵測，子彈就永遠不會擊中主角的身體，而人物也可以穿越掩蔽物而過等等。

▲ 碰撞偵測可以確保物體間不會產生穿透現象

8-2-5 網路與輸入裝置

　　遊戲引擎還有一個重要的職責，那就是它必須負起玩家與電腦之間溝通的責任。其遊戲的輸入是來自玩家們的鍵盤、滑鼠、搖桿或其他外部的輸入信號，所以遊戲引擎就必須要包含處理玩家們輸入信號的技術。另外如果某些遊戲還支援網路互連的話，網路功能也會被包含在遊戲引擎之中，其功能是用來管理伺服端（Server）與用戶端（Client）之間的網路通訊。以下是利用 DirectPlay 所提供的網路函式庫所設計的炸彈超人遊戲引擎，其中搭配了 IPX 區域網路與 TCP/IP 網際網路的對戰模式，無論是玩家單槍匹馬獨自作戰，或是進行分組群體作戰，相互搶奪寶物、廝殺對轟，都能享受到八人同時連線的互動樂趣。如下圖所示：

▲ DirectPlay 降低網路遊戲開發的複雜度

學習評量

1. 何謂遊戲引擎？

2. 請說明光影效果處理的作用。

3. 通常可以將行為動畫系統區分成哪兩種？

4. 畫面成像的基本原理。

5. 試描述 2.5D 遊戲的特性。

6. 物理系統的功用為何？

7. 請說明碰撞偵測應用的時機。

8. 請簡介 MAX-FX 引擎的功用。

9. 試簡述 Unity 3D 引擎的特點。

遊戲開發工具簡介

「工欲善其事，必先利其器」，早期的遊戲開發是一件既麻煩又辛苦的事情，尤其在程式設計方面。如在使用 DOS 作業系統的年代，要開發一套遊戲還必須要自行設計程式碼來控制電腦內部的所有運作，例如顯像、音效、鍵盤等。不過在電腦科技進步下，新一代的遊戲開發工具已經大大地改變這種困境。例如下圖左是利用 OpenGL 的深度緩衝區函數將參數設為「GL_GEQUAL」，加上光源設定來展示二個大小不一的三角錐體所形成的遮蔽效果。下圖右則是利用 DirectX 中的 DirectGraphics 元件中進行混色操作的示範：

9-1 遊戲開發工具簡介

在進行遊戲設計之前，首先決定的第一個問題就是該使用何種程式語言工具？畢竟程式是整個遊戲軟體的核心。如果只是寫寫一些小遊戲，自然可以方便使用自己最熟悉的程式語言與工具。但若從事的是中大型遊戲的開發，並考慮商業謀利的可能性，則使用的程式語言與開發工具，將是左右成本與時間的主因。

9-1-1 程式語言的選擇

以遊戲設計常見的幾種開發語言來說，早期的入門工具主要以 Visaul Basic 去實作，這是因為 Visual Basic 的事件處理最為直覺，初學者也可以輕易的掌握事件來設計遊戲。而後的遊戲開發常見的程式語言則包括有 C/C++、C#、Java、或 VB.NET 幾種，或許您可能還聽過 Visual C++、Borland C++ Builder、Borland JBuilder 等，這些並不是程式語

言，它是程式語言在建構程式時的「整合開發工具」（Integrated Develop Environment，IDE）。

因為選用正確的整合開發工具，可把有關程式的編輯（Edit）、編譯（Compile）、執行（Execute）與除錯（Debug）等功能集於同一操作環境下，簡化程式開發過程的步驟，讓使用者只需透過此單一整合的環境，即可輕鬆撰寫程式，因而對遊戲開進度具有決定性影響。整合式開發環境的選用，需考量程式語言本身複雜度、功能性與可使用的外部支援。

例如 C/C++ 本身提供有標準函數庫，且可呼叫作業系統本身所提供的一些元件功能，如 DirectX；而 Java 語言則提供有網路連線的功能，使用它來設計網路連線程式會比使用 C/C++ 來得方便，另外，在 .NET Framework 架構下的程式語言開發工具，其特色可能同時包含 C/C++ 與 Java。

9-1-2　執行平台的考量

玩家使用的是哪一種作業系統，Windows？Linux？或者是 Android、iOS？當然遊戲本身是商業性的娛樂商品，以目前使用者端的作業系統佔有率來說，Windows 作業系統的佔有率最高，因此目前市面上可看到的遊戲多以 Windows 作業平台為主。

由於遊戲本身也是個程式，程式就必須依賴作業系統才能執行，因此您無法將 Windows 作業系統上的遊戲直接拿來在 Linux 上執行，即使一開始各位在設計遊戲時已考慮了跨平台的可能性，仍然必須適當的修改與重新編譯，製作這類遊戲自然也有其必須付出的成本。

另一方面，一些程式語言或工具所製作出來的遊戲，其本身就已經綁死在某一個作業平台上，例如 Visual Basic 所撰寫出來的遊戲，就只能在 Windows 作業系統上執行。為了有效解決跨平台的問題，現在有越來越多的遊戲以 Web 版的方式展現，另外，當有些舊遊戲無法在 Windows 10/11 執行，如果改採用在 .NET 架構下開發新遊戲，則至少在 Windows 各平台不會發生問題。

9-1-3　遊戲工具函數庫

隨著電腦設備越來越進步，電腦內部掌管運作的作業系統能力也越來越強了。在目前電腦市場上，還是以 Windows 作業系統為主要趨勢，因為它幾乎可以相容市面上的所有硬體設備以及驅動程式，省去很多不必要的麻煩。

不過針對遊戲本身最基礎的成像技術來說，如果沒有一套完善的開發工具時，就必須要程式設計師自己寫一套與電腦能夠溝通的低階程式庫，對於一個設計者來說，是一件非常花時間、又花精神的辛苦工作。若能在電腦硬體與遊戲程式碼之間加入了一個開發工具函數庫為橋梁，一來解決自行開發溝通工具的困擾，二來開發工具都是較低階方式所構成，處理速度也比較快。

為了解決與電腦之間這種較為低階的動作，繪圖顯示卡廠商們就共同研發了一套成像標準函數庫「OpenGL」與微軟公司所自行開發的工具函數庫「DirectX」。使用工具函數庫的目的是要讓使用者能夠更輕易地開發一套遊戲，而我們可以從右圖中看出成像標準函數庫在製作遊戲時所佔的地位。

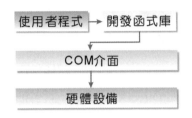

COM 介面就是電腦硬體內部與程式間溝通的橋梁，簡單的說，程式必需要先經過 COM 介面的解譯才能直接對 CPU、顯示卡或其他的硬體設備做要求或反應。

基本上，使用者利用程式碼與電腦直接溝通，似乎是困難重重。因為當程式碼與 CPU 在做溝通之前，程式碼必須通過 COM 介面等重重關卡，而這種與 COM 介面直接溝通的程式卻不容易撰寫。不過現在遊戲開發者不必擔心了，因為有了可以直接對電腦的 COM 介面做低階連繫的「OpenGL」與「DirectX」開發工具。不僅可以輕易地透過 COM 介面與 CPU、顯示卡或電腦的硬體設備做直接溝通，而且把顯示、音效、網路…等多媒體的介面都包含進來了，只要輕鬆地下達幾個參數或命令即可。

9-2　C/C++ 程式語言

早期遊戲在撰寫時可能以 C 語言搭配組合語言來撰寫，C 語言著重程式設計的邏輯、結構化的語法，而 C++ 以 C 語言為基礎，改進了一些輸出輸入的方法、加入了物件導向的觀念，如果要撰寫中大型遊戲的話，多使用 C/C++ 來撰寫程式。

雖然 C/C++ 是所有程式設計人員公認功能強大的程式語言，也是執行時具有優良速度表現的程式語言，但另一面就是使用上較為複雜（對於初學程式的人來說可能是相當複雜），若不小心將可能導致遊戲的執行錯誤，甚至程式終止或當機的情況發生，使用 C/C++ 所開發出來的程式，在測試除錯時所花費的成本有時並不比開發程式來得少。

9-2-1 執行平台

C/C++ 程式語言是種高階程式語言，它們使用貼近於人類語意的語法，讓程式設計人員能以人類思考的方式來撰寫程式，例如 if、else、for、while 等語法，以下是一小段 C 語言程式，您可以略為了解它的撰寫方式：

```
include stdio.h

int main( void )
{
    int int_num;

    printf( "請輸入一個數字：" );
    scanf( "%d", &int_num );

    if ( int_num%2 )
        puts( "您輸入一個奇數。" );
    else
        puts( "您輸入一個偶數。" );
    return 0;
}
```

即使沒有學過 C 語言，從程式表面的語意來看，也大致可以知道這個程式的作用，然而電腦無法直接了解 C/C++ 程式語言所撰寫出來的程式，所以這個程式必須經過「編譯器」（Compiler）的編譯，將這些語法解譯為電腦所看得懂的機器語言。

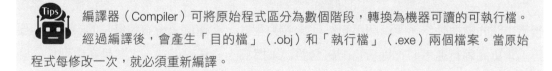

編譯器（Compiler）可將原始程式區分為數個階段，轉換為機器可讀的可執行檔。經過編譯後，會產生「目的檔」（.obj）和「執行檔」（.exe）兩個檔案。當原始程式每修改一次，就必須重新編譯。

事實上，機器語言是由 0 與 1 所組合而成的語言，在不同作業平台上，對機器語言的定義就不相同。加上 C/C++ 本身所提供的標準函式庫有限，所以往往必須呼叫系統所提供的功能，因此使用 C/C++ 撰寫出來的程式，無法直接移植到另一個平台上使用，而必須重新編譯，並修改一些無法運作的程式碼，而通常只能侷限於單一平台上執行。不過 C/C++ 所撰寫出來的程式有利於呼叫系統所提供的功能，因為早期一些作業系統本身就多以 C/C++ 程式語言來撰寫，因此在呼叫系統功能或元件時最為方便，例如呼叫 Windows API（Application Programming Interface）、DirectX 功能等等。

9-2-2 語言特性

C/C++ 本身的功能強大，C 語言本身的「指標」（Pointer）功能可以讓程式設計人員直接處理記憶體中的資料，也可以利用指標來達到動態規劃的功能，例如記憶體的配置管理、動態函式的執行，在需要規劃資料結構時，C 語言的表現最為出色，在早期記憶體容量不大時，每一個位元的使用都必須珍惜，而 C 語言的指標就可提供這方面的功能。

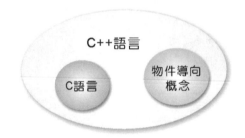

C++ 以 C 為基礎，改進一些輸入與輸出上容易發生錯誤的地方，保留指標功能與既有的語法，並導入了物件導向的觀念。物件導向在後來的程式設計領域甚至其他領域都變得相當重要，它將現實生活中實體的人、事、物，在程式中具體的以物件來加以表達，這使得程式能夠處理更複雜的行為模式。而另一方面，物件導向程式在適當的規劃下，就能夠以已經撰寫完成的程式為基礎，開發出功能性更複雜的元件，這使得 C++ 在大型程式的開發上極為有利，許多遊戲都是以 C++ 程式語言來進行開發。

由於 C/C++ 必須編譯為電腦可理解的機器語言，在執行時可直接載入記憶體，而無需經過中間的轉換動作，所以利用 C/C++ 來撰寫程式，在速度上會有較優良的表現，若要再追求更高執行速度時，則會搭配組合語言來撰寫一些基礎程式，尤其是在處理低階圖像繪圖。

9-2-3　開發環境介紹

　　C/C++ 的整合開發環境相當多，商業軟體方面有微軟的 Visual C++、Borland 的 C++ Builder，非商業軟體方面有 Dev C++、KDevelop，通常商業軟體提供的功能更多，使用上更方便，對於程式完成後的測試與除錯功能也更為完備。

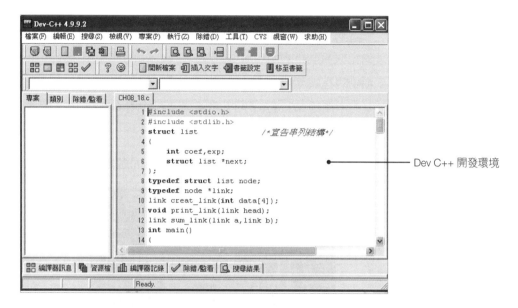

Dev C++ 開發環境

　　早期在開發中大型遊戲時多使用 Visual C++，其所提供的元件在早期算是很方便的，至少不用從頭撰寫相較於其他的整合式開發環境，例如 C++ Builder 而言，雖然在執行速度上快了許多，但使用時的複雜度較高，較常用來作為遊戲設計時的輔助，例如設計地圖編輯器等，由於本身都是使用 C++ 語言來撰寫，因此在元件的功能溝通上並不會發生問題。

9-2-4　Visual C++ 與遊戲設計

　　一款電玩遊戲程式由於結合了大量聲音、影像資料的運算處理，因此程式執行時的流暢度是相當重要的基本訴求。為了達成這項要求，大多採用 Visual C++（簡稱 VC++）程式開發工具搭配 Windows API 程式架構來撰寫，以提升遊戲程式執行時的效能。

　　VC++ 是微軟公司所開發出的一套適用於 C/C++ 語法的程式開發工具。在 VC++ 的開發環境中，對於撰寫 Windows 作業系統平台的視窗程式有兩種不同的程式架構：一是微軟在 VC++ 中所加入的 MFC（Microsoft Foundation Class Library）架構，一則是 Windows API 架構，使用 Windows API 來開發上述的應用軟體程式並不容易，但用在設計遊戲程式上卻相當簡單且具有較優異的執行效能。

MFC 是一個龐大的類別函式庫，提供了完整開發視窗程式所需的物件類別與函式，常用於設計一般的應用軟體程式。Windows API（Application Program Interface）是 Windows 作業系統所提供的動態連結函式庫（通常以 .DLL 的檔案型態存在於 Windows 系統中），Windows API 包含了 Windows 核心及所有應用程式所需要的功能。

如果各位曾使用過 VB 寫過視窗程式的話，您可能會清楚一般在 VB 程式中若要呼叫 Windows API 的函式必須先完成宣告的動作。不過若是在 VC++ 的開發環境下，不論是採 MFC 或者是 Windows API 的程式架構，只要在專案中設定好所要連結的函式庫並引用正確的標頭檔，那麼在程式中使用 Windows API 的函式就跟使用 C/C++ 標準函式庫一樣容易。

下圖是以 Visual C++ 所設計，並採 DirectX 製作出的全螢幕畫面遊戲——電流急急棒：

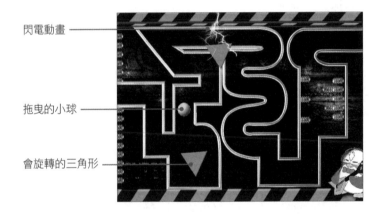

閃電動畫 ——

拖曳的小球 ——

會旋轉的三角形 ——

9-3 Visual Basic 程式語言

BASIC（Beginner's All-purpose Symbolic Instruction Code）屬於一種直譯式高階程式語言，相當受到一般電腦入門者的喜愛。隨著電腦軟、硬體設備的逐步成長，Windows 作業概念大幅地改善了電腦與使用者間溝通的操作介面，因此微軟公司在 1991 年時推出 Visual Basic 程式開發環境，將傳統 BASIC 語言導入視覺化概念。

在這種直覺式開發環境下,使用者可直接透過表單設計視窗來建立程式的輸出入介面,而不需要撰寫任何程式碼內容,並可描述介面中所有元件的外觀、配置與屬性。Visual Basic 嚴格來說並不僅是程式語言,它與開發環境緊緊結合在一起,也就是說您無法只使用純文字編輯器來撰寫 Visual Basic 後進行編譯,而必須使用 Visual Basic 開發程式來進行程式的撰寫。Visual Basic 的設計環境是由多種工具列,與工作視窗所組成:

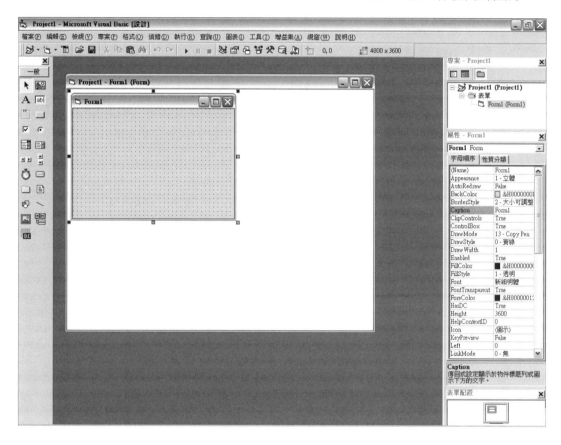

選擇使用 Visual Basic,對於初學者來說最容易上手,然而所面臨的第一個問題也是執行速度緩慢的問題。而且簡單的程式語言其功能性通常就有限,對於大型遊戲而言,Visual Basic 的速度與功能稍嫌不足,而且僅支援到 DirectX 8.0 的版本。

9-3-1 執行平台

Visual Basic 屬於高階程式語言,必須經過編譯的動作才能在電腦上所執行,而且 Visual Basic 與 Windows 作業系統結合,它所提供的元件功能都是針對 Windows 作業系統的量身打造,所以 Visual Basic 所開發出來的程式,只能在 Windows 作業系統上執行,且您必須額外將 Visual Basic 執行時所需的元件(類似虛擬機器)安裝至作業系統

中，才能執行 Visual Basic 程式。雖然 Visual Basic 並不使用 C/C++ 的語法與關鍵字，但畢竟 Visual Basic 與 Windows 是同一家公司的產品，所以 Visual Basic 仍然可以呼叫 Windows API 與 DirectX 等元件，但要小心平台相依的問題，因為有些 API 在 Windows 版本上仍有不同。

9-3-2 語言特性

Visual Basic 沒有 C/C++ 中一些隱含易錯誤的語法，例如資料型態轉換問題。如果程式設計人員忽略了資料型態轉換的問題，通常程式本身會自動進行轉換處理，而且 Visual Basic 本身不使用指標，幾乎所有的設定都可以使用預設值，此外，Visual Basic 本身的語法關鍵字比 C/C++ 更貼近於人類語意。以下是一小段的 Visual Basic 程式內容參考：

```
Private Sub Form_KeyDown(KeyCode As Integer, Shift As Integer)
    ' 指定橫向地圖的區域進行貼圖
    Form1.PaintPicture Picture1, 0, 10, w, h, _
        Xc - w / 2, 0, w, h, vbSrcCopy

    If KeyCode = 39 Then ' 如果按下向右鍵
        Xc = Xc + 10
    ElseIf KeyCode = 37 Then ' 如果按下向左鍵
        Xc = Xc - 10
    End If

    ' 判斷是否遇到地圖的左右邊界
    If Xc < w / 2 Then
        Xc = w / 2
    ElseIf Xc > 1600 - w / 2 Then
        Xc = 1600 - w / 2
    End If
End Sub
```

除了語法的簡化性之外，Visual Basic 最令初學者接受的是其撰寫的環境，它提供了許多現成的元件，初學者只要使用滑鼠就可以利用拖曳點選的方式來輕鬆完成一個介面，而各種預設工具視窗的設計，將讓使用者在設定視窗介面時更為直覺：

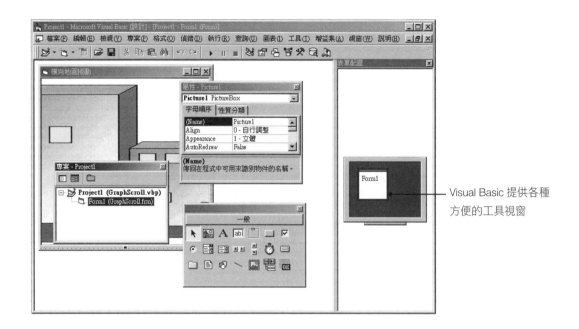

Visual Basic 提供各種
方便的工具視窗

　　然而當程式語言越簡易越方便使用時，其另外一面就是有限的功能性，Visual Basic 在設計中大型程式時，確實會讓人覺得綁手綁腳，而雖然 Visual Basic 宣稱其具有物件導向功能，然而多數的程式設計人員都知道這只是個口號，Visual Basic 並不具備完整的物件導向功能，在 6.0 之後的 Visual Basic.NET 中才具有較好的物件導向功能。

9-3-3　Visual Basic 與遊戲設計

　　一般說來，使用 Visual Basic 來開發遊戲相當地直覺與方便，然而方便性的背後就表示隱藏了更多的細節、包裝了更多元件，因此 Visual Basic 所開發的程式有一個致命的缺點：「慢」。尤其是在圖像與繪圖的處理速度上，而這偏偏又影響到遊戲中最重要的流暢度，因此早期大多不建議使用 Visual Basic 來撰寫，最多只運用在一些小遊戲的設計上。

　　或許是為了鼓勵程式設計人員多多使用 Visual Basic 來撰寫遊戲，微軟在 DirectX7 之後提供了 Visual Basic 呼叫的介面機制，使得 Visual Basic 可以跳過作業系統直接存取繪圖裝置、輸入輸出裝置、音效裝置，這使得 Visual Basic 在繪圖、裝置資料的擷取上都有了明顯的速度提升，而結合 Visual Basic 本身簡單易用的功能，使得 Visual Basic 設計遊戲的程式人員也有顯著的提升。

　　尤其是在一些需要圖像繪製的 CAI 程式上，也有使用 Visual Basic 來撰寫，不過在大型遊戲的開發上，Visual Basic 仍不足以勝任。下圖是以 Visual Basic，並採 DirectX 製作出的橫向捲軸的射擊遊戲——空中大戰：

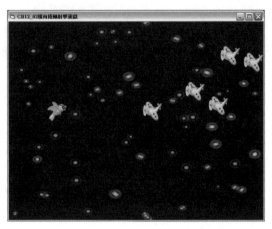

▲ 進行追逐 AI 演算，朝玩家角色慢慢逼近

9-4　Java 程式語言

　　Java 程式語言以 C++ 的語法關鍵字為基礎，由 Sun 公司所提出，其計畫一度面臨停止的可能性，然而後來卻因為網際網路的興起，使得 Java 頓時成為當紅的程式語言，這說明了 Java 的程式在網際網路平台上擁有極高的優勢。Java 非常適合拿來進行遊戲製作，而事實上也早有一些書籍專門在介紹 Java 於遊戲設計上之應用。

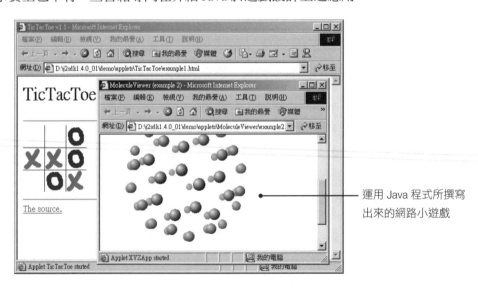

運用 Java 程式所撰寫
出來的網路小遊戲

9-4-1　執行平台

Java 程式具有跨平台的能力，這邊所謂的跨平台，指的是 Java 程式可以在不重新編譯的情況下，直接於不同的作業系統上運作，這個機制之所以可以運行的原因在於「位元組碼」（Byte Code）與「Java 執行環境」（Java Runtime Environment）的配合。

Java 程式在撰寫完成後，第一次使用編譯器編譯程式時，會產生一個與平台無關的位元組碼檔案（副檔名 *.class），位元組碼是一種貼近於機器語言的編碼，這個檔案若要能載入記憶體中執行，則電腦上必須安裝有 Java 執行環境，Java 執行環境與平台相依，會根據該平台對位元組碼進行第二次編譯，而成為該平台上可理解的機器語言，並載入記憶體中加以執行。

Java 執行環境是建構於作業系統上的一個虛擬機器，程式設計人員只要針對這個執行環境進行程式設計，至於執行環境如何與作業系統進行溝通則是執行環境自行的事，程式設計人員無需理會，程式設計人員只要利用 Java 所提供的類別庫與 API，避免使用協力廠商所提供的元件，或呼叫了作業系統程式，基本上就可以達到跨平台的目的。如下圖右所示：

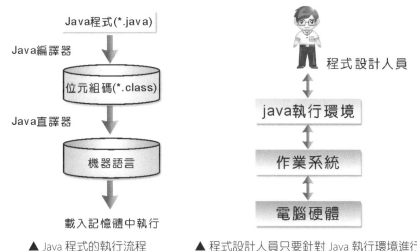

▲ Java 程式的執行流程　　　▲ 程式設計人員只要針對 Java 執行環境進行設計即可

Java 程式若應用於遊戲上，則可以有兩種展現的方式，一是運用視窗應用程式，一是使用 Applet 內嵌於網頁中。但其實是相同的，因為 Applet 程式基本上也算是一種視窗程式的展現方式，我們前面所看到的 Java 程式執行圖片，就是使用 Applet 的方式，而我們也可以利用純視窗的形式來展現，如下圖所示：

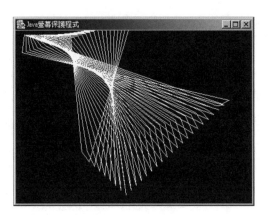

▲ 一個 Java 視窗程式

　　由於 Java 程式可以用 Applet 的形式內嵌於網頁之中，使用者瀏覽到遇到 Java Applet 程式的網頁時，會將 Applet 程式檔案下載，然後由瀏覽器啟動 Java 虛擬機器以執行 Java 程式，所以可以稱 Java 程式是以網路作為它的執行平台。

9-4-2　語言特性

　　Java 程式是以 C++ 的關鍵字語法為基礎，其目的在於使 C/C++ 的程式設計人員能快速入手 Java 程式語言，而 Java 也過濾了 C++ 中一些容易犯錯或忽略的功能，例如指標的運用，並採用「垃圾收集」（Garbage Collector）機制來管理無用的物件資源。這些都使得從 C/C++ 入手 Java 程式極為容易，且撰寫出來的程式更為強固不易發生錯誤，以下是一小段的 Java 程式語言內容參考：

```
public static void main(String args[])
{
    ex1103 frm = new ex1103();
}

private void check()
{
    for(int i = 0; i < p.length; i++)
    {
        if(p[i].px  0 || p[i].px  400)
            p[i].dx = -p[i].dx;
        if(p[i].py  10 || p[i].py  300)
            p[i].dy = -p[i].dy;
    }
}
```

各位如果沒有詳細觀察一些小地方，看來確實與 C/C++ 語法一模一樣，最大的不同點在於 Java 程式是完全物件導向語言，跟 C++ 只具物件導向功能不同。有撰寫 Java 程式的第一步就是定義類別（Class），若非執行速度上的考量，其實 Java 程式本身相當適用於中大型程式的開發。

9-4-3　Java 與遊戲設計

執行速度永遠是遊戲進行時的一個重要考量，而這正是對 Java 程式最不利的地方，Java 程式設計人員對 Java 程式執行速度的普遍評價跟 Visual Basic 一樣，就是一個慢字形容。由於 Java 程式在執行前必須經過第二次編譯，且 Java 程式只有在需要使用到某些類別庫功能時才載入相關的類別，這雖然是為了資源使用上的考量，但動態載入多少造成了執行速度上的拖累。

在歷經數個不同版本的改進與功能加強之後，Java 程式本身無論是在繪圖、網路、多媒體等各方面都提供相當多的 API 程式庫，甚至包括了 3D 領域，所以使用 Java 程式來設計遊戲可以獲得更多的資源，而 Java 程式可以使用 Applet 來展現的特性，更使得其有更大的發揮空間。下圖即是將單機程式在瀏覽器上執行的狀況：

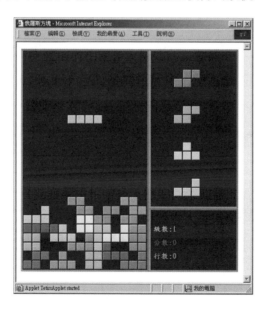

另外為了 Java 設計的整合開發環境相當多，例如商業軟體的 Visual J++、JBuilder，非商業軟體的 Forte、NetBeans 等，不過 Java 應用於中大型遊戲的例子不多，所以其整合式開發環境對遊戲設計的影響並不大。

9-5　Python 遊戲開發

　　Python 是目前最為流行的程式語言，也是一種直譯式語言，語法直覺易學，程式可以在大多數的主流平台執行，不管是 Windows、macOS、Linux 以及手機，都有對應的 Python 工具。Python 具有物件導向的特性，像是類別、封裝、繼承、多形等設計，不過它卻不像 Java 這類的物件導向語言強迫使用者必須用物件導向思維寫程式，Python 是多重思維（Multi-Paradigm）的程式語言，允許各位使用多種風格來寫程式，程式撰寫更具彈性。特別是提供了豐富的 API（Application Programming Interface，應用程式介面）和工具，讓程式設計師能夠輕鬆地編寫擴充模組，也可以整合到其他語言的程式內使用，所以也有人說 Python 是「膠合語言」（Glue Language），用途更為廣泛。事實上，使用 Python 開發遊戲的門檻很低，例如專門製作遊戲的 PyGame 模組，能讓開發者以更簡單的方式加入文字、圖案、聲音等元素，並進行事件處理來開發遊戲，所以很適合教孩子撰寫具有動畫、滑鼠控制的小遊戲。Python 和其他語言類似，有專有的 GUI 來進行圖形介面開發，也能適用於中大型遊戲開發之用。目前最流行的免費跨平台遊戲引擎之一 Cocos2dx 就是用 Python 寫的。

9-6　OpenGL

　　在一款能夠廣受玩家喜愛的遊戲中，炫麗的 3D 場景與畫面，絕對是不可或缺的要素，當然這必須充份仰賴 3D 繪圖技術的完美表現，包含了處理模型、材質、畫面繪製、場景管理等等的工作。

　　由於 PC 上的遊戲大多使用 Direct3D 開發，因此想要執行 PC 遊戲，就必須擁有一張支援 Direct3D 的 3D 加速卡，不過大多的 3D 加速卡規格說明中，多半註明了也支援 OpenGL 加速。

Direct3D 圖形函數庫是利用 COM 介面形式來提供成像處理，所以其架構較為複雜，而且其穩定性與 OpenGL 開發函數相比之下較差，另外 Microsoft 公司擁有該函數庫的版權，所以目前為止，DirectX 只能在 Windows 平台上才可以使用 Direct3D。

OpenGL 是 SGI 公司於 1992 年所提出的一個製作 2D 與 3D 的圖形應用程式的 API，是一套「計算機三維圖形」處理函數庫，由於是由各家顯示廠商所共同定義的共通函數庫，所以也稱得上是繪圖成像的工業標準，並製作成規範文件檔公諸於世，與 Direct3D 同為電腦繪圖軟體和電腦遊戲最常使用的兩套繪圖標準介面（API）之一。從此各家軟硬體廠商則依據這種原則標準來開發自己系統上的顯示功能。各位可從 http://www.opengl.org 下載 OpenGL 最新的定義檔。

「計算機三維圖形」指的是利用資料描述的三維空間經過電腦的計算，再轉換成二維圖像並顯示或列印出來的一種技術，而 OpenGL 就是支援這種轉換計算的程式庫。

在電腦繪圖的世界裡，OpenGL 就是一個以硬體為架構的軟體介面，程式開發者可透過應用程式發展介面，再配合各項圖形處理函數庫，在不受硬體規格的影響開發出有效率的 2D 及 3D 圖形，有點類似 C 的「執行時期函數庫」（Runtime Library），提供許多定義好的功能函數，因此程式設計者在開發過程中可以利用 Windows API 來存取檔案，再以 OpenGL API 來完成即時的 3D 繪圖。

9-6-1　OpenGL 發展史

SGI 公司在 1992 年 7 月的時候發佈了 OpenGL 1.0 版後，1995 年 12 月的時候又批准了 OpenGL 1.1 版本，接著在 1999 年 5 月通過 OpenGL 1.2.1 版。另外在 2003 年 7 月發表的 OpenGL ES（OpenGL for Embedded Systems），就是 OpenGL 的嵌入式版本，與 Sun 的 Java 2 平台搭配，可勾勒出未來行動 3D 遊戲的新標準，目前 OpenGL 桌上型版本為 4.6 版，嵌入式平台的最新版本 OpenGL ES 3.1。

OpenGL 後來被設計成獨立於硬體與作業系統的一種顯示規範，可以運行於各種作業系統與電腦上，並且能在網路環境以客戶端（Client）和伺服器（Server）模式之下工作，它是專業圖形處理與科學計算等高階應用領域的標準圖形函數庫。它在低階成像應用上的主要競爭對手是微軟的 Direct3D 圖形函數庫。而 D3D 的主要優勢就是在於處理運算速度，但是以現在價格低廉的顯示卡來說，也都可以提供很好的 OpenGL 硬體加速了，

所以現在做 3D 影像處理不必侷限於只能使用 Direct3D 而已。在專業圖形的高階應用方面，而遊戲等低階的應用程式也有開始轉向 OpenGL 的趨勢。

9-6-2 OpenGL 函數說明

OpenGL 可分為程序式（Procedural）與非描述式（Descriptive）兩種的繪圖 API 函數，程式開發者不需要直接描述一個場景，而只需要規範一個外觀特定效果的相關步驟，而這個步驟則是以 API 的運作方式去呼叫的，其優點是可攜性高，以及具有超過 2000 以上的指令與函數之繪圖功能。為了協助程式設計師能方便的使用 OpenGL 來開發軟體，還發展了 GLU 與 GLUT 函數庫，將一些常用的 OpenGL API 再做包裝，如下所示：

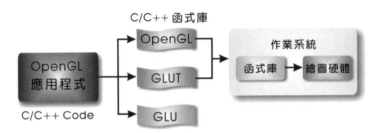

- **GLU 函數庫（OpenGL Utility Library）**：用來協助程式設計師處理材質、投影與曲面模型的函數庫。

- **GLUT（OpenGL Utility Toolkit）**：用於簡化視窗管理程式碼的撰寫。不只有 Windows 系統，而是包括支援視窗形式的作業系統，如 Mac OS、X-Window（Linux/Unix）等等，因此使用 GLUT 來發展 OpenGL 程式，可以降低移植至不同視窗形式系統的問題。另外以 C++ 來撰寫視窗程式時，會使用 WinMain() 函數來建立視窗。

基本上，OpenGL 本身沒有包含視窗控制指令、視窗事件及檔案的輸出及輸入，上述這些函數都可以使用 Windows 所提供的 API 函數做到，可是由於 Microsoft 並不積極支援 OpenGL，所以 Windows 平台上負責處理 OpenGL 的動態連結函數庫 -OpenGL32.dll，只支援到 OpenGL v1.1。

現在我們實際舉一個 OpenGL 的函數應用來說明。例如 OpenGL 提供的 glShadeModel() 函數可以在物體上著色！函數結構如下：

簡介	使用函數
函數名稱	glShadeModel()
語法	void glShadeModel(GLenum mode);

簡介	使用函數
說明	設定著色模式
參數	可指定為 GL_SMOOTH（預設模式）或 GL_FLAT

　　在 2D 模式中如果以 GL_SMOOTH 著色，顏色具有平滑效果，利用 GL_FLAT 則只能以單一顏色來顯示。以下示範程式碼第 6~23 行是左邊的四邊形元件以 flat shading 方式來著色，雖然不同的點定義不同的顏色，卻只有單色效果，而在第 25~43 行的是右邊的四邊形元件，透過 smooth shading 方式來著色，顯得繽紛多彩。

```
01   void CreateDraw(void){
02       glClearColor(1.0f, 1.5f, 0.8f, 1.0);
03       glClear(GL_COLOR_BUFFER_BIT);
04
05       // 左邊的四邊形，以 FLAT 方式著色
06       glShadeModel(GL_FLAT);
07       glBegin(GL_QUADS);
08           // 藍色
09           glColor3f(0.0f, 0.0f, 1.0f);
10           glVertex2f(-5.0f,20.0f);
11
12           // 紅色
13           glColor3f(1.0f, 0.0f, 0.0f);
14           glVertex2f(-5.0f,-20.0f);
15
16           // 綠色
17           glColor3f(0.0f, 1.0f, 0.0f);
18           glVertex2f(-30.0f, -20.0f);
19
20           // 黃色
21           glColor3f(1.0f, 0.0f, 1.0f);
22           glVertex2f(-30.0f, 20.0f);
23       glEnd();
24
25       // 左邊的四邊形，以 SMOOTH 方式著色
26       glShadeModel(GL_SMOOTH);
27       glBegin(GL_QUADS);
28           // 藍色
29           glColor3f(0.0f, 0.0f, 1.0f);
30           glVertex2f(30.0f,20.0f);
```

```
31
32        // 紅色
33        glColor3f(1.0f, 0.0f, 0.0f);
34        glVertex2f(30.0f,-20.0f);
35
36        // 綠色
37        glColor3f(0.0f, 1.0f, 0.0f);
38        glVertex2f(5.0f, -20.0f);
39
40        // 黃色
41        glColor3f(1.0f, 1.0f, 0.0f);
42        glVertex2f(5.0f, 20.0f);
43    glEnd();
44
45    glutSwapBuffers();
46 }
```

【執行結果】

　　至於在 3D 模式中，這個著色函數又有不同的表現。其中 GL_FLAT 表示同一個三角面的所有位置對光線皆以三角面的法向量運算，使得面與面之間會出現明顯的接痕。GL_SMOOTH 則需要較長的計算時間，畫面看起來明顯平順許多。下右圖為張簡毅仁所著《全方位 3D 遊戲設計》中所舉的範例：

● 使用 Flat Shading，身體的外表可以看到很明顯的三角形：

▲ Flat shading

- 使用 Gouraud Shading，畫面明顯平順許多：

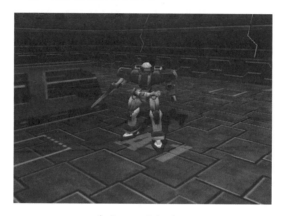

▲ Gouraud shading

9-6-3 OpenGL 的運作原理

　　欲撰寫 OpenGL 程式必須先建立一個供 OpenGL 繪圖用的視窗，通常是利用 GLUT 來產生一個視窗，並取得該視窗的裝置本文（Device Context），再透過 OpenGL 的函數來進行 OpenGL 的初始化。其實 OpenGL 的主要用意是在於使用者在表現高階需求的時候，可以利用低階的 OpenGL 來控制。現在來看看 OpenGL 是要如何來處理繪圖要求的資料。如下圖所示：

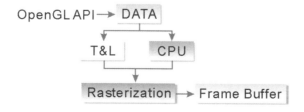

由上圖可以得知，當 OpenGL 在處理繪圖資料時，它會將資料填滿整個緩衝區，而這個緩衝區內的資料包含指令、座標點、材質資訊等，會在指令控制或緩衝區被清空（Flush）的時候，將資料送往下一個階段 T&L 做處理。在下一個處理階段中，OpenGL 會做座標資料的「轉換與燈光」（Transform & Lighting，T&L）的運算，其目的是在運算物體實際成像的幾何座標點與光影的位置。

在完成上述處理過程結束之後，資料會再被送往下一個階段去。在這個階段中，主要的工作是將運算過後的座標資料、顏色與材質資料經過掃描顯像（Rasterization）技術來建立成一個影像，然後影像再被送至繪圖顯示裝置（Frame Buffer）上的記憶體中，最後才由繪圖顯示裝置將影像呈現於螢幕上。

例如桌上有一個透明的玻璃杯，當開發者使用 OpenGL 處理時，首先必須取得玻璃杯的座標值，包含它的寬度、高度和直徑，接著利用點、線段或多邊形來產生這個玻璃杯的外觀。因為玻璃杯是透明的材質，可能要加入光源，這時將相關的參數值運用 OpenGL 函數進行運算，最後才交給記憶體中的框架緩衝區由螢幕來顯示：

簡單來說，OpenGL 在處理繪圖影像要求的時候，可以將它歸納成兩種方式來呈現，一種是軟體要求，另一種是硬體要求，說明如下：

🎮 軟體要求

通常顯示卡廠商會提供 GDI（Graphics Device Interface，繪圖裝置介面）的硬體驅動程式來達成畫面輸出需要，而 OpenGL 的主要工作就是接受這種繪圖需求，並且將這種需求建構成一種影像，然後再將影像交給 GDI 處理，最後再由 GDI 送至繪圖顯示卡上，如此一來，繪圖顯示卡才能將成果顯示於螢幕上。也就是說，OpenGL 的軟體要求必須透過 CPU 計算，再送至 GDI 處理影像，再由 GDI 將影像送至顯示裝置，這樣才能算是一次繪圖顯像處理動作。從上述成像過程中，不難看出處理顯像的速度可能會降低許多，為了提升顯像速度，只有讓繪圖顯示卡直接做處理與顯像的工作，那就是最快的方式。

🎮 硬體要求

OpenGL 的硬體處理要求是將顯像資料直接送往繪圖顯示卡上，而讓繪圖顯示卡去做繪圖要求所建構與顯像的動作，其過程不必再經過 GDI 的軟體裝置，如此一來便能省下

不少資料運算的過程，因此顯像的速度便可以大大地提升了。尤其現在繪圖顯示卡技術提升與價格低落的情況下，幾乎每一張繪圖顯示上都有轉換與燈光（T&L）的加速功能了，再加上繪圖卡上的記憶體不斷地擴充，因此，在繪圖顯像的過程中似乎都不需要經過 CPU 和主記憶體的運算了。

9-7 DirectX

在電腦系統硬體與軟體都不甚發達的時期，要開發一款遊戲或多媒體程式，是一件十分辛苦的工作，特別是開發人員必須對系統硬體（例如顯示卡、音效卡或輸入裝置等）的驅動與運算，也就是針對某廠牌的規格另行開發一套系統工具模組，來控制電腦內部的運作。

例如以前在玩 DOS 下的遊戲時，必須要設置音效卡的品牌，然後再設定音效卡的 IRQ、I/O、DMA，如果其中有一項設定不對的話，那麼遊戲就無法發出聲音了。這部分的設定不但讓玩家傷透腦筋，而且對於一個遊戲設計人員來說，這也非常頭疼的一件事，因為設計者在製作遊戲時，就需要把市面上所有音效卡硬體資料都收集過來，然後再根據不同的 API 函數來撰寫音效卡驅動程式。

> **Tips**
>
> IRQ（Interrupt ReQuest）中文解釋為中斷請求。因為電腦中的每個組成元件都會擁有一個獨立的 IRQ，除了使用 PCI 匯流排的 PCI 卡之外，每一元件都會單獨佔用一個 IRQ，而且不能重複使用。至於 DMA（Direct Memory Access）中文翻譯成「直接存取記憶體」。

不過幸運的是，現在玩 Windows 環境下的遊戲時，就不需要做這些硬體設備的設定了，因為 DirectX 提供了一個共同的應用程式介面，只要遊戲本身是依照 DirectX 方式來開發的話，不管使用的是哪一家廠商的顯示卡或音效卡、甚至於網路卡等，它統統都可以被遊戲所接受，而且 DirectX 還能發揮比在 DOS 下更佳的聲光效果。當然，在這些前提之下，顯示卡或音效卡的驅動程式也必須要支援 DirectX 才行。

9-7-1 認識 DirectX SDK

　　DirectX 套件是由「執行時期」（Runtime）函數庫與「軟體開發套件組」（Software Development Kit，SDK）兩個部份組成，它可以讓以 Windows 為作業平台的遊戲或多媒體程式獲得更高的執行效率，並且能夠加強 3D 圖形成像和豐富的聲音效果，並且提供設計人員一個共同的硬體驅動標準，讓開發者不必為每一個廠牌的硬體設備撰寫不同的驅動程式，而且也降低了使用者安裝及設置硬體的複雜度。

　　基本上，在 DirectX 開發的階段裡，這兩個部分都會使用到，但是在 DirectX 應用程式運行時，各位只需要使用到執行時期的部分。而當應用 DirectX 技術的遊戲在開發階段時，程式開發人員除了利用 DirectX 的執行時期函數庫外，還可以透過 DirectX SDK 中所提供的各種控制元件，來進行硬體的控制及處理運算。在不同的 DirectX SDK 版本當中，都具有不同的執行時期，不過，新版本的執行時期還是可以與舊版本的應用程式配合，也就是說，DirectX 的執行時期函數庫是可以向上相容的。各位可透過 Microsoft 的官方網站下載頁面「http://www.microsoft.com/downloads/」，來免費取得最新版本的 DirectX 安裝：

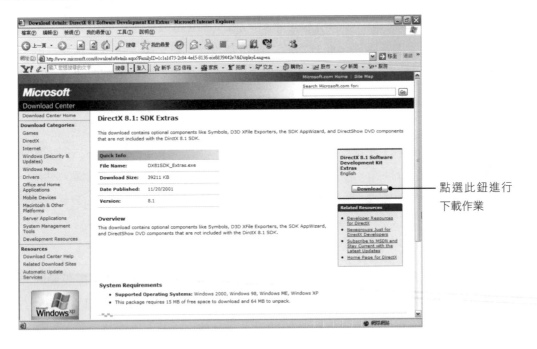

點選此鈕進行
下載作業

　　DirectX SDK（DirectX 開發包）是由許多 API 函數庫，以及媒體相關元件（Component）所組成，下面先來簡單認識 DirectX SDK 的內容：

元件名稱	用途說明
DirectGraphics	DirectX 繪圖引擎，專門用來處理 3D 繪圖影像，以及利用 3D 指令的硬體加速特性來發展更強大的 API 函數。
DirectSound	控制聲音裝置以及各種音效的處理，提供了各種音效處理的支援，如低延遲音、3D 立體音、協調硬體運作等等音效功能。
DirectInput	是用來處理遊戲的一些周邊設備裝置，例如搖桿、GamePad 介面、方向盤、VR 手套、力回饋等周邊裝置。
DirectShow	利用所謂過濾器技術來播放影片與多媒體的方法。
DirectPlay	讓程式設計師很輕易地開發多人連線遊戲，連線的方式可包含區域網路連線、數據機連線，並支援各種的通訊協定。

　　基本上，利用 DiretX SDK 所開發出來的應用程式，也必須在有安裝「DirectX 客戶端」的電腦上才能正常執行。綜合上面陳述，「DirectX」可視為一種程式設計師與硬體間的介面，程式設計師們不需要花費心思去構想如何撰寫低階的程式碼與硬體打交道，只須運用 DirectX 中的各類元件，便可更簡單的製作出更高效能的遊戲程式。

9-7-2　DirectGraphics

　　我們知道在 Windows 作業系統中內建了一組名為 GDI（Graphics Device Interface，圖型裝置介面）的繪圖函數，它簡單易學並且適用於 Windows 各種作業平台上。但可惜的是，GDI 函數庫並不支援各種硬體加速卡裝置，因此對於某些講求高效率的應用程式（特別是遊戲）而言，無法提供完善地輸出品質。

　　DirectGraphics 是 DirectX9 的內建套件之一，它負責處理 2D 與 3D 的影像運算，並支援多種硬體加速功能，更讓程式開發人員不需考慮對硬體的驅動與相容性問題，即可直接進行各種設定及控制工作，適合發展高互動的 3D 應用程式，或多媒體應用程式。

　　在早期的 DirectX 套件中，繪圖部份主要是由處理 2D 平面影像的 DirectDraw，及 3D 立體成像的 Direct3D 所組成。雖然 DirectDraw 確實地發揮了強大的 2D 繪圖運算功能，但由於 Direct3D 的過多繁雜設定與操作讓初學者卻步，使得早期並無太多應用 Direct3D 技術開發的多媒體程式。隨著版本的更新與改良，在 DirectX8 中已將 DirectDraw 及 Direct3D 加以整合，變更為單獨的 DirectGraphics 套件來因應 3D 遊戲日漸普及化的趨勢。

不過由於 DirectDraw 在使用上與 Windows GDI 相似且簡單易學，使用者可以利用顏色鍵作透空處理，即能直接鎖住繪圖頁進行控制，使得它在純 2D 環境的平面繪圖上有相當不錯的成績。但是在 DirectX 8.0 之後的 DirectGraphics 套件中，它取消 DirectDraw 原有的繪圖概念，強迫開發人員使用 3D 平台來處理 2D 介面，3D 貼圖與 2D 貼圖是完全不一樣的做法，而且比 DirectDraw 來得複雜。至於所謂「繪圖引擎」（Rendering Engine），在這裡指的是實際的繪圖機制，將輸入進來的指令執行後，結果出現在螢幕上。DirectGraphics 繪圖引擎的架構如下：

座標轉換	參考世界（World）、相機（View）及投射（Projection）三種矩陣及剪裁（Viewport）參數，做頂點座標的轉換，最後得出實際螢幕繪製位置。
色彩計算	依目前空間中所設定的放射光源、材質屬性、環境光與霧的設定，計算各頂點最後的顏色。
平面繪製	貼圖、基台操作、混色，加上上兩項計算的結果，實際繪製圖形到螢幕上。

例如 DirectGraphics 可以繪製的基本幾何圖形型態有下列六種：

基本幾何圖形型態	內容說明
D3DPT_POINTLIST	繪製多個相互無關的點（Points），數量 = 頂點數。
D3DPT_LINELIST	繪製不相連的直線線段，每 2 個頂點繪出一條直線，數量 = 頂點數 /2。
D3DPT_LINESTRIP	繪製多個由直線所組成的相連折線，第 1 個與最後 1 個頂點當作折線的兩端，中間的頂點則依序構成轉折點，數量 = 頂點數 -1。
D3DPT_TRIANGLELIST	繪製相互間無關的三角形，每個三角型由連續的三個頂點組成，通常用來繪製 3D 模型，數量 = 頂點數 /3。
D3DPT_TRIANGLESTRIP	利用共用頂點的特性，繪製一連串三角形所構成的多邊形，第一個三角形由 3 個頂點組成，之後每加入新的頂點，與前一個三角形的後兩個頂點組成新的三角形，常用於繪製彩帶、刀劍光影等特效，數量 = 頂點數 -2。
D3DPT_TRIANGLEFAN	利用共用頂點的特性，繪製一連串三角形所構成的多邊形。與前者不同的是，所有的三角形皆以第一個頂點與另兩個頂點組成，第一個三角形由第一個頂點與第二、三個頂點組成，之後每加入新的頂點，與第一個頂點與前一個三角形的最後一個頂點組成新的三角形，看起來就好像扇形一樣，通常用來繪製平面的多邊形，數量 = 頂點數 -2。

在 DirectDraw 時代，只要呼叫 BltFast，指定貼圖的位置，就能將影像檔貼到畫面上，但是如果要使用 DirectGraphics 來進行 2D 圖形的繪製，其作法就大有不同。這種突然地變化，使得在初期時，DirectGraphics 的出現讓許多愛用 DirectDraw 的軟體工程師裹足不前。換個角度想，DirectDraw 除了簡單外，要做出相當炫的特效，還是得自己動手寫，而在 3D 硬體加速卡如此普級化的今天，運用 3D 功能作出超炫的畫面也是輕而易舉，若放著好端端的功能不用，遊戲的精彩度早已輸在起跑點上了。

9-7-3　DirectSound

在一些中小型遊戲中，對音效變化的要求較高，但又不想因音效檔案過度佔據了儲存空間，則可能採用 Midi 音效檔案。Midi 格式檔案中的聲音資訊不若 Wave 格式檔案來得豐富，它主要記錄了節奏、音階、音量等資訊，單獨聽 Midi 音效檔案會覺得像是一個沒有和弦的單音鋼琴所彈出來的效果，甚至可以用難聽來形容，早期的遊戲很多就是使用 Midi 格式的音效檔案，雖然效果不佳，但總比無聲的進行遊戲來得好上許多。然而隨著軟、硬體技術的突飛猛進，使得電腦在播放 Midi 格式音效檔時，可以進一步利用軟體或硬體的計算功能，進一步模擬 Midi 音效播放時中間搭配的和弦效果，使得 Midi 音效也能提供十分悅耳的音樂。這類加強 Midi 音效的軟體或硬體，通常稱之為「音效合成器」，它的工作原理簡單的說，就是將 Midi 音效加以模擬，並轉換為 Wave 格式再經由音效卡播放出來。

直到近期的一些遊戲在開發時會採用 DirectX 技術來處理 Wave 與 Midi 音效檔案，它們也提供了軟體音效合成器的功能。也就是說，如果玩家的音效卡已內建硬體音效合成器，則會直接使用硬體的音效合成功能，如果音效卡上不支援合成器功能，則多半使用 DirectX 的軟體合成功能。

我們知道在 Windows 中提供了一組名為 MCI（Media Control Interface）的多媒體播放函數，其中包含了所有多媒體的共有指令。只要透過這些工作指令，即可進行媒體的存取控制與播放作業。不過在充滿絢麗畫面的遊戲世界裡，若要能達到震撼人心的境界，還得有適當的音樂陪襯才行，這時 MCI 指令集就很明顯不足。

DirectSound 套件則比 MCI 功能更為複雜與多元與複雜，是一種用來處理聲音的 API 函數，除了播放聲音和處理混音之外，它提供了各種音效處理的支援，如低延遲音、3D 立體音、協調硬體運作等，並且提供錄音功能、多媒體軟體程式低間隔混音、硬體加速，以及存取音效裝置。對於音效卡相容的問題，可以使用 DirectSound 技術來加以解決。

在一般人的觀念裏，對於音效播放可能都只侷限於檔案本身或是播放程式，然而 DirectSound 對於一個音效的播放區分為數個物件成員，我們僅介紹幾個較為具體的成員，它們分別是：音效卡（DirectSound）、2D 緩衝區（DirectSoundBuffer）、3D 緩衝區（DirectSound3DBuffer）與 3D 空間傾聽者（DirectSound3DListener）。我們都知道要播放音效的話，電腦上必須安裝有音效卡，DirectSound 會將音效卡當作一個裝置物件，一個物件負責處理一組音效運算，音效卡物件等於是一個功能豐富的音效卡，即使真正的音效卡上所沒有的硬體功能（例如音效合成器），音效卡物件也可以自行模擬。

通常玩家的電腦上應該只安裝有一張音效卡，所以在使用 DirectSound 時通常也只會使用到一個音效卡裝置物件，在多工作業系統中，會使用到音效卡的程式並不只有遊戲本身，在只有一張音效卡的情況下，過去您必須親自處理音效卡與其他程式共用的協調問題，不過在使用 DirectSound 則無需擔心這個問題，它會自行處理音效卡的共用協調問題。

音效檔案原本可能是在硬碟或是光碟片中，要播放音效時必須先將之載入記憶體，記憶體的位置可能是在音效卡上或是主記憶體中，在 DirecSound 中您不用擔心這個問題，只要將之載入緩衝區物件中，緩衝區物件就相當於音效卡物件上的記憶體，至於該使用音效卡上的記憶體或是主記憶體，DirectSound 會自行判斷，如果硬體內建有記憶體則會儘量使用它來建立緩衝區。除了提供基本的 2D 音效之外，DirectSound 還提供有 3D 音效的模擬功能，3D 緩衝區即用來存放 3D 音效檔案，DirectSound 將音效卡物件具體化為一個實體的音效卡，而 2D 緩衝區與 3D 緩衝區則具體化為這個音效卡上所提供的 2D 音效晶片與 3D 音效晶片。

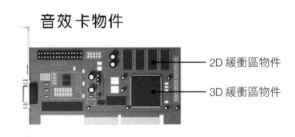

音效卡物件

2D 緩衝區物件

3D 緩衝區物件

事實上，對於 3D 音效而言，傾聽者的位置不同，其所聽到的音效感覺就不同，舉例來說，音源播放的方向，其在傾聽者的前方或後方，對於傾聽者所聽到的聲音方向或音量大小感覺就不相同，在過去要運用 3D 音效往往必須使用多聲道喇叭與支援多聲道輸出的音效卡，然而 DirectSound 將傾聽者也具體化為一個物件，透過設定 3D 傾聽者物件

的位置資訊，玩家只要使用耳機或一般的喇叭，就可以體會到 3D 音效的效果，而程式設計本身並不用複雜的計算公式或演算法。

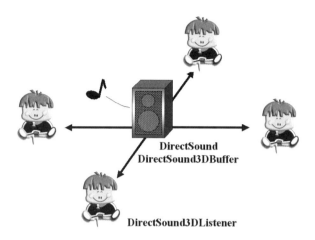

▲ DirectSound3DListener 物件的具體示意

9-7-4　DirectInput

　　DirectInput 是用來處理遊戲的一些周邊設備裝置，例如搖桿、GamePad 介面、方向盤、VR 手套、力回饋等周邊裝置。DirectInput 的出現是讓電腦遊戲搖身一變走向電視遊戲機的一個重大指標。它可以與硬體直接交流，輕鬆地讀取搖桿的資源，也可以使用方向盤、飛行器、跳舞機等，並給玩家一個輕鬆的遊戲操控環境。

　　可能有些程式背景較強的讀者會有疑問：「為什麼不直接使用 Windows 提供的訊息或 API 函數來取得使用者的輸入狀態？」答案很簡單啊！因為 Windows 的應用程式主要採用訊息佇列（Message Queen）的方式，每一個訊息依照次序被讀取並進行處理。如果透過鍵盤訊息如 WM_KEYDOWN 或是 WM_KEYUP 來處理鍵盤按鍵狀態，會導致讀取鍵盤的動作緩慢，進而影響到遊戲的操作，這在動作與射擊遊戲是一個很大的缺陷。而 DirectInput 可以不透過作業系統直接對裝置進行存取行為，立即回應目前的硬體狀況，而非等待 Windows 傳送過來的訊息。

　　一般遊戲在進行操作的裝置常見有三種：鍵盤、滑鼠與搖桿。或許您還會想到一些特殊裝置，例如槍枝造型的操作裝置、球拍造型的操作裝置、甚至於推桿造型的操作裝置（在進行撞球遊戲時使用），然而對 DirectInput 物件來說，這些裝置仍然被歸類為搖桿一種，因為您無法預測玩家會使用什麼樣的裝置，我們只要對 DirectInput 元件進行設定，至於它要如何控制不同的裝置則無需設計者去費心。

　　DirectInput 元件對於操作裝置是以「軸」與「按鈕」來定義，它將操作裝置分為三類：「鍵盤」、「滑鼠」與「搖桿」。鍵盤即是我們所常用的標準鍵盤，而各類滑鼠（無論是使用軌跡球或是光學鼠）、數位板或是觸控螢幕，都歸類為滑鼠類操作裝置，至於其他的裝置，則通通歸類為搖桿類操作裝置。

　　鍵盤不像滑鼠或搖桿具有方向性，所以它屬於沒有軸的操作裝置，而鍵盤基本上具有101 個以上的按鍵，所以鍵盤在 DirectInput 的定義上，就屬於「無軸」、「多按鈕」的操作裝置。使用 DirectInput 來操作鍵盤比使用 Windows 事件處理來操作鍵盤擁有更多的優點，由於 DirectX 的成員都可以直接存取目的裝置，而無需透過 Windows 的訊息，所以使用 DirectInput 直接存取鍵盤裝置，會比使用 Windows 事件處理來得反應快速，對於一些需要高速反應操作的遊戲（例如即時的 3D 格鬥遊戲），就會使用 DirectInput 來進行鍵盤操作，而另一個好處是可以運用更多的組合鍵，以完成更多的鍵盤組合操作。

　　以鍵盤為例，必須建立一個大小為 256 位元的緩衝區，來暫存每個鍵盤的狀態（按下或鬆開），並不斷地呼叫 GetDeviceState 方法來取鍵盤的狀態將其存入緩衝區中，接著判斷緩衝區中的內容，就能知道有哪些按鍵是按下或者是鬆開。以下部份程式碼示範了如何使用 DirectInput 的 GetDeviceState() 函數，並以鍵盤為輸入裝置，讓使用者可以按下「上」、「下」、「左」、「右」鍵來控制視窗中小球的移動：

```
// 讀取鍵盤訊息的程式片段
result = pDKB->GetDeviceState(sizeof(buffer),(LPVOID)&buffer);
// 取得鍵盤狀態
    if(result != DI_OK)
        MessageBox("取得鍵盤狀態失敗!");
    if(buffer[DIK_RIGHT] & 0x80)     // 判斷右鍵是否被按下
        if(x+80 > rect.right)        // 判斷是否碰到右邊緣
            x = rect.right - 60;
        else
            x+=20;
    if(buffer[DIK_LEFT] & 0x80)      // 判斷左鍵是否被按下
        if(x-20 < -21)               // 判斷是否碰到左邊緣
            x = -21;
        else
            x-=20;
    if(buffer[DIK_UP] & 0x80)        // 判斷上鍵是否被按下
        if(y-20 < -21)               // 判斷是否碰到上邊緣
            y = -21;
        else
```

```
            y-=20;
    if(buffer[DIK_DOWN] & 0x80)        // 判斷下鍵是否被按下
        if(y+80 > rect.bottom)         // 判斷是否碰到下邊緣
            y = rect.bottom-60;
        else
            y+=20;
    if(buffer[DIK_ESCAPE] & 0x80)      // 判斷 Esc 鍵是否被按下
    {
        KillTimer(1);                  // 刪除計時器
        PostMessage(WM_CLOSE);         // 結束程式
    }
}
```

【執行結果】

　例如各位所使用的滑鼠具有二到三個按鍵，由於滑鼠的運作原理是利用軌跡球滾動或是光線相對位移（指光學鼠）來決定其移動量，所以操作上具有方向性，但是滑鼠移動並沒有原點依據，因此採用的是「相對軸」，通常在 DirectInput 中對於滑鼠的移動，可以使用具有四個成員結構來表示，其包括 x、y、z 與 buttons。其中 x、y 分別表示 X 軸與 Y 軸的移動，而 z 則表示移動量，buttons 是個 0 ～ 2 的陣列，用來表示滑鼠左、右與中鍵。

DirectInput 並不使用 Windows 的訊息產生事件，使用 DirectInput 來進行操作裝置的管理有兩種方式，一種是直接取得裝置的狀態，一種是設定緩衝區。兩者各有其好處，即時資料可以讀取裝置的即時資訊，但在程式忙碌時可能讀取到錯誤的操作或遺漏了訊息。而使用緩衝區的話，每個操作訊息都會被儲存在緩衝區中，而程式再由緩衝區中讀取，如此操作訊息不會遺漏，但您必須自行處理緩衝區，緩衝區過大則會導致操作有延遲的效應，緩衝區過小則操作訊息仍有可能被遺漏。

　　許多搖桿是專門為某些特定遊戲而設計的，因此並沒有所謂的標準搖桿規格，在 DirectInput 中對搖桿的定義為「多軸」與「多按鈕」的操作裝置，無論該搖桿長的多怪異，操作方式多複雜，都將其歸類於軸與按鈕的操作。在 DirectInput 中定義有兩種搖桿類型，一種為 6 個軸、32 個按鈕的一般搖桿，一種為 24 軸、128 個按鈕的新型搖桿。

　　通常操作 2D 或 3D 遊戲，因此使用的搖桿多為支援 6 個軸的一般搖桿，這 6 個軸主要是 3D 立體中的 X、Y、Z 軸，以及繞這三個軸的旋轉軸，如下圖所示：

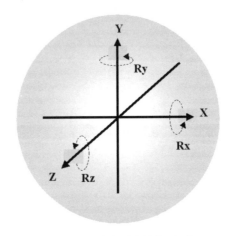

▲ 6 軸一般搖桿的軸判斷方式

　　在上圖中旋轉軸的方向判斷是使用右手來判定，姆指是直角座標軸正方向，而四指就是旋轉軸正方向，不同的搖桿對這六個軸的設計位置可能不相同，以手上的搖桿為例，它的軸方向如下定義：

▲ 一個搖桿可能的定義方向

　　在上圖中我們將滑桿拿來作軸的操作，除了軸與按鈕之外，搖桿上還會設計有準星帽（Point-of-View，簡稱 POV），軸操作要定義在滑桿或是準星帽上可以由玩家自行切換，至於切換的判斷則是由搖桿的驅動程式負責。在程式設計時只要專心於軸與按鈕的操作

即可，而不用理會到底玩家的搖桿如何設定，這也就是為什麼玩家的搖桿即使奇形怪狀，設計者仍無需擔心的原因。

9-7-5　DirectShow

如果遊戲開發者要在程式中加入影像媒體播放效果，建議各位不妨使用 DirectShow 元件所提供的強大功能。DirectShow 是 DirectX 中負責多媒體檔案播放的主要元件，它不僅使用簡單，更支援 MPEG、AVI、MOV、MIDI、MP2 與 MP3 等多媒體格式。DirectShow 的運作方式不同於 DirectSound 與 DirectMusic 元件，而是透過「過濾器」（Filter）技術來進行媒體檔案的播放作業。所謂過濾器技術原理，就是利用資料流將媒體檔案輸入到過濾器中，經過對應解壓方式操作後，再以資料流方式將處理過後的資料輸出。

例如系統將 MPEG 格式的視訊檔案，透過資料流方式輸入到 DirectShow 過濾器中，過濾器再根據所輸入的媒體格式進行解壓工作，最後才將未經壓縮的影像畫面傳送到顯示卡加以顯示，如下圖所示：

通常 DirectShow 元件本身可以擁有多組過濾器，來負責不同媒體格式檔的運算處理。這些過濾器可以相互組合使用，也就是使用者可將第一個過濾器的運算結果輸出資料流，導向第二個過濾器作進一步處理。如下圖所示：

DirectShow 是一個架構非常複雜的元件，不過幸運的是它已經將這些複雜的建立過程與播放做得非常簡單。所以目前很少人會再去研究在多媒體檔的連結之下，這些過濾器要如何結合媒體檔的技術了，一般而言，各位只要利用 RenderFile 與 Run 的方法就可以

開始播放動畫，甚至 MP3 或 AVI 的檔案也可以喔！以下部份程式碼將為您示範如何使用 DirectShow 播放新無敵炸彈超人的開場動畫：

```
// 宣告 DirectShow 必須使用到的物件
    IGraphBuilder  *pGraph; // 在 DirectShow 中的繪圖物件
    IMediaControl *pMediaControl; // 在 DirectShow 中的媒體控制物件
    IMediaEvent   *pEvent; // 在 DirectShow 中的媒體事件物件

    CoInitialize(NULL);

    // 建立基本繪圖物件及媒體播放物件
    CoCreateInstance(CLSID_FilterGraph, NULL, CLSCTX_INPROC_SERVER,
                     IID_IGraphBuilder, (void **)&pGraph);
    pGraph->QueryInterface(IID_IMediaControl, (void **)&pMediaControl);
    pGraph->QueryInterface(IID_IMediaEvent, (void **)&pEvent);

    // 讀取媒體檔案
    pGraph->RenderFile(L" 炸彈超人 .mpg", NULL);

    // 開始播放動畫
    pMediaControl->Run();

    // 等待動畫播放結束
    long evCode;
    pEvent->WaitForCompletion(INFINITE, &evCode);
```

【執行結果】

9-7-6　DirectPlay

　　DirectPlay 則提供了控制網路上資料傳輸的函數，方便開發者作為設計多人連線遊戲之用。雖然 Windows 中已經有提供名為『Winsock』的網路套件，與其他 API 一樣，簡單易學，不過許多基本工作（如連線建立、玩家管理、封包傳遞），還是得靠軟體工程師自己動手 DIY，對於簡單的小遊戲使用起來相當方便，但如果要達到中型以上網路遊戲的階段，還是需要 DirectPlay。

　　DirectPlay 是為了滿足近來流行的網路遊戲而開發的 API，而且它還支援許多通訊協定，讓玩家可以利用各種連網的方式來進行網路遊戲的對戰，此外也提供網路對談的功能，以及保密的措施。

　　在各位使用 DirectPlay 來開發網路架構時，DirectPlay 可以協助分析出幾種不同的通訊協定之間的差異性。簡單的說，如果使用 DirectPlay，便可以撰寫一套支援 IPX、TCP/IP、序列、數據機通訊，以及其他不同網路通訊協定的程式碼，否則就必須自行開發這些不同且繁雜瑣碎的通訊協定程式碼。

學習評量

1. 整合式開發環境有哪些好處？

2. 試說明使用 Visual Basic 來從事遊戲設計的優缺點。

3. 請簡單說明 Java 程式跨平台的能力。

4. 試說明 OpenGL 的特性與功能。

5. 為什麼不直接使用 Windows 提供的訊息或 API 函式來取得使用者的輸入狀態？

6. 何謂 COM 介面？

7. MFC 的功用為何？試說明之。

8. Java 應用於遊戲上，有兩種展現的方式，試說明之。

9. 何謂計算機三維圖形？

10. OpenGL 有哪幾種函式的分類？

11. 請簡述 OpenGL 的運作原理。

12. 何謂 DirectGraphics？

13. DirectSound 套件的功用為何？

14. DirectInput 元件對於操作裝置的定義原則。

15. 試說明 DirectShow 的功用與播放原理。

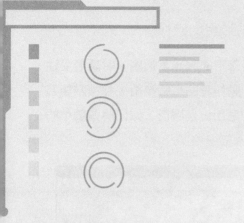

10

人工智慧在遊戲的應用

人工智慧（Artificial Intelligence，AI）是當前資訊科學上範圍涵蓋最廣、討論最受注目的一個主題，舉凡模擬人類的聽、說、讀、寫、看、動作等的電腦技術，都被歸類為人工智慧的可能範圍。在遊戲開發過程中，人工智慧的應用更是廣泛，如何將遊戲中的人工智慧，設計的難易適中，也是一門學問。

▲ 電影中的鋼鐵人與變形金剛未來都可能真實出現在我們身邊

例如在「古墓奇兵」遊戲裡，主角如何在尋寶過程中，出現追、趕、跑、跳、蹦等複雜行為，這些看似簡單的動作，其實得大大借助人工智慧的幫忙！本章將儘量避開那些繁雜的演算法，為各位介紹在遊戲設計領域中有關資料結構與人工智慧的相關主題。

10-1　認識人工智慧

微軟亞洲研究院曾經指出：「未來的電腦必須能夠看、聽、學，並能使用自然語言與人類進行交流。」人工智慧的原理是認定智慧源自於人類理性反應的過程而非結果，即是來自於以經驗為基礎的推理步驟，那麼可以把經驗當作電腦執行推理的規則或事實，並使用電腦可以接受與處理的型式來表達，這樣電腦也可以發展與進行一些近似人類思考模式的推理流程。

人工智慧可以形容是電腦科學、生物學、心理學、語言學、數學、工程學為基礎的科學，由於記憶容量與高速運算能力的發展，人工智慧未來一定會發展出來各種不可思議

的能力，不過必須理解 AI 本身之間也有程度強弱之別，美國哲學家 John Searle 便提出了「強人工智慧」（Strong AI）和「弱人工智慧」（Weak AI）的分類。

🎮 弱人工智慧

弱人工智慧（Weak AI）是只能模仿人類處理特定問題的模式，不能深度進行思考或推理的人工智慧，乍看下似乎有重現人類言行的智慧，但還是與人類智慧同樣機能的強AI 相差很遠，因為只可以模擬人類的行為做出判斷和決策，是以機器來模擬人類部分的「智能」活動，並不具意識、也不理解動作本身的意義，所以嚴格說起來並不能被視為真的「智慧」。平日所看到的絕大部分 AI 應用，都還是弱人工智慧，經過不斷改良後，仍可有效地解決某些人類的問題，例如先進的工商業機械人、語音識別、圖像識別、人臉辨識或專家系統等。

▲ 銀行的迎賓機器人是屬於一種弱 AI

🎮 強人工智慧

▲ 科幻小說中活靈活現、有情有義的機器人就屬於一種強 AI

所謂強人工智慧（Strong AI）或通用人工智慧（Artificial General Intelligence）是具備與人類同等智慧或超越人類的 AI，以往電影的描繪使人慣於想像擁有自我意識的人工智慧，能夠像人類大腦一樣思考推理與得到結論，更多了情感、個性、社交、自我意識，自主行動等等，也能思考、計畫、解決問題快速學習和從經驗中學習等操作，並且和人類一樣得心應手，不過目前主要出現在科幻作品中，還沒有成為科學現實。事實上，從弱人工智慧時代邁入強人工智慧時代還需要時間，但絕對是一種無法抗拒的趨勢。

10-1-1　機器學習

▲ 人臉辨識系統就是機器學習的常見應用

我們知道 AI 最大的優勢在於「化繁為簡」，將複雜的大數據加以解析，AI 改變產業的能力已經是相當清楚，而且可以應用的範圍相當廣泛。機器學習（Machine Learning，ML）是大數據與 AI 發展相當重要的一環，是大數據分析的一種方法，透過演算法給予電腦大量的「訓練資料（Training Data）」，在大數據中找到規則，機器學習是大數據發展的下一個進程，可以發掘多資料元變動因素之間的關聯性，進而自動學習並且做出預測，意即機器模仿人的行為，特性很適合將大量資料輸入後，讓電腦自行嘗試演算法找出其中的規律性，對機器學習的模型來說，用戶越頻繁使用，資料的量越大越有幫助，機器就可以學習的愈快，進而達到預測效果不斷提升的過程。

▲ 過去 AI 與現代 AI 的比較 - 被動與主動的天差地別

　　過去人工智慧發展面臨的最大問題是，AI 是由人類撰寫出來，當人類無法回答問題時，AI 同樣也不能解決人類無法回答的問題。直到機器學習的出現，解決了這種困境。

Google 旗下的 Deep Mind 公司所發明的 Deep Q learning（DQN）演算法，甚至都能讓機器學習如何打電玩，包括 AI 玩家如何探索環境，並透過與環境互動得到的回饋。機器學習的應用範圍相當廣泛，從健康監控、自動駕駛、自動控制、自然語言、醫療成像診斷工具、電腦視覺、工廠控制系統、機器人到網路行銷領域。隨著行動行銷而來的是各式各樣的大數據資料，這些資料不僅精確，更是相當多元，如此龐雜與多維的資料，最適合利用機器學習解決這類問題。

▲ DQN 是會學習打電玩遊戲的 AI

10-1-2　深度學習

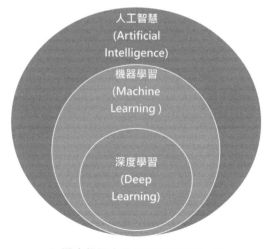

人工智慧
(Artificial Intelligence)

機器學習
(Machine Learning)

深度學習
(Deep Learning)

▲ 深度學習也屬於機器學習的一種

隨著科技和行動網路發達，所產生的龐大、複雜資訊已非人力所能分析，由於 AI 改變了網路行銷的遊戲規則，店家藉此接觸到更多潛在消費者與市場，「深度學習」（Deep Learning，DL）是 AI 的一個分支，也可以看成是具有層次性的機器學習法，更將 AI 推向類似人類學習模式的優異發展。深度學習並不是研究者們憑空創造出來的運算技術，而是源自於「類神經網路」（Artificial Neural Network）模型，類神經網路架構就是模仿生物神經網路的數學模式，取材於人類大腦結構，基本組成單位就是神經元，神經元的構造方式完全類比了人類大腦神經細胞。類神經網路透過設計函數模組，使用大量簡單相連的人工神經元（Neuron），並模擬生物神經細胞受特定程度刺激來反應刺激的研究。權重值是類神經網路中的學習重點，各個神經運算單元之間的連線會搭配不同權重（Weight），各自執行不同任務，就像神經元動作時的電位一樣，一個神經元的輸出可以變成下一個類神經網路的輸入脈衝，類神經網路的學習功能就是比對每次的結果，然後不斷地調整連線上的權重值，只要訓練的歷程愈紮實，這個被電腦系統所預測的最終結果，接近事實真相的機率就會愈大。類神經網路架構蘊含三個最基本的層次，每層各由不同的神經元組成，包含輸入層（Input Layer）、隱藏層（Hidden Layer）、輸出層（Output Layer），各層說明如下：

- **輸入層**：接受刺激的神經元，也就是接收資料並輸入訊息之一方，就像人類神經系統的樹突（接受器）一樣，不同輸入會啟動不同的神經元，但不對輸入信號（值）執行任何運算。

- **隱藏層**：不參與輸入或輸出，隱藏於內部，負責運算的神經元，隱藏層的神經元通過不同方式轉換輸入數據，主要的功能是對所接收到的資料進行處理，再將所得到的資料傳遞到輸出層。隱藏層可以有一層以上或多個隱藏層，只要增加神經網路的複雜性，辨識率都隨著神經元數目的增加而成長，來獲得更好學習能力。

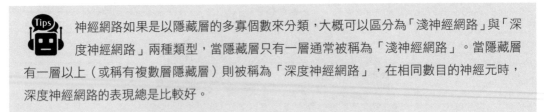
神經網路如果是以隱藏層的多寡個數來分類，大概可以區分為「淺神經網路」與「深度神經網路」兩種類型，當隱藏層只有一層通常被稱為「淺神經網路」。當隱藏層有一層以上（或稱有複數層隱藏層）則被稱為「深度神經網路」，在相同數目的神經元時，深度神經網路的表現總是比較好。

- **輸出層**：提供資料輸出的一方，接收來自最後一個隱藏層的輸入，輸出層的神經元數目等於每個輸入對應的輸出數，通過它我們可以得到合理範圍內的理想數值，挑選最適當的選項再輸出。

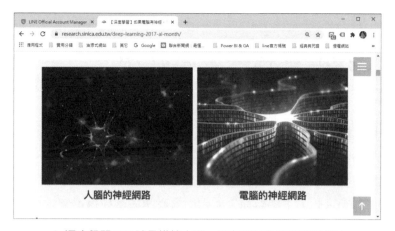

▲ 深度學習可以說是模仿大腦，具有多層次的機器學習法

※ 圖片來源：https://research.sinica.edu.tw/deep-learning-2017-ai-month/

　　由於類神經網路具有高速運算、記憶、學習與容錯等能力，可以利用一組範例，透過神經網路模型建立出系統模型，讓類神經網路反覆學習，經過一段時間的經驗值，便可以推估、預測、決策、診斷的相關應用。最為人津津樂道的深度學習應用，當屬 Google Deepmind 開發的 AI 圍棋程式 AlphaGo 接連大敗歐洲和南韓圍棋棋王，AlphaGo 的設計是輸入大量的棋譜資料和精巧的深度神經網路設計，透過深度學習掌握更抽象的概念，讓 AlphaGo 學習下圍棋的方法，接著就能判斷棋盤上的各種狀況，後來創下連勝 60 局的佳績，並且不斷反覆跟自己比賽來調整神經網路。

▲ AlphaGo 接連大敗歐洲和南韓圍棋棋王

10-2 人工智慧與遊戲應用

人工智慧的概念最早由 Alan Turing 提出，並於西元 1956 年達特茅斯（Dartmouth）研討會中經多位學者討論後定名，無數的理論被提出來解決電腦的難題。簡單地說，人工智慧就是由電腦所模擬或執行，具有類似人類智慧或思考的行為，例如推理、規劃、問題解決及學習等能力。將人工智慧加入遊戲中將會讓遊戲變得更豐富、更有挑戰性，例如在飛行射擊遊戲中，當敵機發覺已經被鎖定時，應該要有逃脫的行為，而不是乖乖的被擊落。一些決策思考遊戲更是在人工智慧上下足了功夫，希望玩家能與電腦展開勢均力敵的對戰，而不只是單一枯燥的操作，以延長玩家的遊戲進行時間，增加遊戲產品本身的壽命。

遊戲角色不會追擊？主角或獵物撞上場景中的障礙物？非玩家角色（NPC）無法群體移動讓你不知所措？這就有賴於遊戲人工智慧的幫助。遊戲角色所具備的智慧能力是遊戲耐玩性的決定因素之一，因而也是遊戲開發中需要考慮的重要問題之一。

例如角色可以是對手（或敵對），也可以是夥伴，端視遊戲規劃而定。人工智慧在遊戲中的應用以角色行為動作擬真化最具代表性，另外也包括戰略遊戲中的布局、行動、攻擊，甚至於像是大富翁或西洋棋一類的遊戲，人工智慧都占有了相當重要的角色。它的主要目的就是讓遊戲產生高度的進化演變和行為發展，讓參與其中的玩家們有挑戰與激發未來的不可預測感。通常具有以下四種應用模式：

10-2-1 以規則為基礎

屬於較傳統的人工智慧原理，尤其在戰鬥遊戲裡最常以規則理論來處理。對開發技術人員來說卻是一種可預測、方便測試與除錯的方法，在開發遊戲過程中，可以採用規則為基礎的人工智慧方法（Rules-Based AI）來設計各種角色的行為。例如事先定義出條列式規則來明確規定角色在遊戲中的行為，在程式設計中就是以「if…then…else」敘述或 switch…case 敘述等的選擇結構來撰寫。

10-2-2　以目標為基礎

在遊戲開發時，設計人員必須定義出角色的目標及到達目標所需的方法。因此設計的角色必須包含目標、知識、策略與環境的四種狀態。例如以「以規則為基礎」來設計角色，只是讓角色對環境的感受單純反應為主，例如早期的遊戲會以追逐移動為主，不能夠與週遭環境產生互動。但是在「以目標為基礎」的遊戲角色，會根據環境的變動與互動資訊來作為行動的依據，列入考慮的因素包括一連串的動作。

10-2-3　以代理人為基礎

所謂代理人是遊戲中的一種虛擬人物，也是遊戲世界中最常見的角色，它可能是玩家的敵人或是遊戲過程中玩家的夥伴。通常在設計上，我們會賦予代理人生命，讓它能夠回應、思考與行動，並具有自主的能力。

角 色 屬 性			
LV	等級	EXP	經驗值
HP	生命點數	SP	技能點數
DEX	戰鬥敏捷度	SPD	行動速度
STR	攻擊力量	ACY	命中率
DEF	防禦力	VIS	視力
SK	技能		

EXP & LV	SK & SP
◎ 經驗值主要由減損敵方的生命點數而來	◎ 特殊角色或人族 3 階戰士，會有特殊技能
◎ 經驗值累積到一定程度 LV 便可提升	◎ 使用特殊技能會損耗 SP
◎ 各屬性也會隨職別的不同而有變化	◎ 戰役結束前，SP 不能回復

DEX	VIS
發動攻擊與下一次發動攻擊之間會有一段時差，DEX 越高，時差越小	影響角色的視力範圍，敵方進入視力範圍方會顯現

10-2-4 以人工生命為基礎

所謂人工生命（Artificial Life）是組合了生物學、演化理論、生命遊戲的相關概念，可用來平衡與滿足真實自然界的生態系統，讓 NPC 具有情緒化的反應與具有生物功能的特色和演化合理行為，目的在創造擬真的角色行為與逼真的遊戲互動環境。

10-3 遊戲人工智慧的基本原理

人工智慧的核心原理就是認定智慧源自於人類理性反應的過程而非結果，即是來自於以經驗為基礎的推理步驟。那麼可以把經驗當做電腦執行推理的規則或事實，並使用電腦可以接受與處理的型式來表達，這樣電腦也可以發展與進行一些近似人類思考模式的推理流程。例如醫學上的智慧型電腦來說，它能夠在輸入一連串的檢驗報告之後，診斷出患者所罹患的疾病，即時列出詳細的各種療程資訊以及所有可能的衍生性癥狀，大大提高醫療的效率。

一般來說，人工智慧應用的領域涵蓋了類神經網路（Neural Network）、機器學習（Machine Learning）、模糊邏輯（Fuzzy Logic）、影像辨識（Pattern Recognition）、自然語言了解（Natural Language Understanding）... 等等；不過此處我們不打算深入探討這些演算理論，我們將針對「人工智慧」在遊戲設計領域相關應用來進行簡單介紹。

10-3-1 基因演算法

基因演算法（Genetic Algorithm），可稱得上是模擬生物演化與遺傳程序的搜尋與最佳化演算法，其理論根基是在 1975 年由 John Holland 提出。在真實世界裡，物種的演化（Evolution）是為了更適應大自然的環境，而在演化過程，某個基因的改變也能讓下一代來繼承。

例如在遊戲中，玩家可以挑選自己喜歡的角色來扮演，不同的角色各有不同的特質與挑戰性，設計師並無法事先預告或了解玩家打算扮演的角色。這時為了回應不同的狀況，就可以將可能的場景指定給某個染色體，利用不同的染色體來儲存每種情況的回應。像是運用基因演算法，把重力和人物的肌肉結構都做好關連後，就可讓人物走得非常順暢。

John Holland 提出的基因演算法就是一種模仿大自然界物競天擇法則和基因交配的演算法則。對於以往傳統人工智慧方法無法有效解決的計算問題，它都可以很快速地找出答案來。基本上，基因演算法是一種特殊的搜尋技巧，適合處理多變數與非線性的問題。我們將利用下圖來表示演化過程：

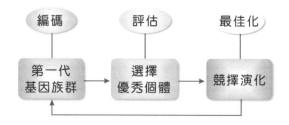

10-3-2 模糊邏輯

模糊邏輯（Fuzzy Logic）也是相當知名的人工智慧技術，由柏克萊大學教授 Lotfi Zadeh 在 1965 年提出，是把人類解決問題的方法，或將研究對象以 0 與 1 之間的數值來表示模糊概念的程度交由電腦來處理。也就是模仿人類思考模式，將研究對象以 0 與 1 之間的數值來表示模糊概念的程度。事實上，從冷氣到電鍋，大量的物理系統都可受益於模糊邏輯的應用。例如日本有一款 FUZZY 智慧型洗衣機，就是依據所洗衣物的纖維成分，來決定水量和清潔劑的多寡及作業時間長短。

在遊戲開發過程中，也經常加入模糊邏輯的概念，例如讓 NPC 具有一些不可預測的 AI 行為，就是協助人類跳離 0 與 1 二值邏輯的思維，並對 True 和 False 間的灰色地帶做決策。至於如何推論模糊邏輯，首要步驟是將明確數字「模糊化」（Fuzzification），例如當魔鬼海盜船接受指令後，如果在 2 公里內遇見玩家必須與玩家戰鬥，此處就將 2 公里定義為「距離很近」，至於魔鬼海盜船與玩家相距 1 公里就定義為「非常接近」。

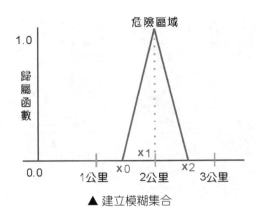

▲ 建立模糊集合

　　例如魔鬼海盜船與玩家即使相距 1.95 公里，若以布林值來處理，應該處於危險區域範圍外，這好像不符合實際狀況，明明就快短兵相接，卻還不是危險區域。所以依據實際狀況來回傳介於 0~1 之間的數值，利用「歸屬度函數」（Grade Membership Function）來表達模糊集合內的情形。如果 0 表示不危險，1 表示危險，而 0.5 則表示有點危險。這時就能利用右圖定義一個危險區域的模糊集合：

　　當將所有輸入的資料模糊化之後，接下來要建立模糊規則。定義模糊規則的作用是希望輸出的結果能與模糊集合中的某些歸屬程度相符合。例如嘗試先來建立魔鬼海盜船遊戲中有關的模糊規則：

- 如果與玩家相距 3 公里，表示距離遠，為警戒區域，快速離開。
- 如果與玩家相距 2 公里，表示距離近，為危險區域，維持速度。
- 如果與玩家相距 1 公里，表示距離很近，為戰鬥區域，減速慢行。

另外可以利用程式碼設定這些規則：

> *if*（非常近 AND 危險區域）AND NOT 武器填裝 then 提高戒備
>
> *if*（很近 OR 戰鬥區域）AND NOT 火力全開 then 開啟防護
>
> *if*（NOT 近 AND 警戒區域）OR（NOT 保持不變）then 全員備戰

　　由於每條規則都會執行運算，並輸出歸屬程度，當我們將每個變數輸入後，可能會得到這樣的結果：

> 提高戒護的歸屬程度 0.3
>
> 開啟防護的歸屬程度 0.7
>
> 全員備戰的歸屬程度 0.4

當各位將每條規則輸出後，以強度最高者為行動依據，若是依照上述的輸出結果，則是以「開啟防護」為最終行動。

10-3-3 類神經網路

「類神經網路」（Artificial Neural Network）是模仿生物神經網路的數學模式，使用大量簡單而相連的人工神經元（Neuron）來模擬生物神經細胞，受特定程度刺激來反應刺激的架構為基礎的研究，為平行運作且會動態地互相影響。由於類神經網路具有高速運算、記憶、學習與容錯等能力，可以利用一組範例，透過神經網路模型建立出系統模型，便可用於推估、預測、決策、診斷的相關應用。近年來配合電腦運算速度的增加，使得類神經網路的功能更為強大，這種觀念也可以應用在遊戲中玩家魔法值或攻擊火力的成長，當主角不斷學習與經過關卡考驗後，功力自然大增。

▲ 類神經網路的原理可以應用在電腦遊戲中

10-3-4 有限狀態機

「有限狀態機」（Finite State Machine）是屬於離散數學（Discrete Mathematics）的範疇指在有限狀態集合中，從一開始的初始狀態，以及其他狀態間，可經由不同轉換函式而轉變到另一個狀態，轉換函式相當於各個狀態之間關係。

許多生物的行為都能以各種狀態分別來解析，因為某些條件的改變，所以從原先的狀態轉換到另一種狀態。在遊戲 AI 的應用上，有限狀態機算是一種設計的概念，也就是可以透過定義有限的遊戲運作狀態，並藉由一些條件在這些運作狀態互相切換。並且包含二項要素：一個是代表 AI 的有限狀態簡單機器，另一個則是輸入（Input）條件，會使目前狀態轉換成另一個狀態。

通常 FSM 會依據「狀態轉移」（State Transition）函式來決定輸出狀態，並可將目前狀態移轉為輸出狀態。而在遊戲程式設計領域中，可以利用 FSM 來訂定遊戲世界的管理基礎與維護遊戲進行狀態，並分析玩家輸入或管理物件情況。例如利用 FMS 來撰寫魔鬼海盜船在大海中追逐玩家的程式，可利用 FSM 的概念來製作一個簡易圖表，以下圖來表示：

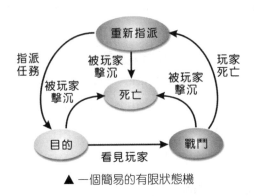

▲ 一個簡易的有限狀態機

在上圖中，魔鬼海盜船主要是接受任務指派與前往目的地。所以魔鬼海盜船的第一種狀態就是前往目的，另一種可能就是出了門後，立即被玩家擊沉，變成「死亡」狀態。如果遊戲進行中碰見玩家，就必須與玩家交戰，或者沒有看見玩家，就重新接受任務的指派。其他情形就是得戰勝玩家，才能獲得新的任務指派，如果沒有戰勝玩家，則會面臨死亡的狀態。

當程式設計師為了讓 FSM 能夠擴大規模，也有人提出平行處理的自動方式，將複雜的行為區分成不同子系統或是階層。假如各位要在魔鬼海盜船中加入面對玩家會進入射擊狀態。可以利用下圖來表示：

▲ 有限狀態機加入子系統

其他狀態可依據需求來加入，例如沒有能量，必須補充能量，如果是在射程外，就形成了「閒置」狀態。最後各位只要將這個設計好的子系統加入控制處理即可。

10-3-5 決策樹

如果要設計的遊戲是屬於「棋類」或是「紙牌類」，那麼上述的人工智慧基本概論可能就變得一無是處（因為紙牌根本不需要追著您跑或逃離），此類遊戲所採用的技巧在於實現遊戲作決策的能力，例如該下哪一步棋或者該出哪一張牌。

決策型人工智慧的實作是一項挑戰，因為通常可能的狀況有很多，例如象棋遊戲的人工智慧就必須在所有可能的情況中選擇一步對自己最有利的棋，想想看如果開發此類的遊戲，您會怎麼作？通常此類遊戲的 AI 實現技巧為先找出所有可走的棋（或可出的牌），然後逐一判斷如果走這步棋（或出這張牌）的優劣程度如何，或者說是替這步棋打個分數，然後選擇走得分最高的那步棋。

一個最常被用來討論決策型 AI 的簡單例子是「井字遊戲」，因為它的可能狀況不多，也許您只要花個十分鐘便能分析完所有可能的狀況，並且找出最佳的玩法，例如下圖可表示某個狀況下的 O 方的可能下法：

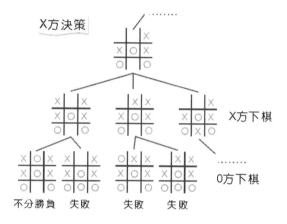

上圖是井字遊戲的某個決策區域，下一步是 X 方下棋，很明顯的 X 方絕對不能選擇第二層的第二個下法，因為 X 方必敗無疑，而您也看出來這個決策形成樹狀結構，所以也稱之為「決策樹」，而樹狀結構正是資料結構所討論的範圍，這也說明了資料結構正是人工智慧的基礎，而決策型人工智慧的基礎則是搜尋，在所有可能的狀況下，搜尋可能獲勝的方法。

針對井字遊戲的製作，我們以下提及一些概念，井字遊戲的棋盤一共有九個位置、八個可能獲勝的方法，請看下圖：

實作 AI 的基本技巧為在遊戲中設計一個存放八種獲勝方法的二維陣列，例如：

```
int win[][] = new int[8][3];
win[0][0] = 1;    // 第一種獲勝方法 ( 表示 1,2,3 連線 )
win[0][1] = 2;
win[0][2] = 3;
…          // 類推下去
```

　　然後依據此陣列來判斷最有利的位置，例如當玩家已經在位置 1 和位置 2 連線時，您就必須擋住位置 3，依此類推。井字型遊戲是最簡單的人工智慧應用，它是一個簡單的遊戲排列運算法，只要在井字型中打上 O、X 即可玩遊戲。以下是手機遊戲團隊所設計的畫面：

▲ 手機井字遊戲畫面

10-4　移動型遊戲 AI

　　凡是在遊戲中會移動的物體，都牽扯到移動型的遊戲 AI，像是遊戲中怪物追逐或者躲避玩家，以及電腦角色的移動都是移動型 AI 的例子，在遊戲中各種元素執行的過程，最基本的方式就是移動。

　　例如以俄羅斯方塊遊戲來說，就只是讓玩家移動方塊位置。不過若是一款單純以動作為主的遊戲，給玩家的感覺就會顯得太單薄，為了豐富遊戲內容，我們必須適時加入躲避和追逐等旁支動作來改變角色的行為，也讓遊戲中的 NPC 也有機會追逐和逃跑。

10-4-1　追逐移動的效果

　　以怪物追逐玩家的例子來說，做法是只要在每次進行視窗貼圖時，將怪物的所在座標與玩家角色的所在座標做比較，遞增或遞減怪物 X、Y 軸上的貼圖座標，使得怪物每次進行貼圖時，漸漸地朝玩家角色所在的位置接近，如此便會產生追逐移動的效果。例如以下程式碼：

```
if( 怪物 X> 玩家 X)
  怪物 X--;
else
  怪物 X++;

if( 怪物 Y> 玩家 Y)
  怪物 Y--;
else
  怪物 Y++;
```

　　不過一般在遊戲開發實作當中，常會依照各種不同的情況，透過 AI 機制來加強豐富性。例如怪物本身的追逐能力、遊戲等級的難易度等，來加入怪物追逐移動的不確定性，藉此以提高電腦角色移動的多樣化。以下是設計一架飛機於循環背景上移動，另外加入三隻追逐飛機移動的小鳥的部分程式碼：

```
1    ......................
2    if(nowX < x)
3      {
4          nowX += 10;
5          if(nowX > x)
6              nowX = x;
7      }
8      else
9      {
10         nowX -=10;
11         if(nowX < x)
12             nowX = x;
13     }
14
15     if(nowY < y)
16     {
17         nowY += 10;
```

```
18          if(nowY > y)
19              nowY = y;
20      }
21      else
22      {
23          nowY -= 10;
24          if(nowY < y)
25              nowY = y;
26      }
27  ................
28  ................
29
30      for(i=0;i<3;i++)
31      {
32          if(rand()%3 != 1)                  // 設定 2/3 機率進行追逐
33          {
34              if(p[i].y > nowY-16)
35                  p[i].y -= 5;
36              else
37                  p[i].y += 5;
38
39              if(p[i].x > nowX-25)
40                  p[i].x -= 5;
41              else
42                  p[i].x += 5;
43          }
44
45  if(p[i].x > nowX-25)                        // 判斷小鳥移動方向
46          {
47              BitBlt(mdc,p[i].x,p[i].y,61,61,bufdc,61,61,SRCAND);
48              BitBlt(mdc,p[i].x,p[i].y,61,61,bufdc,0,61,SRCPAINT);
49          }
50          else
51          {
52              BitBlt(mdc,p[i].x,p[i].y,61,61,bufdc,61,0,SRCAND);
53              BitBlt(mdc,p[i].x,p[i].y,61,61,bufdc,0,0,SRCPAINT);
54          }
55      }
56  ....................
```

【執行結果】

▲ 小鳥在視窗中追逐飛機移動，按下 Esc 鍵結束

10-4-2　躲避移動的效果

介紹了追逐移動的相關做法，那想必能夠想像躲避移動是怎麼一回事了，與追逐移動朝著目標前進的目的剛好完全相反，躲避移動的目的就是要遠離目標，下面就以電腦怪物躲避玩家的例子來看看躲避移動的程式碼：

```
if( 怪物 X> 玩家 X)
  怪物 X++;
else
  怪物 X--;

if( 怪物 Y> 玩家 Y)
  怪物 Y++;
else
  怪物 Y--;
```

以上這段程式碼，其中的判斷式與追逐移動相同，不過當每次重設怪物的貼圖座標時，則是會越來越遠離玩家角色的所在位置。此外，在遊戲程式當中，也會依各種不同的情況，例如怪物本身的追逐能力、遮蔽物、遊戲等級的難易度等來加入怪物追逐移動的不確定性，以提高電腦角色移動的多樣化，至於處理方式是把基本的程式碼擴充功能，才能在遊戲中加入有趣的元素。

10-4-3 行為型 AI 的設計

通常遊戲開發人員會在設計時替角色定義出一組相關的移動模式，其中可能包含多種基本移動方式，像是追逐、躲避、隨機、固定移動 ... 等。而遊戲中的角色會隨著遊戲情節的改變而依定義的不同移動方式來進行移動，這便是屬於模式移動。

假設遊戲中所定義的怪物移動模式包含了追逐、躲避、與隨機移動等，而怪物進行這些移動的時機如下圖所示：

這種移動模式 AI 如果較複雜時，可以演變成所謂行為型 AI 的設計。因為涉及到遊戲程式中電腦角色的思考與行為，也就是讓電腦角色擁有狀況判斷思考的能力，並依據判斷後的結果進行相對的行為動作。

例如有某一種 RPG 遊戲中的怪物，它在移動與對戰時具有下面的幾種行為：

1. 普通攻擊。

2. 施放攻擊魔法。

3. 使盡全力攻擊。

4. 補血。

5. 逃跑。

而根據以上的幾種怪物的行為，我們撰寫出了一段如下的程式碼來模擬怪物在對戰時的行為模式：

```
01   if( 生命值 >20)                         // 生命值大於 20
02   {
03       if(rand()%10 != 1)                  // 進行普通攻擊的機率為 9/10
04           普通攻擊；
05       else
06           施放攻擊魔法；
07   }
08   else                                    // 生命值小於 20
```

```
09  {
10      switch(rand()%5)
11      {
12          case 0:
13                  普通攻擊；
14                  break;
15          case 1:
16                  施放攻擊魔法；
17                  break;
18          case 2:
19                  使盡全力攻擊；
20                  break;
21          case 3:
22                  補血；
23                  break;
24          case 4:
25                  逃跑；
26                  if(rand()%3 == 1)      // 逃跑成功機率為 1/3
27                      逃跑成功；
28                  else
29                      逃跑失敗；
30              break;
31      }
32  }
```

在上面的這段程式碼中，利用 if-else 判斷式判斷怪物的生命值是否大於 20，當怪物生命值大於 20 時，怪物會有 9/10 的機率進行普通攻擊，以及 1/10 的機率施放攻擊魔法；而假設當怪物受到了嚴重傷害生命值小於 20 時，第 10 行程式碼以 switch 敘述判斷 rand()%5 的結果來進行對應的行為，因而怪物有可能會進行普通攻擊、施放攻擊魔法、使盡全力攻擊、補血、逃跑等動作，而這些怪物行為的發生機率各為 1/5，其中第 26 行則是設定怪物逃跑成功的機率為 1/3。

事實上，像上面這樣利用 if-else、switch 敘述使電腦角色進行狀況判斷，並產生對應的行為動作就是行為型遊戲 AI 設計的基本精神。我們製作了一個簡單的 RPG 玩家與怪物對戰的範例程式，這個範例採玩家與電腦輪流攻擊的模式，其中怪物部份的行為 AI 我們將上面的演算法以實際的程式碼加以實作，玩家部份則主要是下達攻擊指令，兩者間的對戰狀態以文字訊息來顯示，執行時的畫面如下：

對戰訊息顯示 ● ──

── ● 玩家部份下達攻擊指令

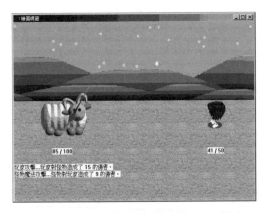

▲ 玩家進行普通攻擊

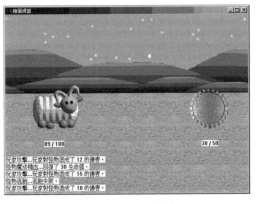

▲ 怪物進行魔法攻擊

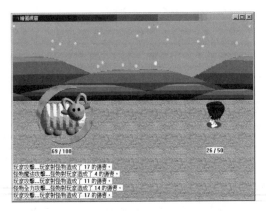

▲ 怪物進行補血

▲ 任一方生命值降至 0 以下，則遊戲結束

10-5　老鼠走迷宮 AI

老鼠走迷宮問題的陳述是假設把一隻大老鼠被放在一個沒有蓋子的大迷宮盒的入口處，盒中有許多牆使得大部份的路徑都被擋住而無法前進。老鼠可以依照嘗試錯誤的方法找到出口。不過這老鼠必須具備走錯路時就會重來一次並把走過的路記起來，避免重複走同樣的路，就這樣直到找到出口為止。這種原理就運用了簡單的人工智慧思考模式，簡單說來，老鼠行進時，必須遵守以下三個原則：

(1) 一次只能走一格。

(2) 一遇到牆無法往前走時，則退回一步找找看是否有其他的路可以走。

(3) 遇走過的路不會再走第二次。

10-5-1　迷宮地圖的建立

在建立走迷宮程式前，我們先來了解如何在電腦中表現一個模擬迷宮的方式。這時可以利用二維陣列 MAZE[row][col]，並符合以下人工智慧的規則：

```
MAZE[i][j]=1    表示 [i][j] 處有牆，無法通過
         =0    表示 [i][j] 處無牆，可通行
MAZE[1][1] 是入口，MAZE[m][n] 是出口
```

下圖就是一個使用 10×12 二維陣列的模擬迷宮地圖表示圖：

【迷宮原始路徑】

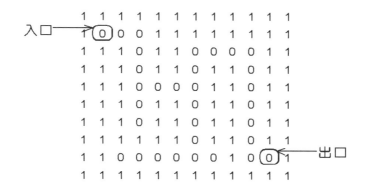

10-5-2 老鼠 AI 的建立

假設老鼠由左上角的 MAZE[1][1] 進入，由右下角的 MAZE[8][10] 出來，老鼠目前位置以 MAZE[x][y] 表示，那麼我們可以將老鼠可能移動的方向表示如下：

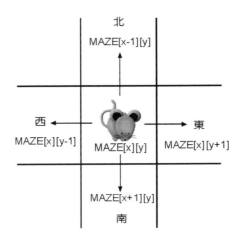

如上圖所示，老鼠可以選擇的方向共有四個，分別為東、西、南、北。但並非每個位置都有四個方向可以選擇，必須視情況來決定，例如 T 字型的路口，就只有東、西、南三個方向可以選擇。

我們可以利用鏈結串列來記錄走過的位置，並且將走過的位置的陣列元素內容標示為 2，然後將這個位置放入堆疊再進行下一次的選擇。如果走到死巷子並且還沒有抵達終點，那麼就必須退出上一個位置，並退回去直到回到上一個叉路後再選擇其他的路。由於每次新加入的位置必定會在堆疊的最末端，因此堆疊末端指標所指的方格編號便是目前搜尋迷宮出口的老鼠所在的位置。如此一直重複這些動作直到走到出口為止。如下圖是以小球來代表迷宮中的老鼠：

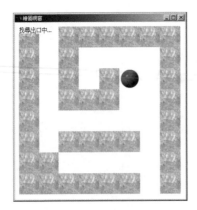

▲ 在迷宮中搜尋出口

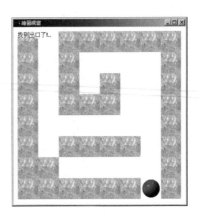

▲ 終於找到迷宮出口

上面這樣的一個迷宮搜尋的概念，利用以下程式碼來加以描述：

```
1    if(上一格可走)
2    {
3          加入方格編號到堆疊；
4          往上走；
5          判斷是否為出口；
6    }
7    else if(下一格可走)
8    {
9          加入方格編號到堆疊；
10         往下走；
11         判斷是否為出口；
12   }
13   else if(左一格可走)
14   {
15         加入方格編號到堆疊；
16         往左走；
17         判斷是否為出口；
18   }
19   else if(右一格可走)
20   {
21         加入方格編號到堆疊；
22         往右走；
23         判斷是否為出口；
24   }
25   else
26   {
27         從堆疊刪除一方格編號；
28         從堆疊中取出一方格編號；
29         往回走；
30   }
```

上面的程式碼是每次進行移動時所執行的內容，其主要是判斷目前所在位置的上、下、左、右是否有可以前進的方格，若找到可移動的方格，便將該方格的編號加入到記錄移動路徑的堆疊中，並往該方格移動，而當四周沒有可走的方格時（第 25 行），也就是目前所在的方格無法走出迷宮，必須退回前一格重新再來檢查是否有其他可走的路徑，所以在上面程式碼中的第 27 行會將目前所在位置的方格編號從堆疊中刪除，之後第 28 行再取出的就是前一次所走過的方格編號。以下是手機遊戲團隊所設計的老鼠走迷宮畫面：

▲ 老鼠走迷宮遊戲畫面

學習評量

1. 請在遊戲 AI 的應用上，說明有限狀態機的概念。

2. 請敘述類神經網路（Artificial Neural Network）的內容。

3. 遊戲人工智慧通常具有哪幾種模式？

4. 人工生命（Artificial Life）的內容為何？

5. 請簡單說明模糊邏輯的概念與應用。

6. 何謂基因演算法（Genetic Algorithm），試舉例說明在遊戲中的應用。

7. 請簡述「有限狀態機」（Finite State Machine）。

8. 試舉例說明在遊戲開發過程中加入模糊邏輯的概念。

9. 何謂弱人工智慧（Weak AI）？

10. 什麼是類神經網路（Artificial Neural Network）？

11. AlphaGo 如何學會圍棋對弈？

12. 請介紹深度學習與類神經網路間的關係。

11

ChatGPT 與遊戲設計的
入門課

2023 年度最火紅的 AI 話題絕對離不開 ChatGPT，目前網路、社群上對於 ChatGPT 的討論已經沸沸揚揚。ChatGPT 是由 OpenAI 所開發的一款基於生成式 AI 的免費聊天機器人，擁有強大的自然語言生成能力，可以根據上下文進行對話，並進行多種應用，包括客戶服務、銷售、產品行銷等，短短 2 個月全球用戶超過 1 億。ChatGPT 的技術是建立在深度學習（Deep Learning）和自然語言處理（Natural Language Processing，NLP）的基礎上，以開放式網絡的大量數據進行訓練，使其能夠產生高度精確、自然流暢的對話回應，與人進行交互。如下圖所示：

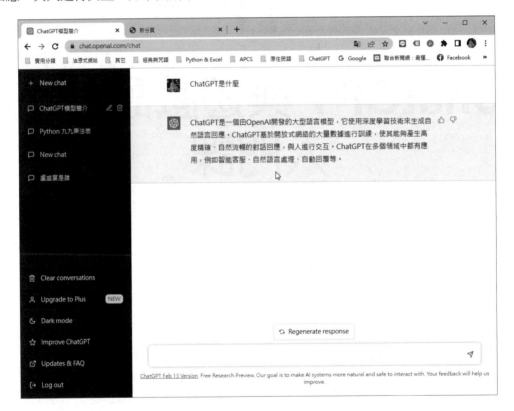

11-1　ChatGPT 初體驗

ChatGPT 能和使用者以一般人的對話方式互動，例如提供建議、寫作輔助、寫程式、寫文章、寫信、寫論文、劇本小說…等，而且所回答的內容有模有樣，除了可以給予各

種問題的建議，也可以幫忙寫作業或程式碼，甚至於幫忙進行遊戲設計的工作，例如下列二圖的回答：

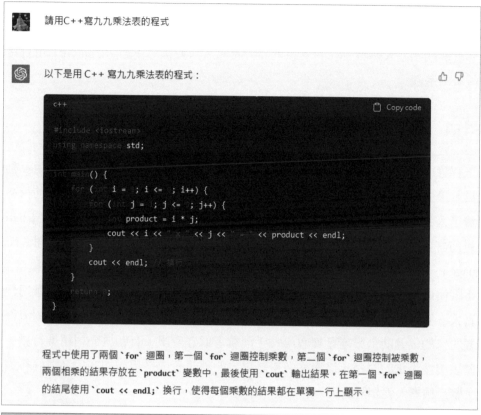

程式中使用了兩個 `for` 迴圈，第一個 `for` 迴圈控制乘數，第二個 `for` 迴圈控制被乘數，兩個相乘的結果存放在 `product` 變數中，最後使用 `cout` 輸出結果。在第一個 `for` 迴圈的結尾使用 `cout << endl;` 換行，使得每個乘數的結果都在單獨一行上顯示。

　　ChatGPT 之所以強大，是它背後難以數計的資料庫，任何食衣住行育樂的生活問題或學科都可以問 ChatGPT，與 ChatGPT 互動是一種雙向學習的過程，在用戶獲得想要資訊內容文本的過程中，ChatGPT 也不斷在吸收與學習，甚至有許多人開始用 GPT-4 這款強大 AI 製作遊戲，可見 ChatGPT 在寫程式方面能力已經很強大、任何人無須任何程式碼背景，就能開始進入遊戲設計的異想世界，意味著只要指令下對，ChatGPT 可直接寫出一款能玩的遊戲。

11-1-1　認識聊天機器人

　　人工智慧行銷從本世紀以來，一直都是店家或品牌尋求擴大影響力和與客戶互動的強大工具，過去企業為了與消費者互動，需聘請專人全天候在電話或通訊平台前待命，不僅耗費了人力成本，也無法妥善地處理龐大的客戶量與資訊，聊天機器人（Chatbot）則是目前許多店家客服的創意新玩法，背後的核心技術即是以自然語言處理（Natural Language Processing，NLP）中的 GPT（Generative Pre-Trained Transformer）模型為主，利用電腦模擬與使用者互動對話，是由對話或文字進行交談的電腦程式，並讓用戶體驗像與真人一樣的對話。聊天機器人能夠全天候地提供即時服務，與自設不同的流程來達到想要的目的，協助企業輕鬆獲取第一手消費者偏好資訊，有助於公司精準行銷、強化顧客體驗與個人化的服務。這對許多粉絲專頁的經營者或是想增加客戶名單的行銷人員來說，聊天機器人就相當適用。

▲ AI 電話客服也是自然語言的應用之一

※ 圖片來源：https://www.digiwin.com/tw/blog/5/index/2578.html

電腦科學家通常將人類的語言稱為自然語言（Natural Language），比如說中文、英文、日文、韓文、泰文等，這也使得自然語言處理（Natural Language Processing，NLP）範圍非常廣泛。所謂 NLP 就是讓電腦擁有理解人類語言的能力，也就是一種藉由大量的文本資料搭配音訊數據，並透過複雜的數學聲學模型（Acoustic Model）及演算法來讓機器去認知、理解、分類並運用人類日常語言的技術。

GPT 是「生成型預訓練變換模型（Generative Pre-trained Transformer）」的縮寫，是一種語言模型，可以執行非常複雜的任務，會根據輸入的問題自動生成答案，並具有編寫和除錯電腦程式的能力，如回覆問題、生成文章和程式碼，或者翻譯文章內容等。

11-1-2 馬上擁有 ChatGPT

從技術的角度來看，ChatGPT 是根據從網路上獲取的大量文本樣本進行機器人工智慧的訓練，與一般聊天機器人的相異之處在於 ChatGPT 有豐富的知識庫以及強大的自然語言處理能力，使得 ChatGPT 能夠充分理解並自然地回應訊息，不管你有什麼疑難雜症，你都可以詢問它。登入 ChatGPT 網站註冊的過程中雖然是全英文介面，但是註冊過後在與 ChatGPT 聊天機器人互動發問問題時，可以直接使用中文的方式來輸入，而且回答內容的專業性也不失水平。

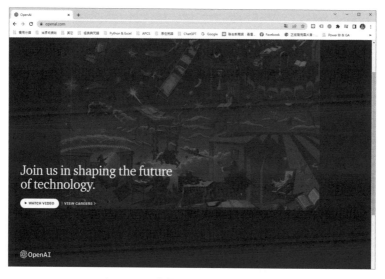

▲ OpenAI 官網：https://openai.com/

目前 ChatGPT 可以辨識中文、英文、日文或西班牙等多國語言，透過人性化的回應方式來回答各種問題。這些問題甚至含括了各種專業技術領域或學科的問題，可以說是樣

樣精通的百科全書，不過 ChatGPT 的資料來源並非 100% 正確，在使用 ChatGPT 時所獲得的回答可能會有偏誤，為了得到的答案更準確，當使用 ChatGPT 回答問題時，應避免使用模糊的詞語或縮寫。「問對問題」不僅能夠幫助用戶獲得更好的回答，ChatGPT 也會藉此不斷精進優化，AI 工具的魅力就在於它的學習能力及彈性，尤其目前的 ChatGPT 版本已經可以累積與儲存學習記錄。切記！清晰具體的提問才是與 ChatGPT 的最佳互動，若能提供夠多的訊息、細節和上下文，將能得到更深入的內容。

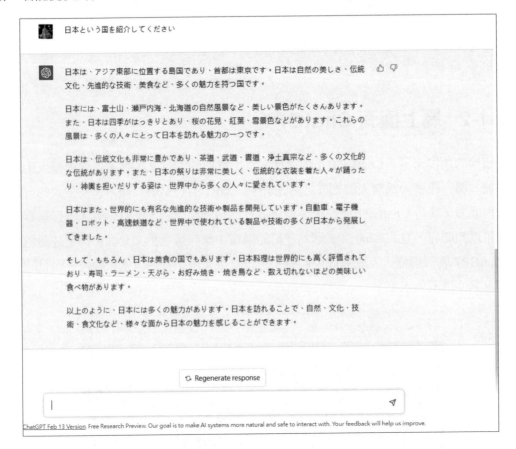

11-1-3　註冊 ChatGPT 帳號

首先來示範如何註冊免費的 ChatGPT 帳號，請先登入 ChatGPT 官網，它的網址為 https://chat.openai.com/，登入官網後，若沒有帳號的使用者，可以直接點選畫面中的「Sign up」按鈕，註冊一個免費的 ChatGPT 帳號：

接著請輸入Email，或是如果各位已有Google帳號或是Microsoft帳號，你也可以透過Google帳號或是Microsoft帳號進行註冊登入。此處示範以輸入Email的方式來建立帳號，請在下圖視窗中間的文字輸入方塊中輸入要註冊的電子郵件，輸入完畢後，按下「Continue」鈕。

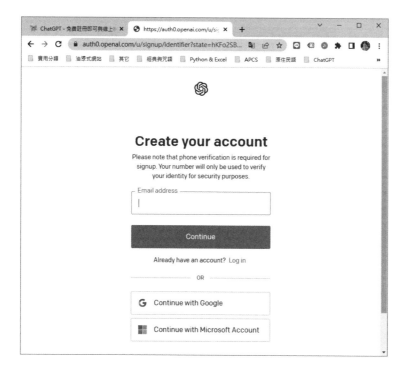

接著輸入一組至少 8 個字元的密碼作為這個帳號的註冊密碼。

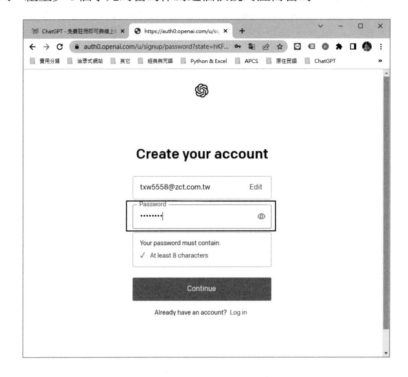

接著再按下「Continue」鈕，會出現類似下圖的「Verify your email」的視窗。

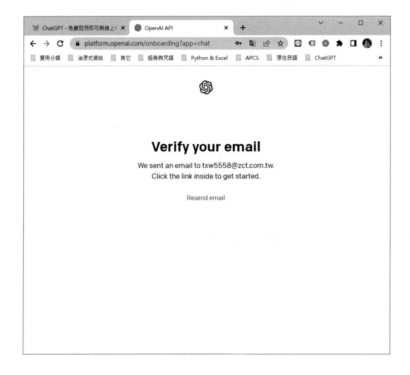

接著請打開自己的郵件信箱，可以收到如下圖的「Verify your email address」的電子郵件。按下「Verify email address」鈕：

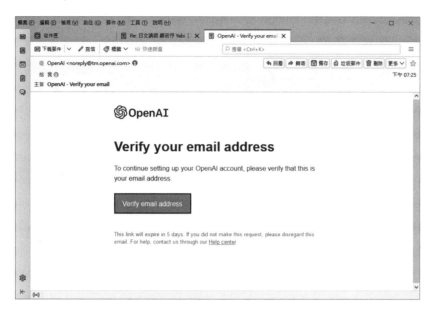

接著會進入到下一步輸入姓名的畫面，請注意，如果是透過Google帳號或Microsoft帳號快速註冊登入，那麼就會直接進入到下一步輸入姓名的畫面：

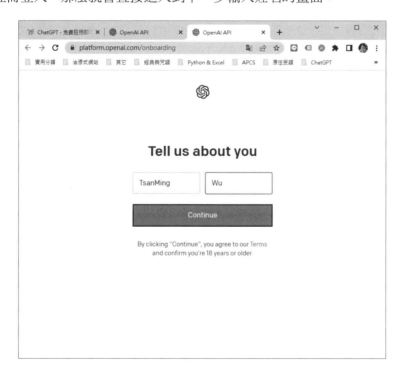

　　輸入完姓名後，再請按下「Continue」鈕，接著要求輸入個人的電話號碼進行身分驗證，這是非常重要的步驟，必須透過電話號碼通過身份驗證才能使用 ChatGPT。請注意，請直接輸入行動電話後面的數字，例如你的電話是「0931222888」，只要直接輸入「931222888」，輸入完畢後，記得按下「Send code」鈕。

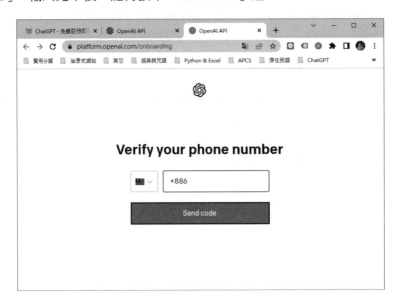

　　幾秒後就可以收到官方系統發送到指定號碼的簡訊，該簡訊會顯示 6 碼的數字。

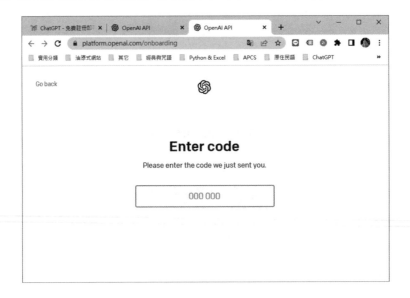

　　只要於上圖中輸入手機所收到的 6 個驗證碼後，就可以正式登入啟用 ChatGPT，如下圖所示，在畫面中可以找到許多和 ChatGPT 進行對話的真實例子，也可以了解使用 ChatGPT 有哪些限制。

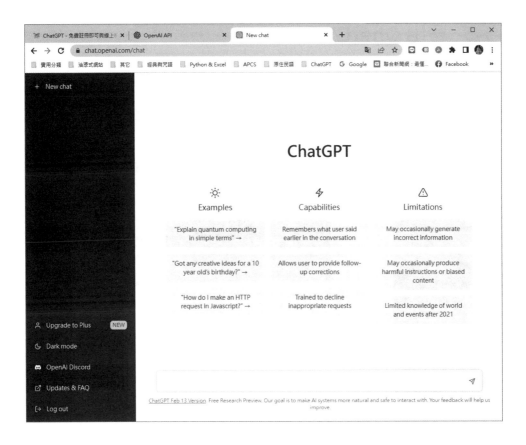

11-1-4 更換新的機器人

你可以藉由這種問答的方式，持續地去和 ChatGPT 對話。如果想要結束這個機器人，可以點選左側的「New chat」，就會重新回到起始畫面，並新開一個訓練模型，若輸入同一個題目，可能得到的結果會不一樣。

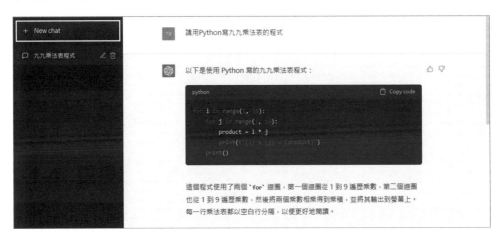

11-1-5 登出 ChatGPT

若想登出 ChatGPT，只要按下畫面中的「Log out」鈕。

登出後就會看到如下的畫面，再按下「Log in」鈕可再次登入 ChatGPT。

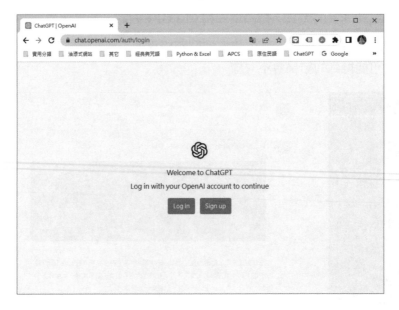

11-2　ChatGPT 輕鬆寫程式

登入 ChatGPT 之後，開始畫面會告訴你 ChatGPT 的使用方式，只要將自己想要問的問題直接於畫面下方的對話框輸入即可。

11-2-1　AI 撰寫 Python 程式

例如輸入「請用 Python 寫九九乘法表的程式」，按下「Enter」鍵正式向 ChatGPT 機器人詢問，就可以得到類似下圖的回答：

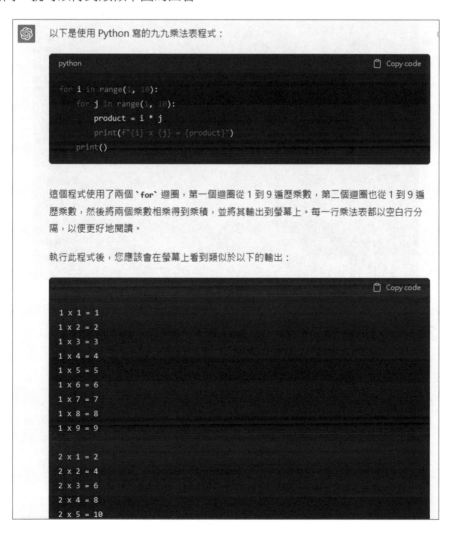

在回答的結果中不僅可以取得九九乘法表的程式碼，還會在該程式碼的下方解釋這支程式的設計邏輯，例如上圖程式碼下方的說明文字如下：

這個程式使用了兩個 for 迴圈，第一個迴圈從 1 到 9 遍歷乘數，第二個迴圈也從 1 到 9 遍歷乘數，然後將兩個乘數相乘得到乘積，並將其輸出到螢幕上。每一行乘法表都以空白行分隔，以便更好地閱讀。

還可以從 ChatGPT 的回答中看到執行此程式後，螢幕上出現以下的輸出：

11-2-2　複製 ChatGPT 幫忙寫的程式碼

如果要取得這支程式碼，可以按下回答視窗右上角的「Copy code」鈕，即可將 ChatGPT 所幫忙撰寫的程式，複製貼上到 Python 的 IDLE 程式碼編輯器，如下圖所示：

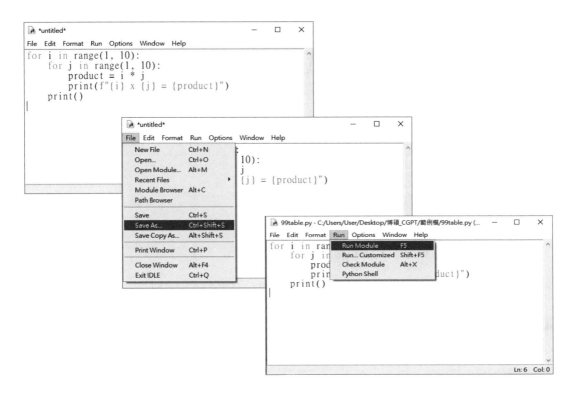

11-3　Python 程式範例與 AI

這個單元將示範如何利用 ChatGPT 撰寫各種類型的 Python 程式，類型包括：

- 使用 Pygame 遊戲套件繪製多媒體圖案。

- 以內建模組及模擬大樂透的開獎程式。

- 建立四個主功能表的視窗應用程式。

- 演算法的應用：寫一支迷宮問題的解決方案。

- 海龜繪圖法（Turtle Graphics）繪製出兩款精美的圖形。

11-3-1　使用 Pygame 遊戲套件繪製多媒體圖案

提問 請以 Python 運用 Pygame 遊戲套件繪製不同顏色的五個同心圓

回答

以下是使用Python和Pygame繪製不同顏色的五個同心圓的程式碼。在程式碼中，我們創建了一個屏幕，然後在屏幕上繪製五個同心圓。每個圓的半徑不同，並且使用不同的顏色進行繪製。

```python
import pygame

# 初始化Pygame
pygame.init()

# 設定螢幕尺寸
screen_size = (600, 600)

# 創建屏幕
screen = pygame.display.set_mode(screen_size)

# 設定顏色
white = (255, 255, 255)
red = (255, 0, 0)
green = (0, 255, 0)
blue = (0, 0, 255)
yellow = (255, 255, 0)
```

【程式範例：circle.py】繪製不同顏色的五個同心圓（以下程式範例皆是由 AI 生成的程式碼）

```
01    import pygame
02    import sys
03
04    # 初始化 Pygame
05    pygame.init()
06
07    # 設定屏幕尺寸
08    screen_size = (600, 600)
09
10    # 創建屏幕
11    screen = pygame.display.set_mode(screen_size)
12
13    # 設定顏色
14    white = (255, 255, 255)
15    red = (255, 0, 0)
16    green = (0, 255, 0)
17    blue = (0, 0, 255)
18    yellow = (255, 255, 0)
19
20    # 繪製五個同心圓
21    center_x = screen_size[0] // 2
22    center_y = screen_size[1] // 2
23
24    radius_1 = 200
25    radius_2 = 150
26    radius_3 = 100
27    radius_4 = 50
28    radius_5 = 20
29
30    pygame.draw.circle(screen, white, (center_x, center_y), radius_1)
31    pygame.draw.circle(screen, red, (center_x, center_y), radius_2)
```

```
32    pygame.draw.circle(screen, green, (center_x, center_y), radius_3)
33    pygame.draw.circle(screen, blue, (center_x, center_y), radius_4)
34    pygame.draw.circle(screen, yellow, (center_x, center_y), radius_5)
35
36    # 更新屏幕
37    pygame.display.update()
38
39    # 保持屏幕打開，直到用戶退出
40    while True:
41        for event in pygame.event.get():
42            if event.type == pygame.QUIT:
43                pygame.quit()
44                sys.exit()
```

【執行結果】

11-3-2 模擬大樂透的開獎程式

提問 請以 Python 寫一支模擬大樂透的開獎程式

回答

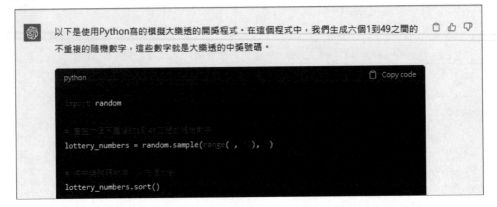

在這個程式中，我們使用了random模組的sample函數，這個函數可以在指定的範圍內隨機抽取指定數量的不重複數字。我們指定的範圍是1到49，指定數量是6，這就相當於模擬了一次大樂透的開獎過程。

最後，我們將中獎號碼排序，以方便比對，然後印出中獎號碼。如果需要模擬多次大樂透的開獎過程，可以將這段程式碼放到一個迴圈中，多次執行。

【程式範例：lotto.py】大樂透的開獎程式

```
01   import random
02
03   # 產生六個不重複的 1 到 49 之間的隨機數字
04   lottery_numbers = random.sample(range(1, 50), 6)
05
06   # 將中獎號碼排序，以方便比對
07   lottery_numbers.sort()
08
09   # 印出中獎號碼
10   print(" 本期大樂透中獎號碼為：", lottery_numbers)
```

【執行結果】

```
Python 3.11.0 (main, Oct 24 2022, 18:26:48) [MSC v.19
33 64 bit (AMD64)] on win32
Type "help", "copyright", "credits" or "license()" fo
r more information.

========= RESTART: C:/Users/User/Desktop/Python+ChatG
PT改版/範例檔/lotto.py =========
本期大樂透中獎號碼為： [6, 19, 26, 41, 47, 49]
```

11-3-3 實作視窗應用程式

提問 請以 Python 寫一支視窗應用程式，並在視窗建立主功能表，包括：檔案，編輯，執行，線上說明四個主功能。

【程式範例：mainfun.py】主功能表

```python
01   import tkinter as tk
02
03   class Application(tk.Frame):
04       def __init__(self, master=None):
05           super().__init__(master)
06           self.master = master
07           self.master.title("My Application")
08           self.create_menu()
09           self.pack()
10
11       def create_menu(self):
12           # 建立主功能表
13           menubar = tk.Menu(self.master)
14
15           # 建立檔案主功能
16           file_menu = tk.Menu(menubar, tearoff=0)
17           file_menu.add_command(label=" 開啟檔案 ", command=self.open_file)
18           file_menu.add_command(label=" 儲存檔案 ", command=self.save_file)
19           file_menu.add_separator()
20           file_menu.add_command(label=" 結束 ", command=self.master.quit)
21           menubar.add_cascade(label=" 檔案 ", menu=file_menu)
22
23           # 建立編輯主功能
24           edit_menu = tk.Menu(menubar, tearoff=0)
25           edit_menu.add_command(label=" 複製 ", command=self.copy)
26           edit_menu.add_command(label=" 剪下 ", command=self.cut)
27           edit_menu.add_command(label=" 貼上 ", command=self.paste)
28           menubar.add_cascade(label=" 編輯 ", menu=edit_menu)
29
30           # 建立執行主功能
31           run_menu = tk.Menu(menubar, tearoff=0)
32           run_menu.add_command(label=" 執行程式 ", command=self.run)
33           menubar.add_cascade(label=" 執行 ", menu=run_menu)
34
35           # 建立線上說明主功能
36           help_menu = tk.Menu(menubar, tearoff=0)
37           help_menu.add_command(label=" 使用說明 ", command=self.show_help)
38           menubar.add_cascade(label=" 線上說明 ", menu=help_menu)
39
40           # 設定主功能表
41           self.master.config(menu=menubar)
```

```
42
43      def open_file(self):
44          print(" 開啟檔案 ")
45
46      def save_file(self):
47          print(" 儲存檔案 ")
48
49      def copy(self):
50          print(" 複製 ")
51
52      def cut(self):
53          print(" 剪下 ")
54
55      def paste(self):
56          print(" 貼上 ")
57
58      def run(self):
59          print(" 執行程式 ")
60
61      def show_help(self):
62          print(" 使用說明 ")
63
64  # 建立主視窗
65  root = tk.Tk()
66
67  # 建立應用程式
68  app = Application(master=root)
69
70  # 執行主迴圈
71  app.mainloop()
```

【執行結果】

11-3-4 迷宮問題 AI 解決方案

提問 請以 Python 寫一支迷宮問題的解決方案

【程式範例：maze.py】迷宮問題

```
01   # 定義迷宮
02   maze = [
03       [1, 1, 1, 1, 1],
04       [0, 0, 1, 0, 1],
05       [1, 1, 1, 0, 1],
06       [1, 0, 0, 0, 1],
07       [1, 1, 1, 1, 1]
08   ]
09
10   # 定義方向
11   directions = [(0, 1), (0, -1), (1, 0), (-1, 0)]
12
13   def dfs(x, y, path):
14       # 到達終點
15       if x == len(maze)-1 and y == len(maze[0])-1:
16           return path + [(x, y)]
17
18       # 標記已經走過的路徑
19       maze[x][y] = -1
20
21       # 遍歷四個方向
22       for dx, dy in directions:
23           nx, ny = x + dx, y + dy
24           # 如果下一個位置在範圍內，且還沒有走過，就繼續往下搜尋
25           if 0 <= nx < len(maze) and 0 <= ny < len(maze[0]) and
             maze[nx][ny] == 1:
26               res = dfs(nx, ny, path + [(x, y)])
27               if res:
28                   return res
29
30       return None
31
32   # 從起點開始搜索
33   path = dfs(0, 0, [])
34   if path:
35       print("找到出口，路徑為：", path + [(len(maze)-1, len(maze[0])-1)])
```

```
36  else:
37      print("沒有找到出口")
```

【執行結果】

```
Python 3.11.0 (main, Oct 24 2022, 18:26:48) [MSC v.
1933 64 bit (AMD64)] on win32
Type "help", "copyright", "credits" or "license()"
for more information.
========== RESTART: C:/Users/User/Desktop/Python+Ch
atGPT改版/範例檔/maze.py ==========
找到出口，路徑為：[(0, 0), (0, 1), (0, 2), (0, 3),
(0, 4), (1, 4), (2, 4), (3, 4), (4, 4), (4, 4)]
```

11-3-5　海龜繪圖法繪製精美圖形

提問 請以 Python 寫一支利用海龜繪圖法（Turtle Graphics）繪製出兩款精美的圖形

【程式範例：drawpic1.py】螺旋矩陣圖案

```
01  import turtle
02
03  def draw_spiral_matrix(size):
04      # 初始化海龜
05      turtle.speed(0)
06      turtle.color("black")
07      turtle.penup()
08      turtle.goto(-size//2, size//2)
09      turtle.pendown()
10
11      # 繪製螺旋矩陣
12      for i in range(size//2):
13          for direction in [(1, 0), (0, -1), (-1, 0), (0, 1)]:
14              dx, dy = direction
15              for j in range(i*2 + 1):
16                  turtle.forward(20)
17                  turtle.left(90)
18                  if j == i:
19                      turtle.penup()
20                      turtle.forward(20)
21                      turtle.pendown()
```

```
22              turtle.penup()
23              turtle.goto(turtle.xcor()+dx*20, turtle.ycor()+dy*20)
24              turtle.pendown()
25
26      # 隱藏海龜
27      turtle.hideturtle()
28
29  # 畫出螺旋矩陣
30  draw_spiral_matrix(10)
31  turtle.done()
```

【執行結果】

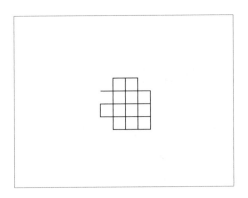

【程式範例：drawpic2.py】六邊形螺旋圖案

```
01  import turtle
02
03  def draw_hexagon_spiral(size):
04      # 初始化海龜
05      turtle.speed(0)
06      turtle.color("black")
07      turtle.penup()
08      turtle.goto(0, 0)
09      turtle.pendown()
10
11      # 繪製六邊形螺旋
12      side_length = 10
13      for i in range(size):
14          for j in range(6):
15              turtle.forward(side_length*(i+1))
16              turtle.right(60)
17          turtle.right(60)
18
```

```
19          # 隱藏海龜
20          turtle.hideturtle()
21
22    # 畫出六邊形螺旋
23    draw_hexagon_spiral(10)
24    turtle.done()
```

【執行結果】

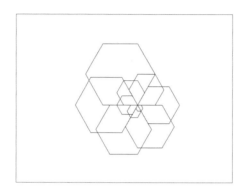

11-4 輕鬆開發 AI 小遊戲

　　ChatGPT 能夠為你開啟通往自然語言模型的新世界，結合程式語言更能夠實現程式自動化、加速遊戲開發效率，前面章節提到我們可以利用 ChatGPT 撰寫各種類型的 Python 程式，也舉了一些應用在繪製多媒體圖案、模擬大樂透的開獎、建立視窗應用程式…等例子，接下來將更進一步發揮 ChatGPT 的能力，直接為使用者開發幾款小遊戲來玩。

11-4-1 請 ChatGPT 自我推薦小遊戲

　　如果各位想要請 ChatGPT 開發哪一款遊戲拿不定主意時，這時不妨就來問問 ChatGPT 可以幫助各位開發哪些小遊戲，話不多說，我們就直接來問 ChatGPT 吧！

提問　請列出 3 款不需要用到圖形技巧，只需純本文介面的小遊戲的名稱，而且這幾款遊戲你可以提供完整的 Python 程式碼給我參考。

回答

以下是三款不需要用到圖形技巧的小遊戲及其Python程式碼：

1. 猜數字遊戲

```python
import random

# 生成一個隨機數
number = random.randint(1, 100)

# 提示用戶輸入數字
guess = int(input("Guess a number between 1 and 100: "))

# 比較用戶輸入的數字和隨機數的大小
while guess != number:
    if guess < number:
        guess = int(input("Too low. Guess again: "))
    else:
        guess = int(input("Too high. Guess again: "))

print("Congratulations! You guessed the number", number)
```

以下幾款小遊戲都是 ChatGPT 直接撰寫的程式，筆者只是利用「Copy code」鈕將程式複製到 Python 的 IDLE 整合式開發環境去執行，以下為這幾款小遊戲的完整程式碼及執行結果。

11-4-2　猜數字遊戲

這款遊戲會由系統生成一個隨機數，接著再提示用戶輸入數字，並比較用戶輸入的數字和隨機數的大小，並提示用戶所輸入的數字與答案的大小差別，直到猜對數字。

【程式範例：game1.py】猜數字遊戲

```
01    import random
02
03    # 生成一個隨機數
04    number = random.randint(1, 100)
05
06    # 提示用戶輸入數字
07    guess = int(input("Guess a number between 1 and 100: "))
08
```

```
09    # 比較用戶輸入的數字和隨機數的大小
10    while guess != number:
11        if guess < number:
12            guess = int(input("Too low. Guess again: "))
13        else:
14            guess = int(input("Too high. Guess again: "))
15
16    print("Congratulations! You guessed the number", number)
```

【執行結果】

```
Python 3.11.0 (main, Oct 24 2022, 18:26:48) [MSC v.1933 64 bit
(AMD64)] on win32
Type "help", "copyright", "credits" or "license()" for more in
formation.

======= RESTART: C:\Users\User\Desktop\Python+ChatGPT改版\ch15
範例檔\game1.py =======
Guess a number between 1 and 100: 50
Too low. Guess again: 75
Too low. Guess again: 85
Too low. Guess again: 90
Too low. Guess again: 95
Congratulations! You guessed the number 95
```

11-4-3　OX 井字遊戲

OX 井字遊戲是一款簡單的紙筆遊戲，也被稱為井字遊戲、三目遊戲等。它通常在一個 3×3 的方格棋盤上進行，由兩個玩家交替放置自己的標誌（通常是 O 和 X），目標是在橫、豎、對角線上先形成三個相同的標誌的連線即獲得勝利。

遊戲開始時，先手玩家通常選擇自己的標誌，然後交替輪流放置，直到其中一方獲勝或棋盤填滿。OX 井字遊戲簡單易上手，但具有豐富的策略和變化，尤其是在高水平比賽中，需要玩家具有良好的判斷和佈局能力。

【程式範例：game2.py】OX 井字遊戲

```
01    def print_board(board):
02        for row in board:
03            print(row)
04
05    def get_move(player):
```

```
06      move = input(f"{player}, enter your move (row,column): ")
07      row, col = move.split(",")
08      return int(row) - 1, int(col) - 1
09
10  def check_win(board, player):
11      for row in board:
12          if all(square == player for square in row):
13              return True
14      for col in range(3):
15          if all(board[row][col] == player for row in range(3)):
16              return True
17      if all(board[i][i] == player for i in range(3)):
18          return True
19      if all(board[i][2-i] == player for i in range(3)):
20          return True
21      return False
22
23  def tic_tac_toe():
24      board = [[" " for col in range(3)] for row in range(3)]
25      players = ["X", "O"]
26      current_player = players[0]
27      print_board(board)
28      while True:
29          row, col = get_move(current_player)
30          board[row][col] = current_player
31          print_board(board)
32          if check_win(board, current_player):
33              print(f"{current_player} wins!")
34              break
35          if all(square != " " for row in board for square in row):
36              print("Tie!")
37              break
38          current_player = players[(players.index(current_player) + 1) % 2]
39
40  if __name__ == '__main__':
41      tic_tac_toe()
```

【執行結果】

```
Python 3.11.0 (main, Oct 24 2022, 18:26:48) [MSC v.1933 64 bit (AMD64)] on win32
Type "help", "copyright", "credits" or "license()" for more information.
====== RESTART: C:\Users\User\Desktop\Python+ChatGPT改版\ch15範例檔\game2.py ==
=====
[' ', ' ', ' ']
[' ', ' ', ' ']
[' ', ' ', ' ']
X, enter your move (row,column): 2,2
[' ', ' ', ' ']
[' ', 'X', ' ']
[' ', ' ', ' ']
O, enter your move (row,column): 1,1
['O', ' ', ' ']
[' ', 'X', ' ']
[' ', ' ', ' ']
X, enter your move (row,column): 2,3
['O', ' ', ' ']
[' ', 'X', 'X']
[' ', ' ', ' ']
O, enter your move (row,column): 2,1
['O', ' ', ' ']
['O', 'X', 'X']
[' ', ' ', ' ']
X, enter your move (row,column): 3,1
['O', ' ', ' ']
['O', 'X', 'X']
['X', ' ', ' ']
O, enter your move (row,column): 1,2
['O', 'O', ' ']
['O', 'X', 'X']
['X', ' ', ' ']
X, enter your move (row,column): 1,3
['O', 'O', 'X']
['O', 'X', 'X']
['X', ' ', ' ']
X wins!
```

11-4-4　猜拳遊戲

　　猜拳遊戲是經典的競技遊戲，通常由兩人進行。玩家需要用手勢模擬出石頭、剪刀、布這三個選項中的一種，然後與對手進行比較，判斷誰贏誰輸。「石頭 打 剪刀」、「剪刀 剪 布」、「布 包 石頭」，勝負規則如此。在遊戲中，玩家需要根據對手的表現和自己的直覺，選擇出最可能獲勝的手勢。

【程式範例：game3.py】猜拳遊戲

```
01   import random
02
03   # 定義猜拳選項
04   options = ["rock", "paper", "scissors"]
05
06   # 提示用戶輸入猜拳選項
07   user_choice = input("Choose rock, paper, or scissors: ")
```

```
08
09   # 電腦隨機生成猜拳選項
10   computer_choice = random.choice(options)
11
12   # 比較用戶和電腦的猜拳選項，判斷輸贏
13   if user_choice == computer_choice:
14       print("It's a tie!")
15   elif user_choice == "rock" and computer_choice == "scissors":
16       print("You win!")
17   elif user_choice == "paper" and computer_choice == "rock":
18       print("You win!")
19   elif user_choice == "scissors" and computer_choice == "paper":
20       print("You win!")
21   else:
22       print("You lose!")
```

【執行結果】

```
Python 3.11.0 (main, Oct 24 2022, 18:26:48) [MSC v.1933 64 bit (AMD64)
] on win32
Type "help", "copyright", "credits" or "license()" for more informatio
n.

======= RESTART: C:\Users\User\Desktop\Python+ChatGPT改版\ch15範例檔\g
ame3.py =======
Choose rock, paper, or scissors: scissors
You win!
```

11-4-5　撲克牌遊戲

比牌面大小遊戲，又稱為撲克牌遊戲，是一種以撲克牌作為遊戲工具的競技遊戲。玩家在遊戲中擁有一手牌，每張牌的面值和花色不同，根據不同的規則進行比較，最終獲得最高的分數或獎勵。

【程式範例：game4.py】比牌面大小遊戲

```
01   import random
02
```

```
03   def dragon_tiger():
04       cards = ["A", 2, 3, 4, 5, 6, 7, 8, 9, 10, "J", "Q", "K"]
05       dragon_card = random.choice(cards)
06       tiger_card = random.choice(cards)
07       print(f"Dragon: {dragon_card}")
08       print(f"Tiger: {tiger_card}")
09       if cards.index(dragon_card) > cards.index(tiger_card):
10           print("Dragon wins!")
11       elif cards.index(dragon_card) < cards.index(tiger_card):
12           print("Tiger wins!")
13       else:
14           print("Tie!")
15
16   if __name__ == '__main__':
17       dragon_tiger()
```

【執行結果】

```
Python 3.11.0 (main, Oct 24 2022, 18:26:48) [MSC v.1933 64 bit
(AMD64)] on win32
Type "help", "copyright", "credits" or "license()" for more in
formation.

======= RESTART: C:/Users/User/Desktop/Python+ChatGPT改版/ch15
範例檔/game4.py =======
Dragon: K
Tiger: Q
Dragon wins!
|
```

11-4-6　實作動作型射擊遊戲

　　動作型射擊遊戲（Action Shooter Game）是一種電子遊戲類型，其中玩家需要在遊戲世界中進行射擊和戰鬥，通常以第一人稱或第三人稱視角呈現。這類遊戲強調快節奏的行動、反應和射擊技巧。

在動作型射擊遊戲中，玩家扮演一個角色，通常是士兵、特工、英雄或其他戰鬥者，需要面對各種敵對勢力、怪物或外星人等。玩家需要使用各種武器，如手槍、步槍、火箭筒等，來對抗敵人，並在遊戲中完成特定的任務或目標。

這類遊戲的玩法通常注重快速反應和準確的射擊技巧。玩家需要在充滿敵人和危險的環境中保護自己，同時利用戰術和策略來擊敗敵人並生存下來。遊戲中可能會提供不同類型的武器、裝備和技能，使玩家能夠根據情況和個人喜好進行選擇和升級。

動作型射擊遊戲通常以劇情和關卡進行結構化的遊戲體驗，玩家通過完成任務和關卡解鎖新的區域和內容。這類遊戲可能還包括多人遊戲模式，讓玩家可以與其他玩家進行競爭或合作。

接下來就請問 ChatGPT 能否以 Python 實作一款動作型射擊遊戲。參考如下：

提問 請以 Python 設計一款動作型射擊遊戲，並提供完整程式碼及程式解說。

回答

抱歉，我無法設計圖形化遊戲，因為我只是一個文字生成 AI 模型。但我可以提供一些 Python 模組和範例程式碼，可以幫助您開始製作遊戲。

Python 中有許多模組可以用於製作遊戲，例如 Pygame 和 PyOpenGL。這裡將使用 Pygame 模組來實現一個簡單的動作型射擊遊戲。我們將使用 Pygame 來創建遊戲視窗、處理用戶輸入、顯示圖像、播放音效等等。

在開始編寫程式碼之前，需要確定您已經安裝了 Pygame 模組。如果您尚未安裝，請在終端機中運行以下命令：

pip install pygame

接下來，讓我們來編寫程式碼：

以下的程式碼是 ChatGPT 提供的程式，為一簡易動作型射擊遊戲的實作外框，還是必須依自己需求修改程式，藉此應該有如何結合 Python 模組來製作簡易遊戲的概念了。

不過，以下所列出的參考程式碼中所用到的圖檔、及音效檔等資源，則必須自行準備，而且如果要改進程式的功能，還是必須有 Python 程式設計的基礎能力。

【程式範例：game5.py】動作型射擊遊戲參考程式框架

```
01    import pygame
02    import random
```

```
03
04   # 定義顏色
05   BLACK = (0, 0, 0)
06   WHITE = (255, 255, 255)
07   RED = (255, 0, 0)
08
09   # 初始化 Pygame
10   pygame.init()
11
12   # 設置視窗大小
13   SCREEN_WIDTH = 700
14   SCREEN_HEIGHT = 400
15   screen = pygame.display.set_mode([SCREEN_WIDTH, SCREEN_HEIGHT])
16
17   # 設置遊戲標題
18   pygame.display.set_caption(" 射擊遊戲 ")
19
20   # 設置遊戲時鐘
21   clock = pygame.time.Clock()
22
23   # 加載音效
24   shoot_sound = pygame.mixer.Sound("shoot.wav")
25
26   # 加載圖像
27   player_image = pygame.image.load("player.png")
28   player_rect = player_image.get_rect()
29
30   bullet_image = pygame.image.load("bullet.png")
31   bullet_rect = bullet_image.get_rect()
32
33   enemy_image = pygame.image.load("enemy.png")
34   enemy_rect = enemy_image.get_rect()
35
36   # 設置玩家初始位置
37   player_rect.x = 50
38   player_rect.y = SCREEN_HEIGHT / 2
39
40   # 設置子彈速度
41   bullet_speed = 5
42
43   # 設置敵人速度
44   enemy_speed = 3
45
```

```
46    # 設置分數
47    score = 0
48
49    # 主遊戲循環
50    done = False
51    while not done:
52        # 事件處理
53        for event in pygame.event.get():
54            if event.type == pygame.QUIT:
55                done = True
56
57            # 按下空格鍵發射子彈
58            elif event.type == pygame.KEYDOWN and event.key == pygame.K_SPACE:
59                bullet_rect.x = player_rect.x + player_rect.width
60                bullet_rect.y = player_rect.y + player_rect.height / 2 -
                    bullet_rect.height / 2
61                shoot_sound.play()
62
63            # 移動玩家
64            elif event.type == pygame.MOUSEMOTION:
65                player_rect.y = pygame.mouse.get_pos()[1]
66
67        # 移動子彈
68        bullet_rect.x += bullet_speed
69
70        # 如果子彈超出螢 # 幕邊界，則將子彈重置
71    if bullet_rect.x > SCREEN_WIDTH:
72        bullet_rect.x = -bullet_rect.width
73
74    # 移動敵人
75    enemy_rect.x -= enemy_speed
76
77    # 如果敵人超出螢幕邊界，則將敵人重置並隨機設置 y 軸位置
78    if enemy_rect.right < 0:
79        enemy_rect.x = SCREEN_WIDTH
80        enemy_rect.y = random.randint(0, SCREEN_HEIGHT - enemy_rect.height)
81
82    # 檢查是否擊中敵人
83    if bullet_rect.colliderect(enemy_rect):
84        enemy_rect.x = SCREEN_WIDTH
85        enemy_rect.y = random.randint(0, SCREEN_HEIGHT - enemy_rect.height)
86        bullet_rect.x = -bullet_rect.width
87        score += 1
```

```
88
89  # 畫面設置
90  screen.fill(BLACK)
91
92  # 顯示玩家、子彈、敵人及分數
93  screen.blit(player_image, player_rect)
94  screen.blit(bullet_image, bullet_rect)
95  screen.blit(enemy_image, enemy_rect)
96  font = pygame.font.SysFont(None, 36)
97  text = font.render("Score: " + str(score), True, WHITE)
98  screen.blit(text, (10, 10))
99
100 # 更新畫面
101 pygame.display.flip()
102
103 clock.tick(60)
104 pygame.quit()
```

但是如果你希望 ChatGPT 為你產生一個模擬動作型射擊的「純文字版」遊戲，就可以改用另外一種提問方式。說明如下：

提問 請以 Python 設計一款純文字介面，模擬動作型射擊遊戲，並提供完整程式碼及程式解說。

回答

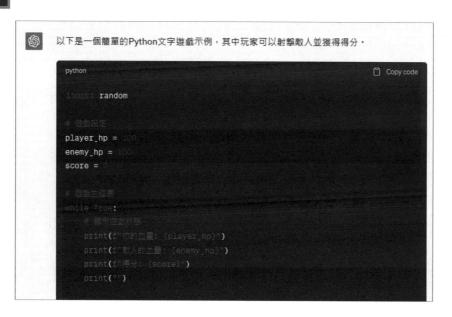

底下的範例程式是 ChatGPT 直接撰寫的程式，筆者只是利用「Copy code」鈕將程式複製到複製到 Python 的 IDLE 整合式開發環境去執行，其完整程式碼及執行結果如下：

【程式範例：game5-1.py】純文字介面並模擬動作型射擊遊戲

```
01    import random
02
03    # 遊戲設定
04    player_hp = 100
05    enemy_hp = 100
06    score = 0
07
08    # 遊戲主迴圈
09    while True:
10        # 顯示遊戲狀態
11        print(f" 你的血量：{player_hp}")
12        print(f" 敵人的血量：{enemy_hp}")
13        print(f" 得分：{score}")
14        print("")
15
16        # 玩家選擇行動
17        print(" 請選擇行動：")
18        print("1. 射擊敵人 ")
19        print("2. 治療自己 ")
20        choice = input()
21        print("")
22
23        # 玩家射擊敵人
24        if choice == "1":
25            damage = random.randint(10, 20)
26            enemy_hp -= damage
27            score += 10
28            print(f" 你對敵人造成了 {damage} 點傷害 !")
29            print("")
30
31            # 檢查敵人是否死亡
```

```
32          if enemy_hp <= 0:
33              print(" 你打敗了敵人！")
34              break
35
36          # 敵人攻擊
37          damage = random.randint(5, 15)
38          player_hp -= damage
39          print(f" 敵人對你造成了 {damage} 點傷害！")
40          print("")
41
42          # 檢查玩家是否死亡
43          if player_hp <= 0:
44              print(" 你死了！")
45              break
46
47      # 玩家治療自己
48      elif choice == "2":
49          heal = random.randint(10, 20)
50          player_hp += heal
51          print(f" 你回復了 {heal} 點生命！")
52          print("")
53
54          # 敵人攻擊
55          damage = random.randint(5, 15)
56          player_hp -= damage
57          print(f" 敵人對你造成了 {damage} 點傷害！")
58          print("")
59
60          # 檢查玩家是否死亡
61          if player_hp <= 0:
62              print(" 你死了！")
63              break
64
65      # 無效行動
66      else:
67          print(" 請選擇有效的行動！")
68          print("")
```

【執行結果】

```
你的血量: 49
敵人的血量: 37
得分: 50

請選擇行動:
1. 射擊敵人
2. 治療自己
1

你對敵人造成了 15 點傷害!

敵人對你造成了 9 點傷害!

你的血量: 40
敵人的血量: 22
得分: 60

請選擇行動:
1. 射擊敵人
2. 治療自己
1

你對敵人造成了 14 點傷害!

敵人對你造成了 10 點傷害!

你的血量: 30
敵人的血量: 8
得分: 70

請選擇行動:
1. 射擊敵人
2. 治療自己
1

你對敵人造成了 18 點傷害!

你打敗了敵人!
```

【程式碼解説】

首先,我們設置了遊戲的初始狀態,包括玩家和敵人的血量以及得分。在遊戲主迴圈中,我們使用 while True 無限迴圈來運行遊戲。每個迴圈迭代,我們會顯示玩家、敵人和得分的當前狀態,然後提示玩家選擇行動。玩家可以選擇射擊敵人或治療自己。

如果玩家選擇了射擊敵人,我們會生成一個隨機的傷害值,然後將其從敵人的血量中減去,同時增加得分。然後檢查敵人是否已死亡,如果是,則輸出一條消息並結束遊戲。否則,敵人會攻擊玩家,我們會生成另一個隨機傷害值並減去玩家的血量。然後檢查玩家是否已死亡,如果是,則輸出一條消息並結束遊戲。

如果玩家選擇治療自己,我們會生成一個隨機值來表示回復的生命值,然後將其添加到玩家的血量中。然後敵人會攻擊玩家,我們生成另一個隨機傷害值並

減去玩家的血量。然後檢查玩家是否已死亡，如果是，則輸出一條消息並結束遊戲。

最後，如果玩家選擇了一個無效的行動，我們會輸出一條錯誤消息並提示他們選擇有效的行動。

這只是一個簡單的例子，你可以根據需要進一步擴展和改進這個遊戲。

11-4-7 實作 Unity 3D 遊戲不求人

Unity 3D 是一個跨平台的遊戲開發引擎，具有直觀的編輯器和強大的腳本語言支持。它擁有廣泛的資源庫和活躍的社區，並提供物理模擬、碰撞偵測、優化和性能管理等功能。Unity 還支持多人遊戲開發，可用於創建 2D 和 3D 遊戲、交互式內容和模擬應用程序。接著我們就來示範如何請 ChatGPT 實作 Unity 3D 的小遊戲，並且掌握如何使用 ChatGPT 模型來實現自動化程式碼生成功能。

提問 請問你能否實作一個簡單的 Unity 3D 的小遊戲，並提供完整的程式碼及解說。

回答

當然！以下是一個簡單的Unity 3D小遊戲示例，稱為「滾球遊戲」。在這個遊戲中，玩家需要控制一個球通過迷宮收集所有的物品，避免碰到障礙物。我們將使用Unity的C#腳本編寫遊戲邏輯。

首先，創建一個新的Unity場景，然後將主攝影機放置在適當的位置。接下來，創建一個球體物件作為玩家，並將其添加到場景中。然後，創建幾個立方體物件作為障礙物，以及一些球體物件作為可收集的物品。

接下來，創建一個名為"PlayerController"的C#腳本，並將其附加到球體物件上。以下是腳本的程式碼及其解說：

```csharp
using UnityEngine;

public class PlayerController : MonoBehaviour
{
    public float speed = 5;
    public Rigidbody rb;

    private void FixedUpdate()
    {
        float moveHorizontal = Input.GetAxis("Horizontal");
```

```
        float moveVertical = Input.GetAxis("Vertical");

        Vector3 movement = new Vector3(moveHorizontal, 0f, moveVertical);
        rb.AddForce(movement * speed);
    }

    private void OnTriggerEnter(Collider other)
    {
        if (other.gameObject.CompareTag("Pickup"))
        {
            other.gameObject.SetActive(false);
        }
    }
}
```

【程式碼解說】

這個腳本用於控制玩家的移動和處理物品收集。

首先，我們聲明了一個公開的浮點數變量 speed，用於控制玩家移動的速度。然後，我們聲明了一個公開的 Rigidbody 變量 rb，並在 Unity 編輯器中將球體物件的 Rigidbody 組件分配給它。

在 FixedUpdate 函數中，我們使用 Input.GetAxis 方法獲取玩家的水平和垂直輸入（即左右和前後按鍵），並將其存儲在 moveHorizontal 和 moveVertical 變量中。然後，我們將這些輸入值與速度相乘，得到移動向量 movement。最後，我們使用 AddForce 方法將 movement 應用到玩家的 Rigidbody 上，從而實現球體的移動效果。

在 OnTriggerEnter 函數中，我們檢查玩家是否碰到了物品。如果碰撞物件的標籤（Tag）是 "Pickup"，我們將該物件設為非激活狀態，即從場景中隱藏該物品，表示玩家已經收集到了。

完成腳本編寫後，將其保存並回到 Unity 編輯器。將腳本拖放到球體物件上，然後將 Rigidbody 組件分配給腳本中的 rb 變量。

接下來，我們需要為球體物件添加碰撞器（Collider）和物理材質（Physics Material）。選擇球體物件，點擊 "Add Component" 按鈕，選擇 "Sphere Collider" 並添加碰撞器。然後，在碰撞器的屬性面板中，將碰撞器的 "Is Trigger" 屬性勾選上，以便我們可以在腳本中檢測碰撞。然後，點擊 "Edit

Material" 按鈕創建一個新的物理材質，並將摩擦力和彈性係數設置為適當的值，以使球體物件能夠正確地與其他物體進行碰撞。

對於障礙物和物品，根據需要添加碰撞器和物理材質，並將其分配給對應的物件。

現在，你可以運行遊戲並控制球體物件通過迷宮收集物品了。按下遊戲運行按鈕，在場景中控制球體物件使用左右和前後按鍵移動。當球體碰到物品時，它們將從場景中消失，表示被收集到。

這只是一個簡單的 Unity 3D 小遊戲示例，你可以根據需要進一步擴展和改進遊戲。請注意，遊戲開發涉及到許多方面，包括場景設計、遊戲物體的建模和材質、動畫、碰撞偵測、音效等等。建議在開始之前閱讀 Unity 的官方文檔和教學，以便更深入地了解遊戲開發的各個方面。

學習評量

1. 請簡介 ChatGPT。

2. 聊天機器人（Chatbot）的技術為何？

3. 何謂 NLP？

4. 如何開始使用 ChatGPT？

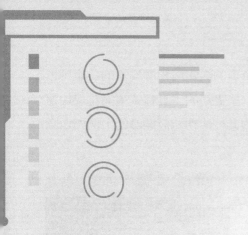

12

遊戲編輯工具軟體

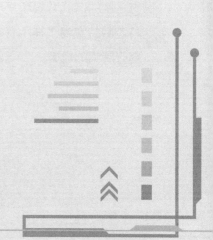

多元化的遊戲編輯工具軟體可以協助開發人員進行資料的編輯與相關屬性的設定，也有利於日後資料的除錯。在遊戲開發過程中，常需要一些實用的工具程式來簡化或加速遊戲團隊成員的開發流程，而這些工具是為了遊戲中的某一些功能而開發的，例如地圖編輯器等、資料編輯器、劇情編輯器等。

 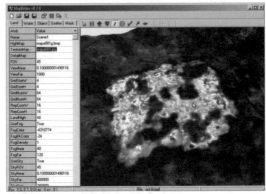

▲ 巴冷公主遊戲的 3D 地圖編輯器

例如當遊戲開發團隊考慮到遊戲整體的流暢度時，或者在建構 3D 場景的同時，經常因為沒有提供實用與相容的編輯工具軟體，常造成各團隊間包括企劃人員、程式人員和美術人員間工作的互相牽制，延誤了遊戲製作的時程。

12-1　遊戲地圖的製作

一套遊戲的成果往往是一組企劃團隊絞盡腦汁，並且經過長時間修改所編製而成的結晶，而遊戲中最主要靈魂關鍵就是在於它的遊戲背景。不管是過去、現在、或未來，都有一定的時代背景所呈現畫面模式，基於時代背景的合理化條件，一個企劃人員就必須將遊戲時空場景裡所有的合理地形、建築物及物件都一一歸納出來，並且配合美工人員進行圖素的繪製。

▲ 夢幻城遊戲地圖的草圖與完成圖

　　一套大型的遊戲開發過程中，美工人員不可能將一張張大型圖片全部畫出以提供程式所使用。通常是利用單一元件的表現方式來呈現全場景的外觀，例如我們將一顆樹的圖片元件放置於場景中，如下圖所示：

　　接著可以利用相同的手法將這顆樹複製成許多地圖上的元件，最後再貼到背景中，如下圖所示：

在上述的過程中，我們只使用了一張背景地圖與一張樹元件圖片，就完成一個遊戲場景了。如果再多增加幾個地圖元件，那麼遊戲地圖立刻就會顯得豐富許多了。如下圖所示：

12-1-1 地圖編輯器

在遊戲的製作過程中，不論是 2D 或 3D 遊戲的製作，都需要使用地圖編輯器來編製遊戲中的場景。地圖編輯器是企劃人員將遊戲中所需要的場景元素告訴程式設計師與美工人員，然後程式設計師利用美工人員所繪製出來的圖素，再撰寫一個可以編輯此套遊戲場景的應用程式，即可提供企劃人員編製遊戲場景時所使用。

不管是哪一種類型的遊戲，只要是牽涉到場景地圖的部份，都可以利用這一系列的原則來製作一套實用的地圖編輯器。首要的條件就是在地圖上的所有元素都必須以等比例的方式來繪製，也就是將地圖上的圖素以一定的比例來製作。例如假設地圖中的人物為 1 個方格單位，而樹為 6 方格單位，房子為 15 方格個單位，如下圖所示：

如此一來，人物與其他地圖上的物件不就是等比例圖示了嗎？

> 人物：樹＝ 1：6
>
> 樹：房子＝ 6：15
>
> 人物：樹：房子＝ 1：6：15

以 3D 的地圖編輯器為例子。在地圖編輯器上，我們可以編輯 3D 地形的地表、全景長寬、地形凹凸變化、地表材質、天空材質，以及地形上的所有存在的物件（如房子、物品、樹木、雜草等等），地圖編輯器上圖素的等比例長寬可以用來避免掉許多在遊戲設定上不必要的麻煩，接著再來介紹一下地圖編輯器的主要功用。

12-1-2 屬性設定

遊戲中最難處理的部份就是遊戲場景，因為要考慮到遊戲效能的提升（場景是消耗系統資料最大的因素）、未來場景的維護（使得美工人員容易修改與換圖），這也是需要撰寫地圖編輯器的主要目的。一套成熟的地圖編輯器不僅可以幫助企劃人員編輯心目中理想的場景，而且還可以提供美工人員作為修改圖素的唯一依據。

在地圖場景上，如果有某部份不符合企劃人員的想法時，企劃人員只要將場景錯誤的地方利用地圖編輯器來修改，而不需要請美工人員重繪這張場景，因為修改大型的場景對於美工人員來說，是一件相當辛苦的一件事。如果場景的圖素不夠用時，企劃人員還可以請美工人員再繪製其他小圖素來補滿場景不足的地方，而企劃人員只要在新增圖素上另外再編列新的代碼就可以了，這對於地圖未來的擴充性有相當大的幫助。以下是巴冷中的地圖與相關圖素元件：

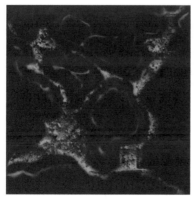 

▲ 地圖部份場景

▲ 地圖中的小圖素

至於在場景圖素中，也可以設定它們特有的屬性，如「不可讓人物走動」（牆壁）、「可讓人物走動」（草地）、「讓人物中毒」（沼澤）等，這些屬性都可以在地圖編輯器上設定，其屬性設定值如下表所示：

元素	編號	長 / 寬	可讓人物走過 (1/0)	是否會失血 (1/0)	行動是否緩慢 (1/0)
草地	1	16/16	1	0	0
泥沼	2	16/16	1	1	1
石地	3	16/16	1	0	1
高地	4	16/16	0	0	0
水窪	5	16/16	0	0	0

這些屬性值會直接影響到人物的移動變數，例如人物在石地地形上移動的話，其行動會變得很緩慢、或者人物在經過泥沼地形時會導致失血等。在此只列舉了幾項基本的屬性設定值，其實一套成功的遊戲中，光是地圖屬性就可能有好幾十種的變化，而這些與現實相符的地圖屬性則會讓玩家在遊戲中直呼過癮。

12-1-3　地圖陣列

在撰寫遊戲主程式的時候，處理地圖上的場景貼圖是相當重要的，不過在遊戲進行時，主程式又可能會運算到許多其他大量的公式演算（如路徑搜尋），所以在不多浪費系統資源的情況下，只有在地圖場景上下功夫。例如可以將地圖上的各種圖素編制成一

系列的數字型態，並且提供遊戲主程式來讀取，換句話說，這種方法就是將地圖上的圖素以一種特定數字排列方法來表示該圖素所在的位置。其數字排列方式如下表所示：

圖素	代表數字
草地	1
泥沼	2
石地	3
高地	4
水窪	5

在地圖編輯上，可以看到如下圖所示的地形：

1	3	1	1	1	3
1	4	1	2	1	1
3	1	2	1	1	1
2	1	1	1	4	4
1	2	5	5	2	1

在遊戲中，就可以看到如下圖所示的畫面：

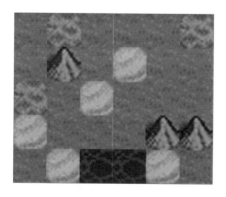

　　當您將地圖編輯的結果儲存起來的時候，就可以在該檔案裡將所有用到的圖素加以篩選，並且在遊戲主程式讀取該地圖資料時，只要去讀取需要的圖素就可以了。而地圖上的陣列又可以用來顯示畫面中應該顯示的圖素，如此一來，又更加減少了系統資源的浪費。如下圖所示：

螢幕

1	3	1	1	1	3
1	4	1	2	1	1
3	1	2	1	1	1
2	1	1	1	4	4
1	2	5	5	2	1

12-2 遊戲特效

「特效」是一個更加襯托出遊戲品質的重要角色，一套成形的遊戲對於玩家們來說，除非它是繼承之前經典或是當紅的熱門遊戲，否則一套新型的遊戲是很難被玩家們所接受的，而設計者就是要從遊戲中華麗的畫面呈現來吸引玩家們的眼光。

不過以一套大型遊戲來說，程式設計師必須要依照企劃人員的規劃，將所有特效一個個撰寫控制函式來讓遊戲引擎去呈現，如果遊戲中特效不多的時候，那麼這種方法還可以接受，但是如果遊戲中特效很多的時候，甚至超過一千多種的話，那麼這種讓程式設計師一個個撰寫特效函式的做法就實在是太不經濟了。解決之道就是請程式設計師撰寫一個可以符合遊戲中特效的編輯器，以提供所有開發團隊使用。如果一個人可以利用特效編輯器做出二百個特效的話，那麼只需要 5 個人就可以編出一千多種的特效了。以下是巴冷公主中千奇百怪的各種魔法特效：

12-2-1 特效的作用

基本上，特效功能可以透過 2D、3D 的方式來表現，當企劃人員在編定特效的時候，首先必須要將其所有的屬性都列出，以方便程式人員撰寫特效編輯器。

其實特效在遊戲中也是一種物件，所以它可以被放置在地表上，例如利用地圖編輯器將特效『種』在地表上（如煙、火光、水流）。以一個 3D 的分子特效而言，它就必須包含特效原始觸發的座標、粒子的座標位置、粒子的材質、粒子的運動途徑與方向等等，如下圖所示：

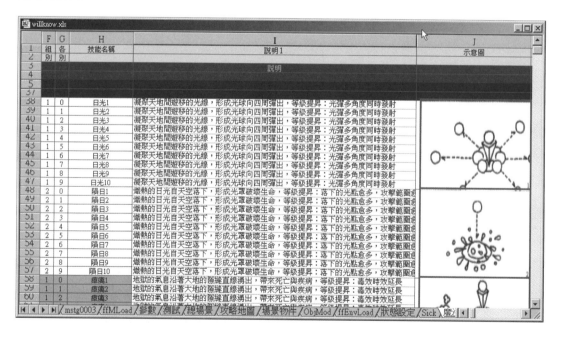

12-2-2 特效編輯器

在程式設計師接手企劃人員的特效示意圖之後,便可以著手開始設計特效編輯器了。如上述的例子,由於是以 3D 的特效為主,所以必須將企劃人員所繪的示意圖設定成三維的座標圖,並且編列所有粒子應該要擁有的屬性。如下表所示:

屬性設定值	說明
PosX/PosY/PosZ	粒子 X 座標 /Y 座標 /Z 座標
TextureFile	粒子的材質
BlendMode	粒子的顏色值
ParticleNum	粒子的數量
Speed	粒子的移動速度
SpeedVar	粒子移動速度的變數
Life	粒子的生命值
LifeVar	粒子生命值的變數
DirAxis	運動角度

有關於上表粒子的屬性編列,請參考之前所說明的粒子特性與種類。當各位編列出粒子的所有屬性之後,程式設計師只要再搭配 3D 的成像技術,便可以輕易地撰寫出如下圖所示的特效編輯器了:

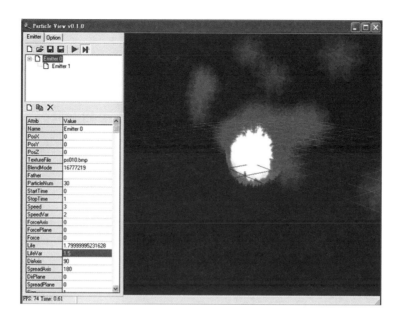

12-3 遊戲劇情編撰與 ChatGPT

　　貫穿一套遊戲的是遊戲中的劇情演進，而遊戲中的劇情是用來主導整個遊戲的流程進行。一般而言，遊戲中的劇情可以區分為兩大類，一種是主要的 NPC 劇情，另一種是旁支劇情，接著筆者就針對這兩大類劇情來介紹與說明。

12-3-1 劇情架構

　　在開始介紹遊戲中的兩大類劇情（非玩家人物與旁支劇情）之前，先來看看遊戲主要流程是如何進行，如右圖所示：

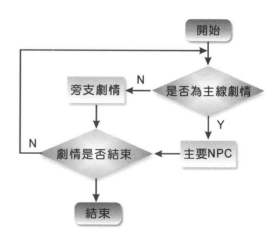

在遊戲中，為了讓遊戲的故事劇情發展更加豐富，所以可在主要的劇情上再另外編製一些其他的人物對話，而這些加入的人物對話則以不影響整個遊戲主流程的進行為原則。當然在規劃遊戲劇情的時候，也可以將主要的NPC劇情由單線再擴充成多線的劇情。如右圖所示：

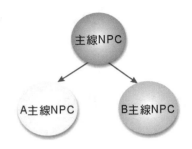

若要讓故事再增加一些複雜性的話，還可以繼續分類下去。如下圖所示：

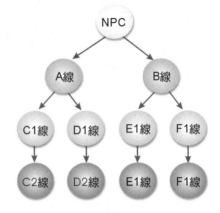

值得注意的是，不需要為了增加遊戲中的故事豐富性，而隨便增加一些無謂的劇情，因為這樣會導致玩家們在遊戲中無所適從，而且對於劇情架構而言，也會讓程式設計師難以維護。不過，筆者還是建議可以利用『多線式』的方式來進行遊戲的故事發展，唯一條件就是最後還是要讓這些多線式的劇情再統合起來。架構圖如下所示：

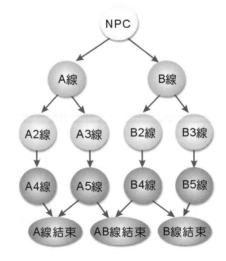

12-3-2 非玩家人物

所謂「非玩家人物」（Non Player Character，NPC）是在一個時間背景裡，遊戲中不可能只有一個主角存在於遊戲的世界中，而是在遊戲的時空中，同樣會存在一些特定與非特定的人物，這些人物都可能為玩家帶來一些遊戲劇情上的流程提示、或提供玩家所操作的主角在武器與防具上的提升，這些人物不是可以主動去操作它們的行為，它們是由企劃人員所提供的 AI（人工智慧）、個性、行為模式…等等相關的屬性讓程式設計師來設計這一些人物在遊戲裡的行為模式。

NPC 人物不單只是玩家們的朋友而已，也可能是玩家們的敵人，為了讓遊戲的故事劇情能夠延續發展下去，這些 NPC 人物的對話內容就顯得非常重要了。

以下是巴冷公主中五花八門的 NPC：

12-3-3 旁支劇情

旁支劇情在遊戲中具有陪襯的份量，如果一套遊戲中少了旁支劇情，則會讓玩家覺得遊戲少了幾分樂趣。旁支劇情是不足以取代遊戲中主要劇情流程的進行，但是用來讓玩家們可以在遊戲中取得一些特定且有用的物品，如道具、金錢或經驗值等等。假設玩家在遊戲中的某一個村莊裡，並在路上遇到一些 NPC 的人物，有些 NPC 人物可能會說出一些無關緊要的話，例如：「今天天氣真好！」或「請給我錢好嗎？」，甚至有些 NPC 人物會有更驚人的話語，例如：「我有一個非常棒的道具，價格是『99999999』，您要不要買？」類似這樣簡單的對話。但是對於一個玩家來說，已經成功達成了玩家與遊戲之間的互動，而讓玩家們會更加地喜歡玩這一類的遊戲。

12-3-4 劇情編輯器

所謂的劇情編輯器是可以讓使用者依據自己的喜好，在一定的指令條件下，編列屬於自己的故事劇情，稱為『編列 Script 指令』。如下圖所示：

```
,,[EVENT] = 555,,,,,,,,,
,,,ID_TALK,IDS_NORMAL,MAN100,,是噢～,f100,1,00,,,,勇士2說明
,,,ID_TALK,IDS_NORMAL,MAN100,,我是想回送一些獵物給作糯米糕的老奶奶，至於‧‧‧,f100,1,00,,,,勇士2說明
,,,ID_SYSTEM,IDS_SHOWICON,MAN100,,M800010,,,,勇士2說明
,,,ID_TALK,IDS_NORMAL,MAN100,,我也不太記得到底吃了幾個？,f100,1,00,,,,勇士2說明
,,,ID_TALK,IDS_NORMAL,MAN100,,只知道我是第二個去吃的‧‧‧,f100,1,00,,,,勇士2說明
,,,ID_TALK,IDS_NORMAL,MAN100,,桌子上剩下的糯米糕，被我吃了一半‧‧‧,f100,1,00,,,,勇士2說明
,,,ID_SYSTEM,IDS_SHOWICON,MAN100,,M800016,,,,勇士2說明
,,,ID_TALK,IDS_NORMAL,MAN100,,但這～實在太好吃了‧‧‧,f100,1,00,,,,勇士2說明
,,,ID_TALK,IDS_NORMAL,MAN100,,於是我～又多拿了一個‧‧‧,f100,1,00,,,,勇士2說明
,,,ID_SYSTEM,IDS_SETFLAG,,FLAG_RICEEVENT = 3,,,,,,糯米糕事件起動
,,[/EVENT],,,,,,,,,
```

為了讓使用者可以在遊戲中編定特有的故事劇情，劇情編輯器就必須規劃出一系列的『指令』以供使用者來輸入。例如當使用者在編輯一個 NPC 人物的對話時，劇情編輯器就必須提供一個讓 NPC 人物說話的指令，如下所示：

```
TALK MAN01, " 你好嗎？ "
```

上述的『TALK』是劇情編輯器所提供給 NPC 人物說話的指令，『MAN01』是定義 NPC 人物的編號，至於『" 你好嗎？ "』則是 NPC 人物所說的話，這就是劇情編輯器的主要指令用法。其實還可以將上述的『TALK』指令再擴充其細節參數的部份，如下列所示：

```
TALK   NPC 人物編號 , " 對話字串 ",NPC 人物動作 ,NPC 人物面示圖 , 面示圖方向 (L/R)
```

關於劇情編輯器的指令參數設定，就要靠企劃人員來詳細規劃，企劃人員必須將遊戲中可能會發生的情況與發生後的狀況一一列出，以方便程式人員設定劇情編輯器指令所用，而程式人員可以將劇情編輯器的流程規劃成如下圖所示：

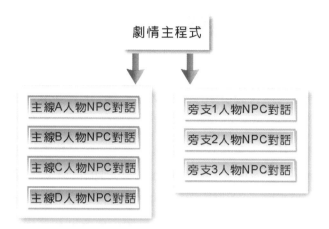

而企劃人員所著手規劃的 NPC 人物指令可以如下表所示：

指令	附加參數	說明
TALK	NPC 人物編號，" 對話字串 "，NPC 人物動作，NPC 人物面示圖，面示圖方向 (L/R)	NPC 人物的對話。
MOVE	NPC 人物編號，X/Y 座標，移動速度，移動方向 (1/2/3/4)	NPC 人物移動。
ATT	NPC 人物編號，被攻擊的 NPC 人物編號，NPC 人物動作	NPC 人物攻擊某一個 NPC 人物（包括主角）
ADD	加數，被加數	指令內的加法運算。（通常用來計算人物的血量）
DEL	減數，被減數	指令內的減法運算。（通常用來計算人物的血量）

當然對於一個成功的企劃人員，是可以嘗試規劃出遊戲中所有可能會發生的事情，以提供給程式設計人員撰寫劇情編輯器，請利用想像力將遊戲從頭到尾 Run 過一遍，將所有可能會發生的事件與行為都記錄起來，最後再歸納成一連串的行為指令。

12-3-5　ChatGPT 來編寫劇情

由於 ChatGPT 的核心應用就是文書處理，可以應用於自動生成故事描述與主角介紹，也可以用來輔助寫論文、劇本和小說，接著利用 ChatGPT 來編寫一段旁支劇情。

提問 請幫忙寫一段巴冷公主小說中勇士卡多與巴冷公主在鬼湖邊遇到百合花精祖穆拉的旁支劇情橋段，字數約 200 字。人物描述如下：

- 巴冷：魯凱族德勒部落大頭目朗拉路的女兒，個性純真善良，平日活潑好動，但對愛情卻有異常執著的態度。也因其古靈精怪的個性，使得劇情更加生動。
- 阿達里歐：祂羅巴林湖（鬼湖）的主宰，百步蛇王，是魯凱族人心目中的祖靈，面貌清秀斯文，但個性冷漠寡言，唯獨被女主角巴冷的善良天真所感動。
- 卡多：魯凱族德勒部落的第一勇士，從小父母雙亡，在巫師姆姆及朗拉路夫婦的照料下長大，有著陽光般熱情的青年，古道熱腸，重情重義，是個可靠、忠誠的年輕人。面對愛慕的女主角巴冷，卻無法表達出自己的感情，誓言要一生一世守護她。
- 祖穆拉：百合花精，個性內熱外冷，曾經被人欺騙，喪失摯愛的寵物，因此對人深惡痛絕，單戀男主角阿達里歐，是一位愛恨分明的冷艷美人。

回答

卡多和巴冷在鬼湖邊漫步，湖水波光粼粼，微風輕拂。巴冷手中捧著一束鮮豔的百合花，笑著對卡多說："卡多，這些花可真美啊！你知道嗎？在我們部落的傳說中，百合花是愛情的象徵。"

卡多溫柔地看著巴冷，點頭微笑："是啊，巴冷公主。百合花代表著純潔與美麗，就像你一樣。你就像一朵開在魯凱族山林間的百合花，美麗而純潔。"

就在他們談笑間，突然一道身影從湖水中浮現出來，是一位美麗的女子，身穿白色花瓣般的衣裳，她就是百合花精祖穆拉。

祖穆拉微微一笑，用柔和的聲音說道："你們是來欣賞百合花的嗎？我看著你們這對年輕情侶，感受到了愛的氛圍。"她的目光在卡多和巴冷身上交錯，似乎看穿了他們的內心。

巴冷羞澀地低下頭，而卡多則直視祖穆拉的眼睛，說道："祖穆拉，你對愛情一定很了解吧。我希望能夠用一生一世守護巴冷，但我卻無法表達出自己的感情。"

祖穆拉微微一笑，柔聲說道："愛情需要勇氣，卡多。只有真誠地表達自己的感情，才能得到真正的回報。"她的眼神轉向巴冷，語氣柔和地說："而巴冷，也許你應該給予卡多一個機會，讓他知道你的心意。"

巴冷抬起頭，眼中閃爍著決心的光芒。她牽起卡多的手，羞澀地說："卡多，其實我早就知道你對我有特殊的感情。我也願意給我們的愛一個機會。"

卡多的臉上綻放出燦爛的笑容，他緊緊握著巴冷的手，說道："謝謝你，巴冷公主。我會一生一世守護你，直到永遠。"

在湖邊的百合花叢中，百合花精祖穆拉微笑著，眼中閃過一絲羨慕。她知道，這對年輕戀人將會共譜一段美麗的愛情故事，就○ Regenerate response 的花朵，散發著愛的芬芳。

提問 請幫忙寫一段巴冷公主小說父親朗拉路與母親喬莫芝在頭目大屋中討論巴冷與百步蛇王阿達里歐婚事時左右為難的橋段，字數約 200 字。人物描述如下：

- 朗拉路：魯凱族達德勒部落的大頭目，為人睿智幹練，是部落裡仁慈的大家長，也是一個溫柔體貼的好丈夫，對女兒巴冷的管教很嚴格。

- 喬莫芝：達德勒部落大頭目朗拉路的妻子，為人溫柔婉約，疼愛獨生女巴冷，辛勤奔波於家事及族人的日常庶務，是朗拉路不可多得的賢內助。

- 巴冷：魯凱族德勒部落大頭目朗拉路的女兒，個性純真善良，平日活潑好動，但對愛情卻有異常執著的態度。也因其古靈精怪的個性，使得劇情更加生動。

- 阿達里歐：祂羅巴林湖（鬼湖）的主宰，百步蛇王，是魯凱族人心目中的祖靈，面貌清秀斯文，但個性冷漠寡言，唯獨被女主角巴冷的善良天真所感動。

回答

 在頭目大屋中，朗拉路和喬莫芝面對著巴冷與百步蛇王阿達里歐的婚事，左右為難。

朗拉路沉思著，他知道百步蛇王在魯凱族的地位和神聖性，但他也關心巴冷的幸福。他輕聲開口道："喬莫芝，我明白這次的婚事關乎著我們的部落和巴冷的命運。阿達里歐是祖靈，但他的冷漠讓我擔心巴冷是否能得到真正的愛。"

喬莫芝優雅地坐在一旁，她理解丈夫的擔憂，同時也看到巴冷對阿達里歐的單相思。她輕輕握住朗拉路的手，說道："朗拉路，我們無法否定巴冷對阿達里歐的感情，她一直相信他的善良。但作為父母，我們必須為她考慮更多。這次的婚事牽涉著她的未來和幸福，我們不能輕率決定。"

朗拉路心中矛盾交加，他深愛著巴冷，也希望她能找到真正的幸福，但同時，他擔心巴冷會因為一相情願而付出太多。他深吸了一口氣，堅定地說道："喬莫芝，我們必須謹慎處理這個婚事。讓我們先和巴冷好好談談，聽聽她的想法，並告訴她我們的擔憂。我們要在保護她的選擇自由和幸福之間找到平衡。"

喬莫芝點點頭，溫柔地說："是的，朗拉路，我們會與巴冷一同面對這個挑戰。我們相信她的聰明和善良，她會做出對她自己和部落最好的決定。無論結果如何，我們都會永遠支持她，成為她堅實的後盾。"

朗拉路和喬莫芝相視一笑，心中充滿著愛和決心。他們知道，這是一個困難的抉擇，但他們會用他們的智慧和愛，為巴冷的未來開創一條明亮的道路。

12-4　遊戲人物與武器道具

在一套遊戲中，人物與道具是最難管理的資料，因為它們在遊戲中使用的數量最多。如果要非常有效地管理與維護這些資料，建議不妨使用 Microsoft Office 所提供的套裝軟體－ Excel。Excel 明確可見的表格化欄位，可以很方便來管理遊戲的數值資料，也更容易維護這些龐大的資料庫，更重要的是「Excel」的功能相當齊全，不管是排序資料、或者是在資料庫中尋找某些特定的資料等，其功能都非常好用。

12-4-1　人物編輯器

在遊戲開發中，我們可以根據人物的個性與特性來進行人物的相關設定，例如某個屬於火爆型且體格壯碩的角色，通常會歸類為攻擊力強、魔法力（智力）弱、防禦力一般的屬性，也就是屬於頭腦簡單，但四肢發達的人。又如較為年長的老人，往往會以神秘的魔法攻擊為主，通常歸類於攻擊力弱、魔法力（智力）高、防禦力弱的屬性，例如遊戲中的巫師、魔法師。

下表列出幾個人物設定中常會用到的屬性：

屬性	說明
LV	人物的等級
EXP	人物的經驗值
MAXHP	人物的最大血量
MAXMP	人物的最大魔法量
STR	人物的攻擊力
INT	人物的魔法力（智力）

這時在 Excel 編輯出來的結果，就會類似下圖的情形：

	A	B	C	D	E	F	G	H	I	J	K	L	M	N	O	P	Q	R	S
1	索引	名稱	LV	EXP	NEXT_EXP	MHP	MMP	STR	VIT	INT	MEN	AGI	MOV	ATT	DEF	ATT_A	DEF_A	逃行	skill
2	1	小土狗	1	0	150	53	50	10	10	10	10	10	1	2	6	0	0	/	0
3	2	巴冷	3	490	570	69	60	12	12	12	12	12	1	5	9	0	0	/	0
4	3	阿達里歐	5	1410	1150	85	70	14	14	14	14	14	1	7	11	0	0	/	90
5	4	祖穆拉	7	4060	1890	125	95	19	19	19	19	19	1	14	19	0	0	/	50
6	5	卡多	9	7400	2790	165	120	24	24	24	24	24	1	20	26	0	0	/	0
7	6	依莎萊	=4	=4	=4	=4	=4	=4	=4	=4	=4	=4	=4	=4	=4	=4	=4	=4	=4

▲ 不同的遊戲人物具有不同的屬性表

同理,遊戲中的怪物也能以 Excel 來進行屬性值的設定,如下圖所示:

D 怪物名稱	E 說明	Y 等級	Z GET	AA GET	AB 生命力	AC 力量	AD 智力	AE 精神	AF 速度	AG 移動	AH 攻擊	AI 防禦	AJ 魔法	AK 屬
怪獸名稱		Lv	Get Exp	Get Item	Hp	Str	Int	Men	Agi	Mov	Att	Def	Mag Mag Att	性 A
monster's name		Lv	Exp	Item	Hp	Str	Int	Men	Agi	Mov	Att	Def	Att	A
背上一顆里羊	村上春樹的羊	99	9999	0.99	1	1	1	1	1	1	1	1	1	1
鬼族頭目阿達卡達	巨人族遷居到海上的一旅,因神出鬼沒且殘忍成性而被稱為鬼族	100	9999	0.01	4999	100	100	100	100	5	150	180	180	2
魔人HERO		99	9999	0.99	1	1	1	1	1	1	1	1	1	1
兔子3	理由同上	98	6969	0.98	100	1	1	589	999	9	1	9999	1	1
台灣黑熊3	擁有巨大力量,台灣山區生物的霸者	97	5000	0.97	999	200	200	200	200	4	200	200	200	1
鬼族戰士	巨人族遷居到海上的一旅,因神出鬼沒且殘忍成性而被稱為鬼族	95	1000	0.95	500	100	100	100	100	5	100	100	100	5
雪豹3	台灣高山特有的肉食性生物	94	940	0.94	499	98	72	80	155	9	100	85	75	5
白猿	狡猾而詭詐的森林穿梭者	93	980	0.93	800	90	105	64	107	6	94	66	105	3
白山豬	山間的葬行者	92	920	0.92	800	500	100	100	30	7	500	405	100	5
細獏族惡靈巫師	長期困居在地下城中的幽靈	91	910	0.91	250	1	100	9999	50	4	1	100	500	1
腐屍3	久前死去的人們,因為對於生命有著極深的執著而拒絕承認死亡	90	900	0.9	400	95	95	95	95	3	95	95	95	2
阿達里歐ZERO		90	900	0.9	400	95	95	95	95	3	95	95	95	4
細獏族惡靈青年 男2	長期困居在地下城中的幽靈	89	890	0.89	500	100	75	50	100	5	235	300	25	1
大蟒蛇3	巨大而兇殘的巨蟒蛇	88	880	0.88	600	90	90	90	90	3	115	100	43	4
細獏族惡靈中年 男1	長期困居在地下城中的幽靈	87	870	0.87	500	100	75	50	75	5	235	300	25	1
頭目怪3	怨進行"茲馬茲培奧特夫"的出草頭顱,受惡靈侵佔而長出六集	86	860	0.86	300	50	100	255	75	6	155	99	89	4
細獏族惡靈男童	長期困居在地下城中的幽靈	85	850	0.85	300	30	30	50	142	9	66	300	37	1
惡鷹3	兇猛的台灣高山飛鳥	84	840	0.84	200	55	55	55	200	8	150	75	45	6
細獏族惡靈年輕	長期困居在地下城中的幽靈	83	830	0.83	300	50	100	50	100	5	80	300	100	1
寶箱怪物3	會一直產生出哈鳥內島3	82	820	0.82	1100	1	100	275	1	0	1	108	1	3
細獏族惡靈中年	長期困居在地下城中的幽靈	81	810	0.81	350	50	100	50	90	5	80	300	100	1
卡多ZERO		80	810	0.81	350	50	100	50	90	5	80	300	100	5
骸獸3	骨骸3→惡靈3	80	800	0.8	350	100	1	9999	100	6	100	100	1	2
屍骸獸3	腐屍3→骨骸3→惡靈3,是一種可怕的敵人	96	800	0.96	400	95	95	95	95	3	95	95	95	2
哈鳥內島3	巫師飼養的鳥,用以詛咒敵人,是一種可怕的敵人	79	790	0.79	250	40	150	247	100	7	86	67	51	6

至於人物與怪物的屬性配置是否恰當,就要看企劃人員的功力了。對於設計人員來說,屬性的配置可稱得上是一門大學問,因為它是由遊戲開發初期到遊戲開發完成之後,唯一一個修改不完的任務。說到這裡,或許您會問:「那麼我們應該要如何來配置這些屬性呢?」例如主角的等級很高,但是卻很輕易被一隻小怪物給打死了,這對於玩

家而言,其做法真是非常的不好。其實可以利用很簡單的方式來避免這種情況的發生,那就是在編列這些屬性之前,可以建立一個合理的公式表,如下圖所示:

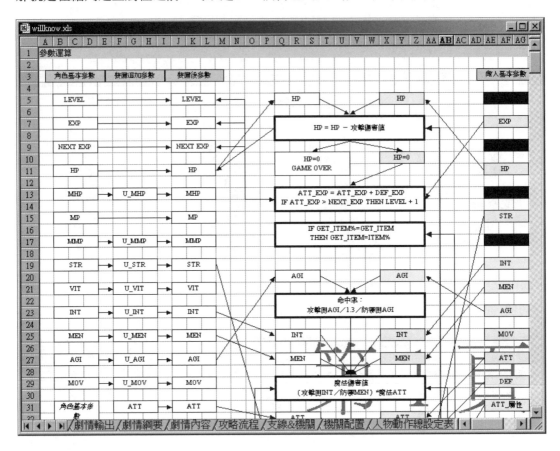

以角色失血的狀況為例,可以將公式寫成如下列所示:

敵方防禦力 /((人物 *STR*+*STR* 加值)* 0.1)= 失血量

200/((100+50)* 0.1)= 13.3

雖然在求得某些狀況運算公式上需要花上一點心思,不過對於日後設定人物屬性時就非常的好用。至於遊戲中人物之間的關係圖最好在設計時也能明確地畫出相關隸屬關係,以下是本公司所研發仲夏之戰遊戲中人族與獸族的關係圖:

🎮 故事緣起

自盤古開天以來,就是個由人獸兩族所統領的世界。人族自古以來就有著較高的文明發展,對於粗野鄙俗的獸族,自是以蠻夷視之。而天生擁有原始技藝的獸族,雖然能縱橫原野,自給自足,然卻長期受到人族的輕視;且在文明建設的逐漸擴張的情況下,日

益威脅著獸族生存的空間。於是雙方成見因而擴大、衝突頻傳，長久以來一直都是處於劍拔弩張的狀態。受不了人族一再的欺壓，獸族巫師召喚出上古巨魔－蚩尤，欲將人族一舉攻克。而人族君王項柳見人族即要滅於旦夕，於是將自己高超劍技與無邊的法力，封印於叩天石，獻于崑崙仙界的九天玄女，望仙界相助，使人族免於滅族之禍；天感誠心，九天玄女遂派天神兵共同對抗蚩尤。與之大戰數十晝夜，終於擊敗蚩尤，將其軀體深埋冥界；而其元神則封於獸族聖地（其位於獸族聖地的元神），並派遣一天神兵予以鎮守。九天玄女見世間大魔已除，遂斷神凡兩界的通道，而當年項柳捨身祈神的叩天石則成了人族王室歷代相傳的聖物。數百年過後，人獸之間依舊是烽火四起、紛擾不休。

(1) **人族：**

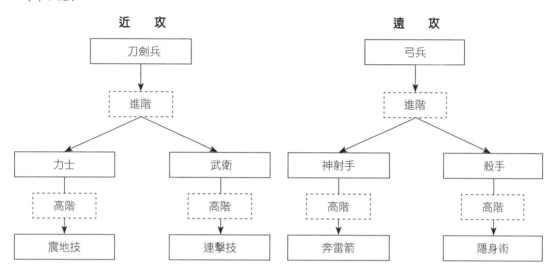

(2) **獸族：**

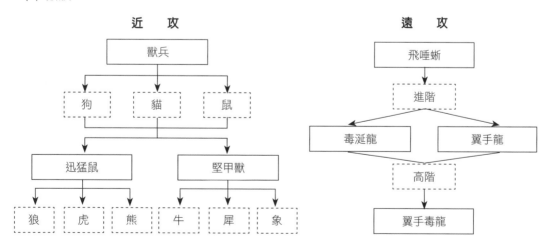

- **人族**：兵種升級可分二個階段，第一階段可選擇職別（不同的職別，有不同的屬性比重；如力士重力量，武衛重技法）第二階段可習得該職別所特有的技能。

- **獸族**：近攻型兵種只有一階段的升級，但是每一級都有三種不同的樣式。

12-4-2 人物動作編輯器

人物動作編輯器可以用來編輯 3D 人物的動作。在 MD3 格式中，可以將人物的所有動作都存在一個檔案中，而人物動作編輯器則是將這種動作加以分類，而設計者就必須使用人物動作編輯器來編列分離這些模型動作的資料，以提供遊戲引擎所使用。下圖就是人物動作編輯器的執行畫面：

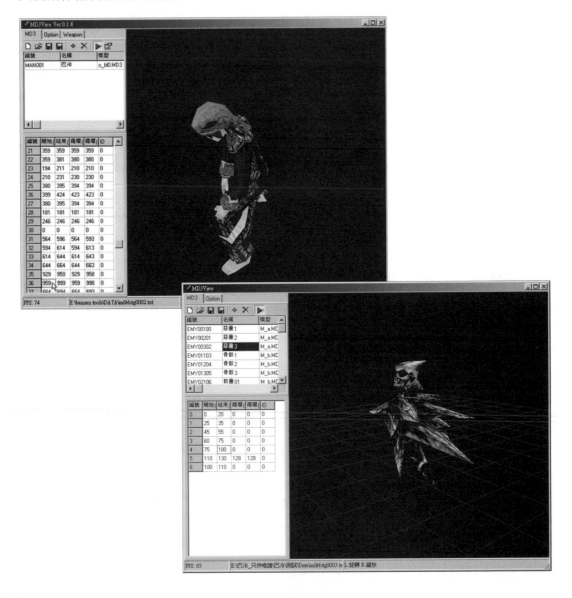

12-4-3 武器道具編輯器

戰鬥時經常會隨機地出現各種武器及道具或配合不同角色的必殺技。雖然這些道具看起來可能不是那麼起眼,但是它們的存在卻讓角色扮演遊戲增色不少。而這些為數眾多的武器道具也可以利用 Excel 進行管理與維護。如下圖所示:

🎮 武器

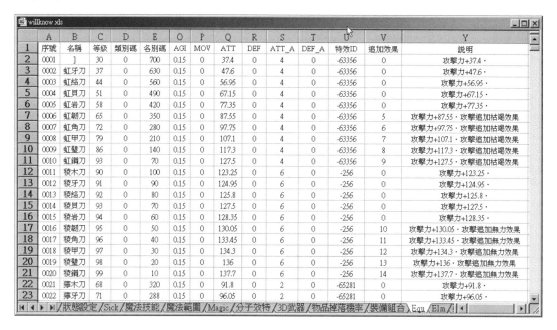

	A	B	C	D	E	O	P	Q	R	S	T	U	V	Y
1	序號	名稱	等級	類別碼	各別碼	AGI	MOV	ATT	DEF	ATT_A	DEF_A	特效ID	追加效果	說明
2	0001	]	30	0	700	0.15	0	37.4	0	4	0	-63356	0	攻擊力+37.4。
3	0002	虹牙刀	37	0	630	0.15	0	47.6	0	4	0	-63356	0	攻擊力+47.6。
4	0003	虹絡刀	44	0	560	0.15	0	56.95	0	4	0	-63356	0	攻擊力+56.95。
5	0004	虹貝刀	51	0	490	0.15	0	67.15	0	4	0	-63356	0	攻擊力+67.15。
6	0005	虹岩刀	58	0	420	0.15	0	77.35	0	4	0	-63356	0	攻擊力+77.35。
7	0006	虹韌刀	65	0	350	0.15	0	87.55	0	4	0	-63356	5	攻擊力+87.55。攻擊追加枯竭效果
8	0007	虹角刀	72	0	280	0.15	0	97.75	0	4	0	-63356	6	攻擊力+97.75。攻擊追加枯竭效果
9	0008	虹甲刀	79	0	210	0.15	0	107.1	0	4	0	-63356	7	攻擊力+107.1。攻擊追加枯竭效果
10	0009	虹璧刀	86	0	140	0.15	0	117.3	0	4	0	-63356	8	攻擊力+117.3。攻擊追加枯竭效果
11	0010	虹鋼刀	93	0	70	0.15	0	127.5	0	4	0	-63356	9	攻擊力+127.5。攻擊追加枯竭效果
12	0011	稷木刀	90	0	100	0.15	0	123.25	0	6	0	-256	0	攻擊力+123.25。
13	0012	稷牙刀	91	0	90	0.15	0	124.95	0	6	0	-256	0	攻擊力+124.95。
14	0013	稷絡刀	92	0	80	0.15	0	125.8	0	6	0	-256	0	攻擊力+125.8。
15	0014	稷貝刀	93	0	70	0.15	0	127.5	0	6	0	-256	0	攻擊力+127.5。
16	0015	稷岩刀	94	0	60	0.15	0	128.35	0	6	0	-256	0	攻擊力+128.35。
17	0016	稷韌刀	95	0	50	0.15	0	130.05	0	6	0	-256	10	攻擊力+130.05。攻擊追加無力效果
18	0017	稷角刀	96	0	40	0.15	0	133.45	0	6	0	-256	11	攻擊力+133.45。攻擊追加無力效果
19	0018	稷甲刀	97	0	30	0.15	0	134.3	0	6	0	-256	12	攻擊力+134.3。攻擊追加無力效果
20	0019	稷璧刀	98	0	20	0.15	0	136	0	6	0	-256	13	攻擊力+136。攻擊追加無力效果
21	0020	稷鋼刀	99	0	10	0.15	0	137.7	0	6	0	-256	14	攻擊力+137.7。攻擊追加無力效果
22	0021	獰木刀	68	0	320	0.15	0	91.8	0	2	0	-65281	0	攻擊力+91.8。
23	0022	獰牙刀	71	0	288	0.15	0	96.05	0	2	0	-65281	0	攻擊力+96.05。

狀態設定 / Sick / 魔法技能 / 魔法範圍 / Magic / 分子效特 / 3D武器 / 物品掉落機率 / 裝備組合 / Equ / Elm

🎮 道具

	C	E	F	G	H	I	J	K	L	M	N	O	P	Q
	名稱	說明40	特效	使用對象	HP	MP	MHP	MMP	STR	VIT	INT	MEN	AGI	追加狀態一
2	輕血療劑	單人生命力回復25%	394	14	0.25	0	0	0	0	0	0	0	0	0
3	血療劑	單人生命力回復50%	395	14	0.5	0	0	0	0	0	0	0	0	0
4	強血療劑	單人生命力回復75%	396	14	0.75	0	0	0	0	0	0	0	0	0
5	精煉血療劑	單人生命力回復99%	397	14	0.99	0	0	0	0	0	0	0	0	0
6	輕活器藥	全體生命力回復20%	398	25	0.2	0	0	0	0	0	0	0	0	0
7	活器藥	全體生命力回復40%	399	25	0.4	0	0	0	0	0	0	0	0	0
8	強活器藥	全體生命力回復60%	400	25	0.6	0	0	0	0	0	0	0	0	0
9	精煉活器藥	全體生命力回復80%	401	25	0.8	0	0	0	0	0	0	0	0	0
10	輕創治劑	單人生命力回復100點	402	14	100	0	0	0	0	0	0	0	0	0
11	創治劑	單人生命力回復200點	403	14	200	0	0	0	0	0	0	0	0	0
12	強創治劑	單人生命力回復400點	404	14	400	0	0	0	0	0	0	0	0	0
13	精煉創治劑	單人生命力回復600點	405	14	600	0	0	0	0	0	0	0	0	0
14	輕復體藥	全體生命力回復100點	406	25	100	0	0	0	0	0	0	0	0	0
15	復體藥	全體生命力回復200點	407	25	200	0	0	0	0	0	0	0	0	0
16	強復體藥	全體生命力回復300點	408	25	300	0	0	0	0	0	0	0	0	0
17	精煉復體藥	全體生命力回復400點	409	25	400	0	0	0	0	0	0	0	0	0
18	輕凝神劑	單人靈動力回復25%	410	14	0	0.25	0	0	0	0	0	0	0	0
19	凝神劑	單人靈動力回復50%	411	14	0	0.5	0	0	0	0	0	0	0	0
20	強凝神劑	單人靈動力回復75%	412	14	0	0.75	0	0	0	0	0	0	0	0
21	精煉凝神劑	單人靈動力回復99%	413	14	0	0.99	0	0	0	0	0	0	0	0
22	輕原靈藥	全體靈動力回復20%	414	25	0	0.2	0	0	0	0	0	0	0	0
23	原靈藥	全體靈動力回復40%	415	25	0	0.4	0	0	0	0	0	0	0	0
24	強原靈藥	全體靈動力回復60%	416	25	0	0.6	0	0	0	0	0	0	0	0
25	精煉原靈藥	全體靈動力回復80%	417	25	0	0.8	0	0	0	0	0	0	0	0
26	輕曉魄劑	單人靈動力回復50點	418	14	0	50	0	0	0	0	0	0	0	0
27	曉魄劑	單人靈動力回復100點	419	14	0	100	0	0	0	0	0	0	0	0

不過武器和道具的屬性設定比人物設定簡單，只要在武器上編定一系統的等級，再以等級來區分攻擊力的強弱，如果還要更細分武器屬性的話，可以再加入武器加強值（除攻擊力之外的附加值）、武器防禦值（可提升人物防禦力）等等。

12-5　遊戲動畫

當我們在遊戲中製作 3D 動畫時，經常需要模擬一些動畫場景，這時就可以利用動畫編輯器。動畫的編輯有點像動畫的剪接工具，當動畫檔被編輯完畢後，其實可以把他當作一部卡通短片來看，因為圖形與聲音的效果都具備了。

12-5-1 動畫編輯器

動畫原理與卡通影片相同，都是使用「視覺暫留」的原理，將一張張動作連續的圖片，依照特定的速度播放而產生動畫效果，在圖片的顯示速度上，通常為每秒 20~30 張的更新率是較為理想的。做法有以下兩種：

第一種是製作動畫並顯示於地圖當中，這種做法是針對單一獨立的物件，例如風車轉動或是冒煙等等。另一種方式就是直接製作兩或三張式的背景圖，讓地圖本身就是動畫，例如流動的水、飛翔的老鷹或是湖邊的漣漪等。

另外動畫編輯器為了能整合音效的功能，也可以加入音效的資料，或是其他資料以供其他特效使用。

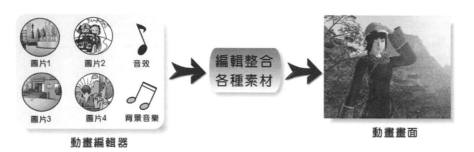

動畫編輯器　　　　　　　　　　　　　　　　　　動畫畫面

　　上圖所示為動畫編輯的概念圖，一張單頁的圖片，可能是由若干張圖片所組成，當然這些圖片都可以加入效果的參數，如果沒有將音效的資料存放於此，動畫與音效的同步將會變得很困難。例如當遊戲中武士揮劍的時候，需要搭配揮劍的音效，如果將音效的資料存放在動畫中，當動畫播放到這個動作的時候，音效自然也會同時被播放。

學習評量

1. 遊戲中最難處理的部份是什麼？

2. 試討論遊戲中的特效。

3. 編輯工具軟體的功用為何？

4. 何謂地圖編輯器？

5. 遊戲中的劇情可以區分為哪兩大類？

6. 何謂非玩家人物？

7. 何謂動畫編輯器？

8. 試簡述人物動作編輯器。

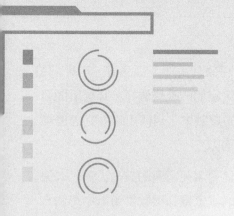
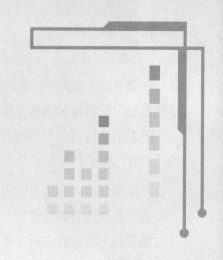

13

2D 遊戲貼圖製作技巧

　　隨著軟、硬體上技術的突破，遊戲廠商亦標榜著製作「高解析」、「高品質」，與「高精細」遊戲畫面的各種類型遊戲。在遊戲中，只要抓住玩家們的視覺偏好，那麼所開發的遊戲則可以很容易被玩家們所接受。事實上，在 2D 的遊戲中，到底可以做到怎麼樣的程度啊？其實以最笨的方法就是在平面圖片下功夫就可以了。

　　不過這樣的作法可能會引發出更多的問題，一來它可能會累死所有的美術人員，二來遊戲畫面沒有動態變化，看起來就非常單調乏味，挑剔的玩家還是很難從遊戲中得到一點樂趣。本章將介紹在遊戲開發過程中，常會運用到一些貼圖技巧，來展現遊戲畫面及動態效果。例如基本貼圖、動畫貼圖、橫向捲軸移動、前景背景移動等，來提高單純 2D 圖片的變化性。

13-1　2D 基本貼圖簡介

　　2D 貼圖的技巧在遊戲製作過程中是非常重要的一環。不論是遊戲的主畫面選單、戰鬥場景、遊戲環境設定、角色互換、動畫展現等，都可能使用貼圖的技巧來將美術設計人員精心設計好的圖案，充分呈現在遊戲需要出現的地方。

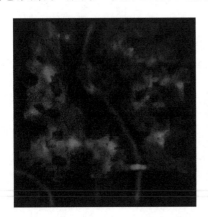 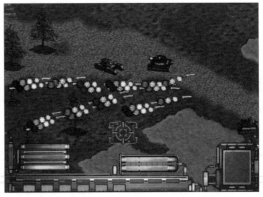

▲ 戰鬥場景原始地圖與完成戰鬥場景地圖

　　在 2D 貼圖過程中，如果還能善加利用某些演算法功能，將使 2D 貼圖的效果更具多變性，甚至還可以產生動態視覺效果，同時也可以大量降低美術人員的工作量。

13-1-1　2D 座標系統

在還沒有真正開始討論遊戲製作過程中貼圖的各種技巧前，各位先來認識繪圖的相關座標系統。首先可以從兩個角度來探討 2D 座標系統，一種是數學 XY 座標系統；另一種則是螢幕 XY 座標系統。所謂數學 XY 座標系統：X 座標代表的是象限中的橫向座標軸，座標值是向右方遞增；而 Y 座標代表的是象限中的縱向座標軸，如下圖所示：

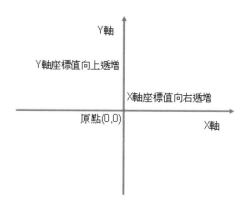

電腦螢幕的顯示是由一堆像素（Pixel）所構成，所謂的像素就是螢幕上的點。一般我們所說的螢幕解析度為 1024×768，指的便是螢幕或畫面可以顯示寬 1024 個點與高 768 個點。螢幕上的顯示方式如下圖所示：

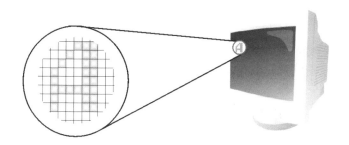

螢幕中的 XY 座標系統也可以接受負值（小於 0）的數值，只不過 X 或 Y 座標為負值的話，它會位在螢幕外的座標系統中，簡單的說，如果 Y 座標為負值的話，不會被顯示在螢幕上，同樣道理 X 座標也是如此。

X軸座標值向右遞增

Y軸座標值向下
遞增

螢幕中座標系統的大小，通常可以利用螢幕的顯像解析度來決定，而螢幕顯像解析度的高或低通常要看顯示卡或螢幕設備是否有支援來決定，一般而言，經常會用到的螢幕顯像解析度有「320×200」、「640×480」、「800×600」及「1024×768」，它們是螢幕所能對應的座標點，如「640×480」就是 X 座標軸上有 640 個像素點、Y 座標軸上有 480 個像素點的意思。

顯示卡性能的優劣與否主要取決於所使用的顯示晶片，以及顯示卡上的記憶體容量，記憶體的功用是加快圖形與影像處理速度。另外顯示卡除了執行效能的考量外，它的解析度與顏色數也是重要的參考指標。當解析度越大時，螢幕的可視範圍相對越大，例如 Super-VGA 卡可設定 640×480、800×600、1024×768、1280×1024 等解析度，而顏色數主要以 $65,536(2^{16})$、$16,777,216(2^{24})$ 及 $4,294,967,296(2^{32})$ 等三種顏色數為主，顏色數量越高，所能展現的色彩越豐富。

螢幕所支援的顏色模式可分為 16 色、256 色、高彩 16 位元（$2^{16}=65535$）、全彩 24 位元（$2^{24}=16777216$）及全彩 32 位元（$2^{32}=4294967296$）等顏色值，但是這些顏色模式會受限系統記憶體與顯示卡記憶體的容量大小，也就是顯示卡內附的影像暫存空間，或稱為「視頻隨機存取記憶體」（VRAM）。

由於螢幕上所顯示的影像是一個點矩陣的圖檔，叫做「螢幕區域」，為了螢幕的影像顯示能快速地隨您的操作而變動、更新，「螢幕區域」這個圖檔其實不是儲存在各位的硬碟中，而是直接儲存在顯示卡的 VRAM。因此一般遊戲程式設計師在規劃遊戲的顏色模式呈現時，都必須要考慮到這類如顯示卡規格的相關問題，才不會產生玩家的硬體無法表現遊戲中豐富色彩的問題。

13-1-2 貼圖與顯示卡

不論是 2D 或 3D 遊戲的製作,都必須使用貼圖技巧來展現遊戲畫面。所謂貼圖的動作就是將圖片貼在顯示卡記憶體上,再經由顯示卡呈現於螢幕上的過程,各位可以使用 GDI、Windows API、DirectX 或 OpenGL 等工具來進行遊戲的貼圖動作。

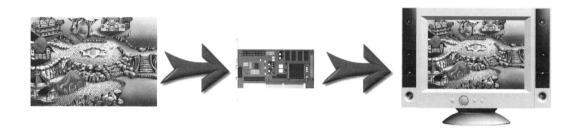

螢幕上有 X 與 Y 的座標點,而圖片也有其本身的長與寬,而且所有的圖片都是以矩形的幾何圖形來表示,一般來說,如果要在一張紙上畫出一個矩形的幾何圖形,只要知道這個矩形在紙上的左上角座標,以及矩形的長與寬,就能畫出一個矩形來。如右圖所示:

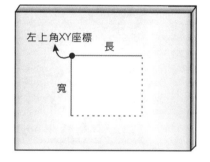

同樣的,知道了圖片在螢幕上的左上角 XY 座標及本身的長與寬,就可以將圖片貼在螢幕上了。後續只要改變與 X 或 Y 點的座標,那麼圖片自然就會在螢幕上改變它的顯像位置。如右圖所示:

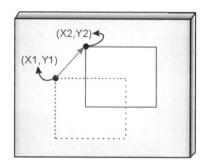

例如想要將圖片從螢幕的左邊慢慢地移動到右邊,可以利用程式碼撰寫一個迴圈,而這個迴圈是用來改變圖片在螢幕上的 X 點座標,讓這種效果看起來就像是圖片自己在移動一樣,如右圖所示:

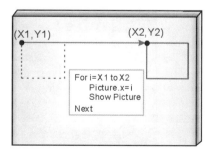

13-1-3 圖形裝置介面

GDI（Graphics Device Interface）譯為「圖形裝置介面」，是 Windows API 中相當重要的一個成員，掌管了所有顯像裝置的視訊顯示及輸出功能，談到遊戲中的貼圖功能，就必須對 GDI 有所了解。

對一個遊戲程式來說，不論是採全螢幕或單純的視窗模式，都必須要先行建立一個視窗，當視窗建立後，螢幕上的顯示區域便劃分為螢幕區（Screen）、視窗區（Window）與內部視窗區（Client）三種，如下圖所示：

從繪圖觀點來說，所謂裝置內文（Device Context，DC）就是程式可以進行繪圖的地方。如果要在整個螢幕區上繪圖，那麼 Device（裝置）就是螢幕，而 Device Context 就是螢幕區上的繪圖層。例如要在視窗中繪圖，那麼 Device 就是視窗，DC 就是視窗上可以繪圖的地方，也就是內部視窗區。如下圖所示：

視窗內部可以繪圖的地方就是裝置內文區

13-2 遊戲地圖製作

遊戲地圖的畫面是遊戲中絕不可缺少的重要環節之一，要產生遊戲地圖除了可以直接使用已經繪製好的點陣圖外，對於一些畫面不是說很複雜，且具有重複性質的地圖或場景的作法有一個比較聰明的解決辦法，那就是利用地圖拼接的方式，由一小塊一小塊的圖塊（Tile）組合出更大型的地圖，就像是在鋪設我們自己家中的地板磁磚一樣。在 2D遊戲中所採用的場景圖塊形狀可分成兩種：一種是「平面地圖」，另一種則是「斜角地圖」，因此在撰寫場景編輯引擎的時候，就應該依照圖塊形狀的不同，而撰寫不同的拼接演算法。

使用少量的圖塊來構造一個較大的場景，這樣做的優點是可以減少記憶體的消耗、方便計算從一處走到另一處所要消耗的時間或體力（通過率）、物體間的遮掩、動態場景的實現等等。地圖拼接的優點在於節省系統資源，因為一張大型的地圖會佔用比較多的記憶體空間，且載入速度較慢，如果遊戲中使用了為數頗多的大型地圖，那麼程式執行時的效能勢必會降低，而且需要相當可觀的記憶體空間。

13-2-1 平面地圖貼圖

首先來談談最基本的平面地圖貼圖，這種貼圖方式相當地直覺，就是利用一張張四方形的小圖塊來組成同樣是四方形的大地圖，下圖便是一張由 3 種不同圖塊所組合成的平面地圖：

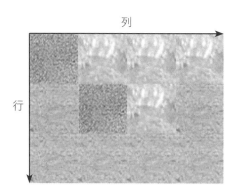

以上這張地圖它是由 4×3 張小圖塊所組成，列方向是 4 張圖塊，行方向是 3 張圖塊，在這裡使用列與行這樣的字眼，是因為我們準備使用陣列來定義地圖中出現圖塊的內

容。從上圖中可以看到一共出現了 3 種不一樣的圖塊，這是因為程式中會事先以陣列來定義哪個位置上要出現哪種圖塊，使得拼接出來的地圖能夠符合遊戲的需求。現在假設圖中 3 種不同圖塊的編號分別為 0、1、2，在這個一維陣列以行列的方式排列，您將可以看出每一個陣列元素對應到上圖中的圖塊位置。那麼可以利用下面的這個一維陣列來定義出如上圖中的地圖：

```
int mapIndex[12] = {0,1,1,1,        //第1列
                    2,0,1,2,        //第2列
                    2,2,2,2 };      //第3列
```

由於使用一維陣列來定義地圖的內容，因此上面的這個陣列每個元素的索引值是 0...11，但是由於程式裡不論是計算圖塊貼圖的位置或者是計算整張地圖長寬尺寸，都是以行列來進行換算，所以必需將陣列的索引值轉換成對應的列編號與行編號，而轉換的公式如下：

> 列編號 = 索引值 / 每一列的圖塊個數（行數）;
>
> 行編號 = 索引值 % 每一列的圖塊個數（行數）;

我們以下圖來驗證上面的公式，方格中的編號是一維陣列的元素索引值：

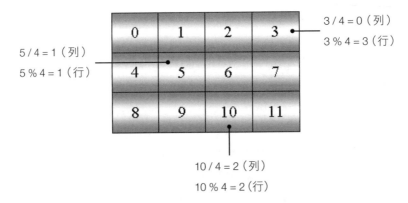

以下是運用不同小圖塊，來拼接出一張簡單地圖的執行結果，只要更改常數中列數與行數的值，並重新定義 mapIndex[] 陣列中的值，便可以組合出大小尺寸以及內容都不盡相同的平面地圖：

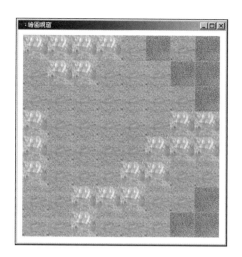

13-2-2　斜角地圖貼圖

　　斜角地圖其實是平面地圖的一種變化組合，它是將拼接地圖的圖塊內容，由原先的四方形改變成彷彿由45度角俯看四方形時的菱形圖案，而由這些菱形內容圖案所拼接完成後的地圖，就是一張由45度俯看的斜角地圖了。這幾年來，斜角視覺的場景效果在2D遊戲中倍受好評，它也將2D平面的遊戲帶向3D立體的效果變化，PC遊戲中較為有名的為「仙劍奇俠傳」，當時便以這種斜角視覺的場景效果，擄獲了不少玩家們的心。

　　基本上，斜角地圖拼接同樣也是使用和平面地圖一樣的行與列的觀念，但由於地圖拼接時只要取用點陣圖中的菱形部份，因此在貼圖座標的計算上會有所不同。下面以圖示說明菱形圖塊與方形圖塊在貼圖時的差異，其中數字部份是圖塊編號：

　　上面左邊的圖是四方形圖塊的拼接，而右邊的圖則是菱形圖塊的拼接，四方形圖塊拼接是由圖塊編號換算成行編號與列編號再換算成貼圖座標。對於斜角地圖拼接來說，在換算貼圖座標時，只要呈現圖塊中的菱形部份，因此在貼圖排列的方式上會有不同，因而貼圖座標的計算公式就會不一樣。

此外，必須在每個圖塊拼接的時候還要加上一道透空的手續，不然若直接依照求得的貼圖座標來進行貼圖，可能會產生如下的畫面：

下一張圖塊中未去背的部份會遮蓋到前一張圖塊中要顯示的菱形部份

接下著來看看斜角地圖拼接時，各個圖塊編號與實際排列的情形：

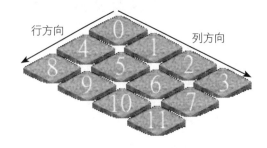

上圖同樣是一張由 4×3 個小圖塊所拼接而成的地圖，其中的數字是圖塊編號，而對於每一圖塊還是必須先算出它的行編號與列編號才能計算它實際的貼圖座標，至於行列編號的求法跟上一小節所使用的公式一樣：

> 列編號 = 索引值 / 每一列的圖塊個數（行數）；
> 行編號 = 索引值 % 每一列的圖塊個數（行數）；

求出了行編號與列編號，接著就可以用來算出圖塊貼圖時左上點的座標，除此之外我們還必須要知道圖塊中菱形部份的長度與高度，在這裡假設圖塊中菱形的寬與高分別是 w 與 h 好了，圖示如下：

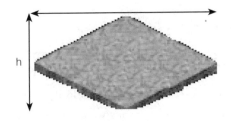

那麼圖塊左上點貼圖座標的計算公式如下：

左上點 X 座標 = xstart + 行編號 * w/2 - 列編號 * (w/2);

左上點 Y 座標 = ystart + 列編號 * h/2 + 行編號 * h/2;

上面公式中的 xstart 與 ystart 是代表第一張圖塊左上角貼圖座標的位置，我們以底下的圖示來說明這個公式的衍生觀念：

(xstart,ystart)

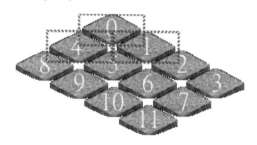

上圖中利用虛線框來標示圖塊真正的矩形範圍，首先進行貼圖時會自訂第 1 張圖塊的貼圖位置，而其他圖塊的貼圖座標再由此向下延伸。現在假設給定圖塊 0 的貼圖座標是（xstart,ystart），那麼接下來考慮圖塊 1 的矩形範圍，它左上角貼圖的座標則是（xstart+w/2,ystart+h/2）。而圖塊 2 的矩形範圍，它的座標又變成（xstart+w/2*2,ystart+h/2*2），如此類推並加入行編號與列編號來定義，我們似乎可以得到下面的這個求圖塊貼圖座標的公式：

左上點 X 座標 = xstart + 行編號 * w/2;

左上點 Y 座標 = ystart + 列編號 * h/2;

但是要注意一點，這是當圖塊都是屬於同一列的情況。現在讓我們來考慮下一列的圖塊 4，圖塊 4 的左上角貼圖座標是（xstart-w/2,ystart+h/2），而圖塊 5 的座標則是（xstart-w/2+w/2,ystart+h/2+h/2），圖塊 6 的座標為（xstart-w/2+w/2*2,ystart+h/2+h/2*2），從這裡可看出同一列上座標變化都是一樣的，貼圖座標都是往右下方遞增半個圖塊的長與高單位。

如果是在同一行（圖塊 0、4、8）上的座標變化則是往左下方遞減半個圖塊的長（X 軸方向）以及遞增半個圖塊的高（Y 軸方向），因此利用圖塊的行編號與列編號，便定出了前面的貼圖座標公式。最後當我們算出每個圖塊的座標，並完成了斜角地圖的拼接，此時要將整塊地圖貼到視窗中，必須知道地圖的寬度與高度，至於計算的方式以圖示說明於下：

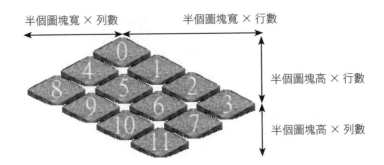

由上圖中可以很容易的推導出整張地圖的寬與高計算公式如下：

> 地圖寬 =（列數 + 行數）* w/2;
>
> 地圖高 =（列數 + 行數）* h/2;

以下將上一個平面拼接地圖以 45 度俯視的斜角地圖呈現，執行結果如下圖所示：

13-2-3 景物貼圖

學會了遊戲地圖的拼接技巧，這一小節的主題將要來學習如何在地圖上佈置一些景物，像是花草樹木、房子 ... 等等。藉由景物的點綴將使得遊戲地圖更具變化。

其實一旦完成了地圖拼接後，景物部份應該就容易多了。這時同樣可以使用一個與地圖陣列相同大小的陣列來定義哪個圖塊位置上要出現哪些景物，而接下來因為景物圖大小與圖塊大小並不會相同，因此還要將景物貼圖的座標稍做修正，使得這些景物可以出現在正確位置上。底下以在 64×32 的斜角圖塊上貼上一張 50×60 的樹木圖來做說明：

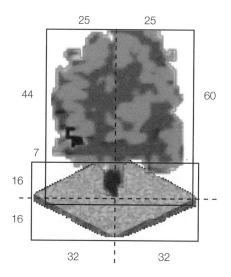

由上圖中各位可以看出，若斜角圖塊的貼圖座標是（x,y），那麼樹木圖的 X 座標必須向右移動 32-25=7 個單位，Y 座標則必須向上移動 60-16=44 個單位，則樹木圖的貼圖座標為（x+7,x-44）。依這樣的方式，再對其他景物實際的貼圖座標做修正的動作，那麼最後貼圖呈現的就是所要的遊戲地圖場景了。接著下來我們將在上一個範例裡的斜角地圖中加入兩個不同景物，展現不同的遊戲地圖新面貌。執行畫面如下：

13-2-4 人物遮掩

人物遮掩可以將它分成兩種情況，一種是人物與人物之間的遮掩，另外一種是人物與地圖中的建築、樹木等障礙物之間的遮掩。第一種情況的解決辦法就是透過一個具有位置屬性的基礎圖塊，而此基礎圖塊上又衍生出其他的圖塊，這樣就可以在視覺方向上對

人物的位置進行排序了，從遠到近分別畫出各圖塊與人物，如此一來，便可以實現人物的遮掩了，當然排序演算法的選擇就依照個人的喜好了。

至於第二種情況，每一個圖塊是有高度的，而圖塊高度又是如何來定義的呢？請看看下面這幅圖：

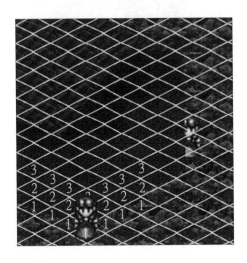

一般建築物圖塊的高度與現實是一致的，上圖中的房子從牆角往上的高度依次分別為1、2、3…，而這些是在編輯場景的時候就必須要定義好。人物也是有高度的，它的高度是從下往上依次遞增，如下圖所示：

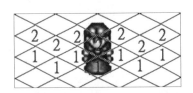

這些編號與地圖中圖塊的編號有些類似，只不過是上下倒過來罷了。這些高度就是為了確定圖塊遮掩而定義，當設計者在顯示一個場景的時候，一般會先畫地圖，接著再畫人物，因為可能人物會被建築物遮住，所以在這個時候就要重畫人物位置的部分地圖場景。也就是說，從下往上依序比較人物與圖塊的高度，如果圖塊的高度大於人物的高度則圖塊就是遮住人物，所以此圖塊要重畫，如果是人物遮住圖塊的話，則圖塊就不需要重畫了。

13-2-5 進階斜角地圖貼圖

之前有大概說明斜角地圖與透空圖的製作原理，例如您可以使用一整張地圖來製作斜角地圖，不過可能必須為每一個場景製作地圖。在此要介紹如何採用重複貼圖的方式來製作斜角地圖，這樣的方式可以減少圖片檔案的運用並增加場景的變化性，不過必須額外增加許多用來作貼圖判斷的程式碼。

基本上，由於地圖必須重疊拼接，所以要使用貼圖的方式製作斜角地圖時，必須先了解前面談到的透空圖作法。也就是在貼圖時，圖片的背景透明，如此重複貼圖時才不致於使得背景覆蓋了其他的圖片，各位可從下圖中比較出兩者的不同，右方圖就是處理過後的透空圖：

先告訴各位，因為拼接時必須使用透空圖，所以地圖中每一個小方格的製作都必須經過兩次貼圖的動作。我們所使用的地圖方格圖片大小設定為像素 32×16，但貼圖時會將其貼為 64×32 的大小，也就是原圖的兩倍，如此地圖中的方格才不致於過小，所使用的方格放大圖如下所示：

▲ 地圖方格　　　　　　　　　　　▲ 遮罩圖

為了讓各位看得出拼接時的邊界，地圖方格原圖中先將周圍以較明顯的綠色加以標示出來。在實際遊戲製作中若去除邊界顏色，看起來就有如大型地圖一般。在此我們使用了迴圈來進行地圖的貼圖與拼接動作，並加上了人物的移動，我們使用鍵盤進行人物移

動操作。這張地圖看來很大張，其實也只用了兩張小圖片而已。移動的方式與成果如下圖所示：

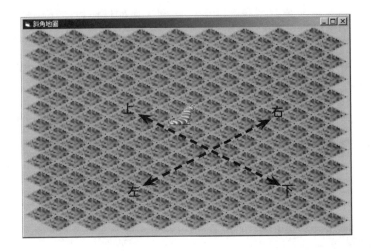

各位請仔細看這個地圖，會發現了地圖拼接時的一個問題，就是地圖周圍會出現鋸齒狀，我們可以在周圍補貼上一些地圖方格以改進這個問題，而在這邊我們則採更投機的作法，由視窗外圍開始貼圖，讓地圖超過視窗可顯示的範圍，如此就不用額外花成本在周圍方格的貼圖動作上，這個程式的改進結果如下所示，而這次已將方格周圍的邊界線去除：

▲ 無鋸齒、無邊界的斜角地圖

再來談一談在斜角地圖中有障礙物時，該如何繪製地圖呢？事實上，當使用陣列來製作障礙物地圖，陣列元素值為 0 表示沒有障礙物，大於 0 表示有障礙物，各位可以為每個不同種類的障礙物進行編碼，如此只要改變陣列中的元素值，就可以改變地圖上的景物配置。第一步要解決座標定位的問題，您必須將繪圖座標中的每一個點與陣列中的元

素索引相配合，如此才不致於有移動判斷上的問題，我們即將完成的成果與座標定位方式如下圖所示：

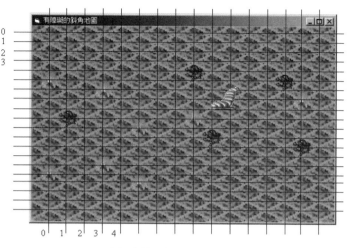

▲ 座標定位與陣列索引的對應

　　場景中只有兩種障礙物，陣列元素值設定為 1 表示骷髏頭，設定為 2 表示樹木，在實際遊戲製作中各位可以設定更多種類的障礙物。在進行人物的移動判斷時，只要對陣列的元素值進行檢查，如果不為 0 就表示有障礙物，所以畫面上的人物就不能移往該格，下圖為更換了無邊界背景之後的執行結果：

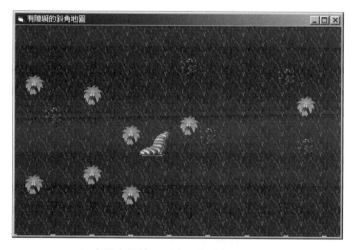

▲ 少了方格線，看來已有遊戲的感覺了

　　這樣的設計方法雖然簡單明白，可以簡化程式設計的邏輯。不過存在一個潛在問題，因為當使用陣列來標示障礙物的存在，在某些場景中障礙物不多時，陣列中多數的元素值將會是 0，而形成所謂的「稀疏陣列」。這些內容為 0 的元素相當於沒有儲存任何的資

訊，但仍佔有一定的記憶體空間，尤其是在地圖越來越大時，這個情況可能會更嚴重。特別是當記憶體空間成為設計的考量時，稀疏陣列的問題仍然必須依賴資料結構學科來加以解決。

13-3　2D 繪圖特效製作

在前面內容裡面，相信各位對於螢幕繪圖的基本概念與技巧大概有了初步的了解，接下來要介紹的是在設計 2D 遊戲畫面時，各位經常會使用到的相關 2D 繪圖的特效。

13-3-1　半透明效果

半透明在遊戲中通常是用來呈現若隱若現的特殊效果，事實上這種效果的運用相當頻繁，像是薄霧、鬼魂、隱形人物 ... 等等，有時都會以半透明的手法來呈現。基本上，半透明效果就是前景圖案與背景圖案像素顏色的混合。下圖即是將一張點陣圖經過半透明處理後顯示於背景上的樣子。

要如何將前景圖與背景圖像素顏色進行混合呢？首先，必需先了解點陣圖的基本結構，點陣圖是由許多的像素所組成，每一個像素中都包含三原色：紅（R）、綠（G）、藍（B）來決定該像素的色彩。點陣圖的優點是可以呈現真實風貌，而缺點則為影像經由放大或是縮小處理後，容易出現失真的現象。

▲ 點陣圖放大後會產生失真現象

　　如果要呈現半透明效果，必須將前景圖與背景圖彼此對應像素的顏色依某一比例來進行調配，這一個比例就叫做「不透明度」。假設沒有進行半透明處理，單純將一張前景圖貼到背景圖上的一塊區塊來說，前景圖的不透明度是 100%，而背景圖在這一塊區域上的不透明度則是 0%（完全透明，所以看不見背景），也就是說在這塊區域上背影圖的色彩完全派不上用場。

　　可是這時候想要有半透明的效果，讓前景圖看起來稍微透明一點，那就必須決定不透明度值，假設決定不透明度是 70%，這也就是說前景圖像素顏色在顯示位置上的比例是70%，而剩下的 30% 呢？當然就是取用背景像素的顏色了。因此如果可以將要顯示區域內的每一個像素顏色依一定的不透明度比例進行合成，那麼最後整個區域所呈現出來的就是半透明效果了。綜合上面的說明，可以整理出一個簡單的公式如下：

> 半透明圖色彩 = 前景圖色彩 × 不透明度 + 背景圖色彩 × (1–不透明度)

　　例如下圖是以前景圖的不透明度 30% 以及背景圖的不透明度 70% 進行半透明處理：

　　下圖則是取得前景圖與背景圖顏色值，以前景圖的不透明度 50% 以及背景圖的不透明度 50% 進行半透明處理，製作出的半透明效果：

13-3-2 透空半透明效果

上一小節的範例裡說明了美美的半透明效果，可是不知道您有沒有發現，在執行的畫面中似乎可看到前景圖四周還留著原來點陣圖的矩形輪廓，感覺有點美中不足。不過沒關係，要告訴大家如何製作更完美的透空半透明效果。作法很簡單，就是先透空再進行半透明的處理。

還記得之前透空處理是怎麼做的嗎？方式是利用貼圖函式直接與已經貼在視窗中的背景圖進行兩個必要的 Raster 運算便完成了。至於透空半透明效果，則必須多使用了一個記憶體 DC 與點陣圖物件，先在記憶體 DC 上完成透空，再取出這個 DC 上的點陣圖內容來進行半透明處理。例如以下有一張點陣圖將用來製作前景圖的透空：

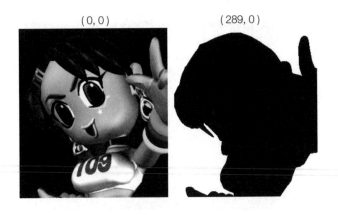

程式設計上必須先在記憶體 DC 上完成圖案透空，再取出其內容點陣圖進行半透明處理，最後展示透空半透明效果。如下圖是程式最終的執行結果：

13-3-3 透空效果

　　由於所有的圖檔都是以一個四方矩形來儲存，有時候在貼圖時我們可能會需要把一張怪物圖片貼到視窗的背景圖上，而在這種情況下如果直接進行貼圖的結果可能會像下面這樣：

　　當希望前景圖與背景圖可以完全融合時，就必須將前景圖背後的黑色底框去掉，這項動作就稱為透空處理，或稱為去背。這時可利用 GDI 的 BitBlt( ) 貼圖函式，以及 Raster 值的運算來將圖片中不必要的部份給去除（又稱去背），使得圖中的主題可以與背景圖完全融合。以上面恐龍圖的透空為例子，首先必須準備一張點陣圖，它的色彩分配必須是像下面這樣：

要去背的部份
必須是黑色

恐龍部分是黑色

去背部分是白色

上圖中左邊的圖就是要去背貼到背景上的前景圖,右邊的黑白圖則稱為「遮罩圖」,在去背的過程中會用到它。接著把要去背的點陣圖與遮罩圖合併成同一張圖,透空的時候再依照需要來進行裁切。有了遮罩圖,就可以利用貼圖函式來產生透空效果了,請看下圖的貼圖步驟如下:

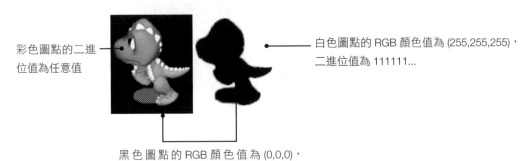

彩色圖點的二進位值為任意值

白色圖點的 RGB 顏色值為 (255,255,255),二進位值為 111111...

黑色圖點的 RGB 顏色值為 (0,0,0),二進位值為 000000...

Step 1 將遮罩圖與背景圖做 AND(Raster 值為 SRCAND)運算,貼到目地 DC 中,如下所示:

(1) **遮罩圖中的黑色部份,與背景圖做 AND 運算:**

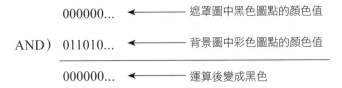

```
        000000...  ◄——————— 遮罩圖中黑色圖點的顏色值
AND)    011010...  ◄——————— 背景圖中彩色圖點的顏色值
        ─────────
        000000...  ◄——————— 運算後變成黑色
```

(2) **遮罩圖中的白色部份,與背景圖做 AND 運算:**

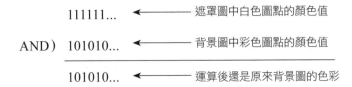

```
        111111...  ◄——————— 遮罩圖中白色圖點的顏色值
AND)    101010...  ◄——————— 背景圖中彩色圖點的顏色值
        ─────────
        101010...  ◄——————— 運算後還是原來背景圖的色彩
```

經過此一步驟所產生的結果如下圖:

Step 2 將前景圖與背景圖做 OR（Raster 值為 SRCPAINT）運算，貼到目 DC 中，如下
所示：

(1) 前景圖中的彩色部份，與上一張圖做 OR 運算：

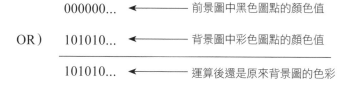

           101011...　←————— 前景圖中彩色圖點的顏色值

OR）   000000...　←————— 背景圖中變成黑色的圖點顏色值

           101011...　←————— 運算後變成前景圖的色彩

(2) 前景圖中的黑色部份，與上一張圖做 OR 運算：

           000000...　←————— 前景圖中黑色圖點的顏色值

OR）   101010...　←————— 背景圖中彩色圖點的顏色值

           101010...　←————— 運算後還是原來背景圖的色彩

　　經過這一個步驟後所顯示的畫面就是我們所要的透空圖了！利用 BitBlt() 貼圖函式以
及 Raster 運算值的設定，很簡單就做出了所要的透空效果，而這在設計 2D 遊戲的一些
畫面內容時，使用相當頻繁，不學會可是不行！

學習評量

1. 半透明在遊戲中應用的場合為何？

2. 試說明人物遮掩的情況。

3. 透視圖在建築美術設計的領域裡，有哪幾種較為特殊的表示法？

4. 2D 座標系統有哪幾種？

5. 顯示卡性能的優劣與否，取決於什麼？

6. 何謂 GDI（Graphics Device Interface）與裝置內文（Device Context，DC）？

7. 在 2D 遊戲中所採用的場景圖塊形狀可分成哪兩種？

8. 何謂斜角地圖？

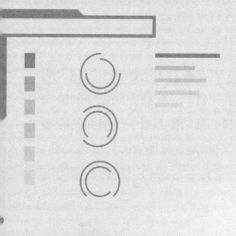

14

2D 遊戲動畫

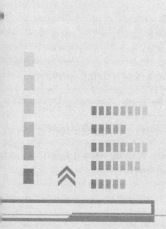

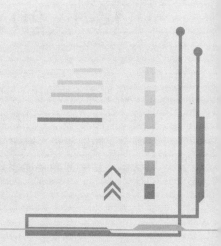

大部份比較精緻的遊戲，都會在遊戲中加入開場動畫，有時候為了遊戲關卡與關卡間的串場，常常也需要一些動畫的表現手法來間接提升遊戲的質感，並藉由動畫中劇情的展現，為遊戲加入一些令人感動的元素。不論在影視媒體、網站畫面或廣告畫面的開場中都可以看見它的蹤影。遊戲中展現動畫的方式有兩種：一種是直接播放影片檔案（如：AVI、MPEG），常用在遊戲的片頭與片尾；另一種則是遊戲進行時利用連續貼圖的方式，製造動畫的效果。

▲ 巴冷公主遊戲的開場動畫

14-1　2D 動畫的原理與製作

2D 動畫主要是以手繪的方式呈現，在平面的舞台區域範圍內，分別設置不同層次的背景、前景、或角色的移動，透過物件前後堆疊的關係來呈現畫面的豐富度，或稱為平面動畫。簡單來說，動畫的基本原理就是由連續數張圖片依照時間順序顯示所造成的視覺效果，其原理與卡通影片相同，可以自行設定每張圖片所停滯的時間來造成不同的顯示

動畫速度。也就是以一種連續貼圖的方式快速播放，再加上人類「視覺暫留」的因素，因而產生動畫呈現效果。

所謂「視覺暫留」現象，指的就是「眼睛」和「大腦」聯合起來欺騙自己所產生的幻覺。當有一連串的「靜態影像」在您面前「快速地」循序播放時，只要每張影像的變化夠小、播放的速度夠快，就會因為視覺暫留而產生影像移動的錯覺。而連續貼圖就是利用這個原理，在相框中一直不斷地更換裡面的相片而已，這些照片會依照動作的順序而排列，就如同播放卡通一樣。

14-1-1　一維連續貼圖

什麼是貼圖？簡單來說，它可以包含兩個部份，一個是放圖片的框框，如同日常生活的相框一樣；而另一個是圖片，也就是放在相框裡的照片一樣。如下圖所示：

首先來看以下的 6 張影像，每一張影像的不同之處在於動作的細微變化，如果能夠快速地循序播放這 6 張影像，那麼您便會因為視覺暫留所造成的幻覺而認為影像在運動，亦即動畫效果只不過是快速播放影像罷了。

然而在此有一個關鍵性問題相當值得思考，就是「到底該以多快的速度來播放動畫？」，也就是在何種播放速度下會產生最佳的視覺暫留現象？以電影而言，其播放的

速度為每秒 24 個靜態畫面，基本上這樣的速度不但已經非常足夠令各位產生視覺暫留，而且還會令您覺得畫面非常流暢（沒有延遲現象）。由於衡量影像播放速度的的單位為「FPS」（Frame Per Second），也就是每秒可播放的畫框（Frame）數，一個畫框中即包含一個靜態影像。

如上圖所示，我們將人物的跑步動作分成六個，假設一個動作圖的長為「W」、寬為「H」，而每一張圖的長與寬都是一樣，這時如果要計算出某一個圖的位置，就可以利用數學中「等差級數」的公式算出。等差級數的公式如下列所示：

$$a_n = a_1 + (n-1) * d$$

a_1 為首項

a_n 為第 n 項

n 為項次

d 為等差值

由於第一張人物動作圖的 X 座標為「0」，所以「a_1」就會為「0」，不過，筆者還是建議讀者將這個值也填上去，因為以後可能不一定會將物體連續動作圖放在框框內的 (0,0) 座標上，所以最好是能夠自動補上這個值，以識別第一項的值。

例如要算出第 3 張的 X 座標上的位置，那麼可以將已知的值代入等差級數的公式中，使其得到我們所需要的值。如下列所示：

$$a_3 = a_1 + (3-1) * W$$

$$a_3 = 0 + 2W => a_3 = 2W$$

由上述算式中，「a_3」就是第 3 張圖的 X 偏移座標，而第 3 張圖的 Y 偏移座標則是「0」，所以便可以很輕易地取出第 3 張的人物動作了。如下圖所示：

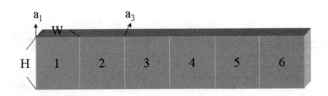

依此類推，如果人物動作要從第一張播放到第六張的時候，各位便可以撰寫一個迴圈分別來取出這幾張圖片的等差級數 XY 座標，如此一來，圖形框框內便能播放我們的人物連續動畫了。如下所示：

```
For i=1 to 6
    srcPicture.X = 0 +(i-1)*W
    srcPicture.Y = 0
    Delay(1)   '暫停 1 秒
Next
```

以上的方式是介紹圖像影格在一維方向的移動，我們是利用簡單的 For 迴圈來達到動畫的效果。其實也可以利用 Windows API 來製作遊戲的動態效果。其中 Windows API 的 SetTimer() 函式可為視窗建立一個計時器，並且每隔一段時間就發出 WM_TIMER 訊息，這樣的特性剛好可以讓我們用來播放靜態的連續圖片，產生動畫的效果。此函式的使用語法如下：

```
UINT SetTimer(    HWND        接收計時器訊息的視窗，
                  UINT        計時器代號，
                  UINT        時間間隔，
                  TIMERPROC  處理回呼函式 );
```

例如底下是設定每隔 0.5 秒發出 WM_TIMER 訊息計時器的程式碼：

```
SetTimer(1,500,NULL);
```

了解了計時器的使用方式之後，我們將底下幾張人物連續擺動的點陣圖，運用計時器來產生動畫效果！

執行結果如下，各位可以看到一個左右搖擺的娃娃：

在動畫的表現上，計時器的使用固然很簡單方便，但是事實上這樣的方法僅適合用在顯示簡易動畫以及小型的遊戲程式中。因為一般遊戲本身要顯示順暢的遊戲畫面，使玩家感覺不到延遲的狀況，基本上遊戲畫面必須在一秒鐘之內更新至少 25 次以上，這一秒鐘內程式還必須進行訊息的處理、大量數學運算，甚至音效的輸出 ... 等動作，而使用計時器的訊息來驅動這些動作，往往達不到我們所要求的標準，不然就是產生畫面顯示不順暢，遊戲回應時間太長的情況。

🎮 遊戲迴圈的作用

在這裡要介紹一種「遊戲迴圈」概念，遊戲迴圈是將原先程式中的訊息迴圈加以修改，其中內容判斷目前是否有要處理的訊息，若有則進行處理；否則便依設定的時間間隔來重繪畫面。由於迴圈的執行速度遠比計時器發出時間訊號來得快，因此使用遊戲迴圈可以更精準的控制程式執行速度並提升每秒鐘畫面重繪的次數。以下為所設計的遊戲迴圈程式碼：

```
1      // 遊戲迴圈
2      while( msg.message!=WM_QUIT )
3      {
4          if( PeekMessage( &msg, NULL, 0,0 ,PM_REMOVE) )   // 偵測訊息
5          {
6              TranslateMessage( &msg );
7              DispatchMessage( &msg );
8          }
9          else
10         {
11             tNow = GetTickCount();                        // 取得目前時間
12             if(tNow-tPre >= 40)
13                 MyPaint(hdc);
```

```
14          }
15      }
```

接下來我們將以遊戲迴圈的方式，進行視窗的連續貼圖，更精確地來製作遊戲動畫效果，並在視窗左上角顯示每秒畫面更新次數：

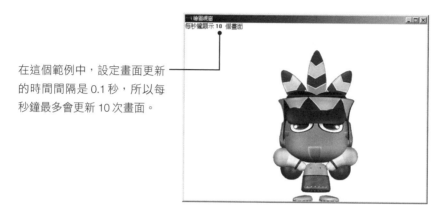

在這個範例中，設定畫面更新的時間間隔是 0.1 秒，所以每秒鐘最多會更新 10 次畫面。

14-1-2 二維連續貼圖

本節中我們還要介紹另外一種二維影格連續貼圖，下圖這一種排列是將物體的動作串成一張大圖，而大圖中又分成三列，分別是「A」、「B」及「C」三排，看起來像二維行列的排列。如果只計算 A 排中的某一個圖素，相信對讀者來說已經不是什麼難事了，如上節所述，只要使上述所提過的等差級數便可以得知「1」、「2」或「3」的圖素座標了。

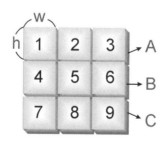

不過如果現在要讀取 B 與 C 排的圖素座標，就必須分別算出它的偏移「w」值與「h」值，假設各位要在圖檔裡讀取第 5 號圖素的 XY 座標值，其方法如下列所示：

$W_5 = w'$ 此為第 5 號圖素的左上角 X 座標

$H_5 = h'$ 此為第 5 號圖素的左上角 Y 座標

　　上述算式是利用肉眼的方式從圖示中看出，萬一如果圖素數量一多的話，恐怕再用肉眼去辨別勢必會很辛苦。這時建議各位可以使用一種公式來解決這種情形。例如上圖已知的值有橫向總張數 3 張、縱向總張數 3 張，而以橫向座標（X 座標）來說，可以取 5 除以 3 的餘數來當作是第 5 張橫向的張數；同樣的，也可以取 5 除以 3 的餘數來當作是第 5 張縱向的張數，公式如下列所示：

$$W_n = A_{x1} + [(n \text{ MOD 橫向總張數})-1] \times 單張寬度$$
$$\rightarrow W_5 = 0 + [(5 \text{ MOD } 3)-1] \times w$$
$$H_n = A_{y1} + [(n \text{ MOD 縱向總張數})-1] \times 單張長度$$
$$\rightarrow H_5 = 0 + [(5 \text{ MOD } 3)-1] \times h$$

- A_{x1}：是為第一張左上角的 X 座標值。
- A_{y1}：是為第一張左上角的 Y 座標值。
- **MOD**：為取得餘數的函式。

其實也可以將公式撰寫如下列所示：

$$W_n = A_{x1} + (n/橫向總張數) \times 單張寬度$$
$$\rightarrow W_5 = 0 + (5/3) \times w$$
$$H_n = A_{y1} + (n/縱向總張數) \times 單張長度$$
$$\rightarrow H_5 = 0 + (5/3) \times h$$

　　因為以除法而言，不管是橫向或縱向都能夠取得目前張數減 1 的值，所以不必要再自行減去 1 了。現在，我們以上述的公式來算出第 5 張圖素的位置是到底是多少，如下列所示：

$$W_5 = 0 + [(5 \text{ MOD } 3)-1] \times w$$
$$\rightarrow W_5 = 0 + [1-1] \times w \rightarrow W_5 = w$$
$$H_5 = 0 + [(5 \text{ MOD } 3)-1] \times h$$
$$\rightarrow H_5 = 0 + [1-1] \times h \rightarrow H_5 = h$$

　　看完了以上說明，接著將其應用來實作二維影格的貼圖演算法的，所使用的圖片如下所示：

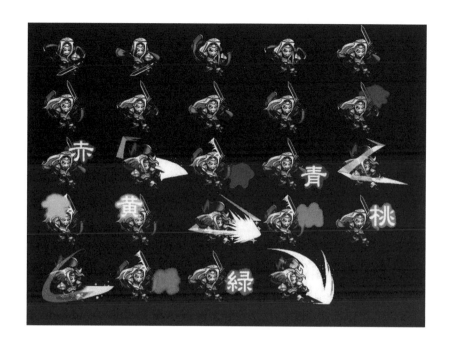

假如播放的順序將由左而右、由上而下，為了要能夠指定播放的影格為圖片中的哪一塊區域，必須使用繪圖函式協助計算影格播放的位置，例如各位所使用的是 Visual Basic，那麼就可使用 PaintPicture 函式，參數的指定說明如下所示：

PaintPicture（*source, dx, dy, dwidth, dheight, sx, sy, swidth, sheight, opcode*）

source：繪圖來源物件

（*dx, dy*）：目標區座標

（*dwidth, dheight*）：目標區繪圖區域大小

（*sx, sy*）：來源區座標

（*swidth, sheight*）：來源區圖形區域大小

opcode：*vb* 控制碼

在程式實作時會先將圖片載入 Visual Basic 的 PictureBox 元件，並預先將之設定為「不可視」，然後再使用 PaintPicture 函式進行繪圖區域的計算並繪製至表單上。當然可以使用 Timer 元件來控制動畫播放的速度，下圖是在表單上顯示的元件配置：

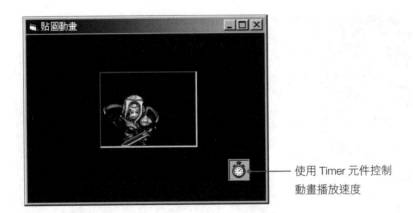

使用 Timer 元件控制
動畫播放速度

　　其實這種方式也有額外負擔的成本，因為必須額外花費時間計算繪圖來源區域，不過好處是可以直接載入整張圖片。當然您也可以將圖片切割為數個圖片檔案，在播放時再依序載入，如此可以省去計算繪圖來源區域的時間，然而卻必須花費時間在圖片的載入。

14-1-3　透空動畫

　　「透空動畫」是遊戲中一定會運用到的基本技巧，它結合了圖案的連續顯示以及透空效果來產生背景圖上的動畫效果。接著將設計一程式來顯示連續動態前景圖案，並在顯示之前進行透空，產生透空動畫效果。在這個範例中使用了如下的恐龍跑動連續圖，每一張跑動圖片的寬高為 95×99。透空動畫製作的前提是必須在一個暫存的記憶體 DC 上完成每一張跑動圖的透空，然後再貼到視窗上，如此在畫面更新時才不會出現因為透空貼圖產生閃爍現象：

(0,0)　　　(95,0)

(0,99)

　　以下是所設計的自訂繪圖函式程式碼片段：

```
01  //**** 自訂繪圖函式 ******************************
02  // 1.恐龍跑動圖案透空
```

```
03   // 2.更新貼圖座標
04   void MyPaint(HDC hdc)
05   {
06       if(num == 8)
07           num = 0;
08
09       // 於mdc中貼上背景圖
10       SelectObject(bufdc,bg);
11       BitBlt(mdc,0,0,640,480,bufdc,0,0,SRCCOPY);
12
13       // 於mdc上進行透空處理
14       SelectObject(bufdc,dra);
15       BitBlt(mdc,x,y,95,99,bufdc,num*95,99,SRCAND);
16       BitBlt(mdc,x,y,95,99,bufdc,num*95,0,SRCPAINT);
17
18       // 將最後畫面顯示於視窗中
19       BitBlt(hdc,0,0,640,480,mdc,0,0,SRCCOPY);
20
21       tPre = GetTickCount();           // 記錄此次繪圖時間
22       num++;
23
24       x-=20;                           // 計算下次貼圖座標
25       if(x<=-95)
26           x = 640;
27   }
```

下圖是就透空動畫的執行結果：

14-1-4　貼圖座標修正

　　通常利用貼圖的方式來產生動畫，經常會因為一些小細節沒注意，而使得動畫的效果看起來不太自然。接下來將告訴各位兩個小技巧，讓各位所製作的遊戲動畫看起來更加順暢！基本上，動畫製作需要多張連續圖片，如果這些連續圖片規格不一，那麼進行貼圖時就必須還要做貼圖座標修正動作，否則就可能產生動畫晃動、不順暢的情形。例如以下這個例子，便必須在遊戲程式中做貼圖座標修正的動作，首先請看看下面這幾張恐龍上下左右跑動的連續圖片：

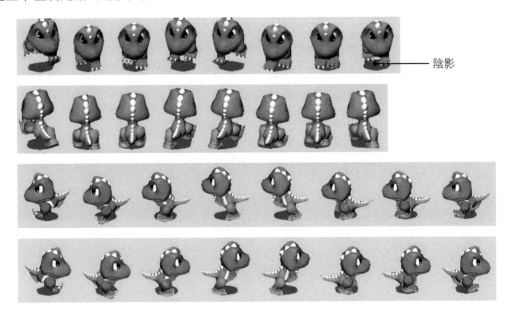

陰影

　　從上面這幾張圖大概可以看出恐龍在同一方向上的跑動圖案大小是一樣，而在不同方向上的尺寸卻略有不同，這在動畫貼圖的時候會有一點小問題，現在假設圖中這隻恐龍的動作是原本面向左然後變成面向下，恐龍本身並沒有移動。那麼程式會先貼面向左的圖案再貼面向下的圖案，如果這兩個貼圖動作都使用相同左上角的貼圖座標，那麼產生的結果會像下面這樣：

第 2 次向下貼圖

第 1 次向左貼圖

向下貼圖時的陰影位置

向左貼圖時的陰影位置

　　上圖中的兩次貼圖，恐龍不過是做了個由左向下轉的動作，但它的陰影所在位置竟然移動了，這也意謂著恐龍在這一個動作之間產生了移動，事實上這並不對，而這樣的貼圖方式會使得我們在動畫製作時產生了瑕疵。因此在這樣的情況下便必須對貼圖座標做修正的動作：

向左貼圖時的貼圖座標
向下貼圖時的貼圖座標

　　上圖中我們以陰影部份做為貼圖的基準，在恐龍動作轉而面向下時做貼圖座標的修正，使得第 2 次貼圖時陰影部份能夠與上一次重疊，由圖中還可看出第 2 次貼圖的左上角座標與第 1 次相比稍稍往右下方挪動，而這樣修正也將使得動畫展示時能夠有更好的視覺效果！

14-1-5　排序貼圖的技巧

　　「排序貼圖」的問題是源自於物體遠近呈現的一種貼圖概念，回想之前貼圖的方式，通常會對於距離較遠的物體先進行貼圖動作，然後再進行近距離物體的貼圖動作，而一旦定出貼圖順序後就無法再改變了，而這樣作法在畫面上物體會彼此遮掩的情況下便不適用，底下將以實際的圖示來做說明：

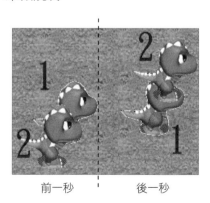

前一秒　　　　　　後一秒

　　上圖中把兩隻恐龍做了編號，首先會進行 1 號恐龍的貼圖動作，接著再進行 2 號恐龍的貼圖動作。在前一秒的畫面裡，可以看到畫面還很正常，可是到了後一秒的時候，畫

面卻怪怪的，這是因為此時的 2 號恐龍已經跑到了 1 號恐龍的後面，但是貼圖順序還是先貼 1 號恐龍圖案再貼 2 號恐龍圖案，變成了後面的物體反而遮掩住了前面物體這種不協調的畫面。

為了避免這種因為貼圖順序固定而產生的錯誤畫面，必須在每一次視窗重新顯示時動態地重新決定畫面上每一個物體的貼圖順序，而要怎麼來動態決定貼圖順序呢？在這裡我們採用的方法就是「排序」。

假設現在有 10 隻要進行貼圖的恐龍圖案，我們會先把它存在一個陣列之中，而從 2D 平面的遠近角度來看，Y 軸座標比較小（在視窗畫面較上方）的是比較遠的物體，那麼如果以恐龍的 Y 軸座標（在排序中稱為鍵值）來對恐龍陣列由小到大做排序，最後會使得 Y 軸座標小的恐龍排在陣列前面，而進行畫面貼圖時則由陣列從小到大一個一個處理，如此便達成筆者所強調的「遠的物體先貼圖」的目的了。要進行排序，當然必須決定所使用的排序法，在這裡筆者建議所用的排序法為氣泡排序法（Bubble Sort）。

以下我們將設計一個程式，產生多隻恐龍隨機跑動，每次進行畫面貼圖前先完成排序動作，並對恐龍跑動做貼圖座標修正，讓動畫能呈現更接近真實的遠近層次效果。部份程式碼 MyPaint( ) 如下，其中前半段程式會先將陣列中各恐龍依目前所在座標進行排序貼圖的動作；後半段部份則是隨機決定下次恐龍的移動方向，並計算下次所有恐龍的貼圖座標，因此每次呼叫此函式時便會進行視窗畫面的更新，產生恐龍四處移動的效果。

```
01    /**** 自訂繪圖函式 *********************************
02    / 1.對視窗中跑動的恐龍進行排序貼圖
03    // 2.恐龍貼圖座標修正
04    void MyPaint(HDC hdc)
05    {
06        int w,h,i;
07
08        if(picNum == 8)
09            picNum = 0;
10
11        // 於 mdc 中先貼上背景圖
12        SelectObject(bufdc,bg);
13        BitBlt(mdc,0,0,640,480,bufdc,0,0,SRCCOPY);
14
15        BubSort(draNum);
16
17        for(i=0;i<draNum;i++)
18        {
```

```
19          SelectObject(bufdc,draPic[dra[i].dir]);
20          switch(dra[i].dir)
21          {
22              case 0:
23                  w = 66;
24                  h = 94;
25                  break;
26              case 1:
27                  w = 68;
28                  h = 82;
29                  break;
30              case 2:
31                  w = 95;
32                  h = 99;
33                  break;
34              case 3:
35                  w = 95;
36                  h = 99;
37                  break;
38          }
39          BitBlt(mdc,dra[i].x,dra[i].y,w,h,bufdc,picNum*w,h,SRCAND);
40          BitBlt(mdc,dra[i].x,dra[i].y,w,h,bufdc,picNum*w,0,SRCPAINT);
41      }
42
43      // 將最後畫面顯示於視窗中
44      BitBlt(hdc,0,0,640,480,mdc,0,0,SRCCOPY);
45
46      tPre = GetTickCount();           // 記錄此次繪圖時間
47      picNum++;
48
49      for(i=0;i<draNum;i++)
50      {
51          switch(rand()%4)             // 隨機決定下次移動方向
52          {
53              case 0:                              // 上
54                  switch(dra[i].dir)
55                  {
56                      case 0:
57                          dra[i].y -= 20;
58                          break;
59                      case 1:
60                          dra[i].x += 2;
61                          dra[i].y -= 31;
```

```
62                          break;
63                      case 2:
64                          dra[i].x += 14;
65                          dra[i].y -= 20;
66                          break;
67                      case 3:
68                          dra[i].x += 14;
69                          dra[i].y -= 20;
70                          break;
71                  }
72                  if(dra[i].y < 0)
73                      dra[i].y = 0;
74                  dra[i].dir = 0;
75                  break;
76              case 1:                         //下
77                  switch(dra[i].dir)
78                  {
79                      case 0:
80                          dra[i].x -= 2;
81                          dra[i].y += 31;
82                          break;
83                      case 1:
84                          dra[i].y += 20;
85                          break;
86                      case 2:
87                          dra[i].x += 15;
88                          dra[i].y += 29;
89                          break;
90                      case 3:
91                          dra[i].x += 15;
92                          dra[i].y += 29;
93                          break;
94                  }
95                  if(dra[i].y > 370)
96                      dra[i].y = 370;
97                  dra[i].dir = 1;
98                  break;
99              case 2:                         //左
100                 switch(dra[i].dir)
101                 {
102                     case 0:
103                         dra[i].x -= 34;
104                         break;
```

```
105                    case 1:
106                        dra[i].x -= 34;
107                        dra[i].y -= 9;
108                        break;
109                    case 2:
110                        dra[i].x -= 20;
111                        break;
112                    case 3:
113                        dra[i].x -= 20;
114                        break;
115                }
116            if(dra[i].x < 0)
117                dra[i].x = 0;
118            dra[i].dir = 2;
119            break;
120        case 3:                          //右
121            switch(dra[i].dir)
122            {
123                case 0:
124                    dra[i].x += 6;
125                    break;
126                case 1:
127                    dra[i].x += 6;
128                    dra[i].y -= 10;
129                    break;
130                case 2:
131                    dra[i].x += 20;
132                    break;
133                case 3:
134                    dra[i].x += 20;
135                    break;
136            }
137            if(dra[i].x > 535)
138                dra[i].x = 535;
139            dra[i].dir = 3;
140            break;
141        }
142    }
143 }
```

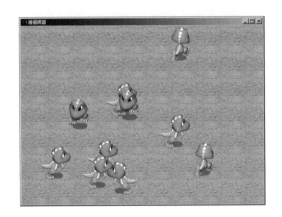

14-2　橫向捲軸移動效果

　　有關 2D 橫向捲軸或縱向捲軸遊戲中，有時候會以循環移動背景圖的方式，讓玩家在遊戲的過程中，置身在動態的背景環境中。如大型機台上較為風靡的「越南大戰」系統遊戲，而現在還有一些遊戲結合了橫向捲軸的技術與 3D 的場景的特效，讓 2D 的遊戲場景看起來更顯得逼真，或 PS 平台上的「惡魔城－月下夜想曲」，以下就來為您介紹 2D 遊戲中經常運用到的動態背景表現手法。

14-2-1　單一背景捲動

　　單一背景捲動的方式是利用一張相當大的背景圖，當遊戲進行的時候，隨著畫面中人物的移動，背景的顯示區域便跟著移動。要製作這樣的背景捲動效果事實上很簡單，我們只要在每次背景畫面更新時，改變要顯示到視窗上的區域就可以。例如下面的這張背景圖裡，由左上到右下畫了 3 個框框代表要顯示在視窗上的背景區域，而程式只要依左上到右下的順序在視窗上連續顯示這 3 個框框區域，就會產生背景由左上往右下捲動的效果：

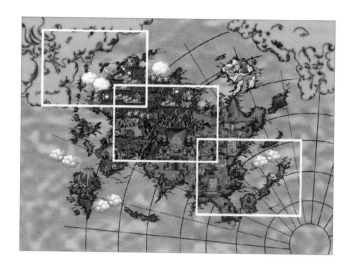

　　例如當顯示模式為「640×480」，而背景圖是一張「1024×480」的大型圖形，如果將圖放在螢幕中的話，就會在螢幕上看到如下圖所示：

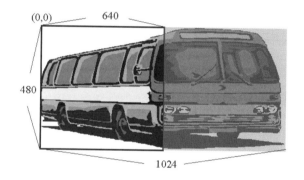

　　其右邊灰色遮罩的部份在螢幕上是看不到，而只能在螢幕上看到公車的左半部，如果要看到公車的右半部的話，就必須要將螢幕畫框移向公車的右半部，然而因為不可能真的去移動螢幕畫框，所以要看到公車右半部，就勢必要移動公車的圖才行，如下圖所示：

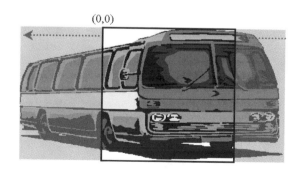

如果要觀看背景圖上的 (X1,Y1) 座標，而且畫框長為「W」、寬為「H」的話，就可以從背景圖的 (X1,Y1) 座標點上取得長為 W，寬為 H 的圖框，並且將它貼在螢幕的畫框上（貼在顯示記憶體上），以 Direct Draw 的貼圖函式為例，其語法如下列所示：

```
畫框 .BltFast( 畫框上的左上角 X 座標 , 畫框上的左上角 Y 座標 , 原始圖 , Rect(X1,Y1,W,H))
```

如此一來，便可以看到大型圖形的全貌了，依此類推也可以將大型圖形的某一個部份取出，然後再貼在所要貼的位置上了，如下圖所示：

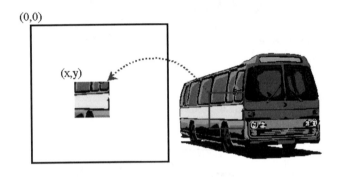

14-2-2　單背景循環捲動

循環背景捲動就是不斷地進行背景圖的裁切與接合，也就是將一張圖的前頁貼在自己的後頁上，然後顯示於視窗上所產生的一種背景畫面循環捲動的效果。如下圖所示：

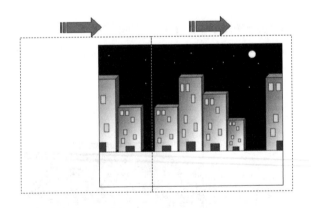

假設地圖會不斷的捲動，則貼圖時右邊的顯像方塊所指定的圖片來源區域會逐漸變窄，消失的部份則在左邊的方塊再度貼出，其道理就如同幻燈片播放，將圖片的尾端與前端接起來，再不斷的捲動播放，如下圖所示：

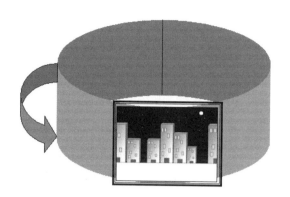

　　對於這樣的捲軸動畫，各位只要兩個貼圖指令並配合固定時間播放就可以製作，比較需要注意的就是圖片的接合問題而已，為了突顯動畫效果，還可以在捲動中加上一個人物作為位移的對比，如下圖所示：

　　在圖中的人物事實上是靜止不動，由於背景捲動的關係，使得人物像是在進行走動，利用背景與前景的位移關係以製作出動態效果。

　　接著再來詳細說明背景圖由左向右捲動的概念，假設下面這張圖是前一秒畫面更新時所看到的樣子（外圍的框框代表視窗）：

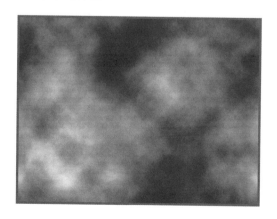

而下一秒的時候背景向右捲動,因此背景圖向右移動應該像下面這樣:

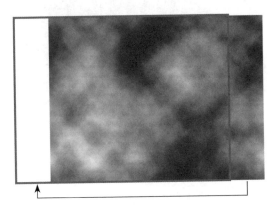

　　由上圖中可看出視窗中背景圖部份跟前一次相比已經往右移動了,而超出視窗的部份,在製作循環背景的過程中會把它貼到左邊的騰空視窗區域來重新組合成一張剛好等於視窗大小的新背景圖。

　　上面背景圖捲動的概念可以很容易利用兩次貼圖方式來完成。在此筆者假設最原始的背景圖已經被選用到一個 DC 物件當中,背景圖的尺寸大小為 640×480 且剛好與視窗大小相同,另外會在另一 DC 物件上來完成背景圖兩次貼圖的動作。

Step 1 裁取原背景圖右邊部份進行貼圖動作到另一 DC 中,其中假設目前要裁取的右邊部份寬度為 x。

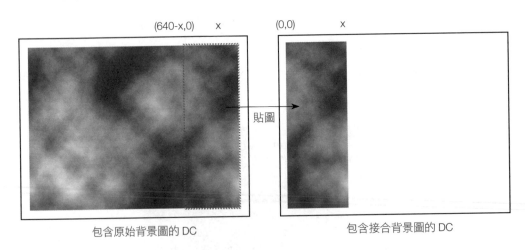

包含原始背景圖的 DC　　　　　　　　　　　　包含接合背景圖的 DC

Step 2 裁取原背景圖左邊部份進行貼圖動作到另一 DC 中,便完成向右捲動接合後的新背景圖。

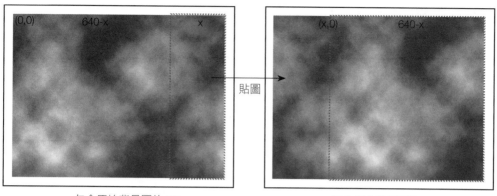

包含原始背景圖的 DC   包含接合背景圖的 DC

Step 3 將接合後的背景圖顯示於視窗中，之後遞增 x 值，重複步驟一、二、三來產生
背景圖慢慢向右捲動的效果。而當 x 值遞增到大於或等於背景圖的大小時，便
將 x 的值重設為 0，如此便會產生循環的效果。

以下將利用一張 640×480 背景圖，製作背景由左向右循環捲動動畫。其中 MyPaint( )
函式每次被呼叫時，會進行背景圖切割接合，並於畫面上顯示背景圖，在此利用
BitBlt( ) 函式進行 3 次貼圖來完成。如下程式碼：

```
01   //**** 自訂繪圖函式 *****************************
02   // 切割與接合背景圖產生循環背景
03   void MyPaint(HDC hdc)
04   {
05       // 裁取背景圖右邊部份進行貼圖
06       BitBlt(mdc,0,0,x,480,bufdc,640-x,0,SRCCOPY);
07
08       // 裁取背景圖左邊部份進行貼圖
09       BitBlt(mdc,x,0,640-x,480,bufdc,0,0,SRCCOPY);
10
11       // 將接合後的背景圖貼到視窗中
12       BitBlt(hdc,0,0,640,480,mdc,0,0,SRCCOPY);
13
14       tPre = GetTickCount();
15
16       x += 10;
17       if(x==640)
18           x = 0;
19   }
```

14-2-3 多背景循環捲軸

多背景循環捲軸的原理其實與前一小節所談的類似，不過由於不同背景在遠近層次上以及實際視覺移動速度並不會相同，因此以貼圖方式來製作多背景循環捲軸時，必須要能夠決定不同背景貼圖的先後順序以及捲動的速度。

以下是設計的多背景循環捲軸的程式執行畫面，畫面中出現了幾種背景以及前景的恐龍跑動圖：

請觀察上面的這張圖，先來決定要構成這幅畫面的貼圖順序，從遠近層次來看，天空是最遠，接著是草地，因為山巒疊在草地上，接下來是房屋，最後才是前景的恐龍。所以進行畫面貼圖時順序應該是：

> 天空 -> 草地 -> 山巒 -> 房屋 -> 恐龍

此外，當進行山巒、房屋及恐龍的貼圖動作時，還必須要再加上透空的動作，才能使得這些物體疊在它們前一層的背景上。

決定了貼圖時的順序後，接著要來決定背景捲動時的速度，由於最遠的背景是天空。所以當前景的恐龍跑動時，捲動應該是最慢，而天空前的山巒捲動速度應該比天空還要再快一點，至於房屋與草地因為相連所以捲動速度相同，而且又會再比山巒還要快一點，如此便定出了所有背景的捲動速度：

> 天空 < 山巒 < 草地 = 房屋

在這裡前景的恐龍只讓它在原地跑動，由於背景自動向右捲動，因此就會產生向前奔跑視覺效果。以下是運用貼圖技巧並調整不同背景循環捲動的速度，展示具遠近層次感

的多背景循環捲軸。以下 MyPaint( ) 函式每次被呼叫時，會先在 mdc 上完成所有畫面圖
案的貼圖動作，再顯示到視窗上，然後重設下次各背景圖的切割寬度以及前景圖的跑動
圖編號。

```
01    //**** 自訂繪圖函式 ********************************
02    // 1. 依各背景遠近順序進行循環背景貼圖
03    // 2. 進行前景恐龍圖的透空貼圖
04    // 3. 重設各背景圖切割寬度與跑動恐龍圖圖號
05    void MyPaint(HDC hdc)
06    {
07        // 貼上天空圖
08        SelectObject(bufdc,bg[0]);
09        BitBlt(mdc,0,0,x0,300,bufdc,640-x0,0,SRCCOPY);
10        BitBlt(mdc,x0,0,640-x0,300,bufdc,0,0,SRCCOPY);
11
12        // 貼上草地圖
13        BitBlt(mdc,0,300,x2,180,bufdc,640-x2,300,SRCCOPY);
14        BitBlt(mdc,x2,300,640-x2,180,bufdc,0,300,SRCCOPY);
15
16        // 貼上山巒圖並透空
17        SelectObject(bufdc,bg[1]);
18        BitBlt(mdc,0,0,x1,300,bufdc,640-x1,300,SRCAND);
19        BitBlt(mdc,x1,0,640-x1,300,bufdc,0,300,SRCAND);
20        BitBlt(mdc,0,0,x1,300,bufdc,640-x1,0,SRCPAINT);
21        BitBlt(mdc,x1,0,640-x1,300,bufdc,0,0,SRCPAINT);
22
23        // 貼上房屋圖並透空
24        SelectObject(bufdc,bg[2]);
25        BitBlt(mdc,0,250,x2,300,bufdc,640-x2,300,SRCAND);
26        BitBlt(mdc,x2,250,640-x2,300,bufdc,0,300,SRCAND);
27        BitBlt(mdc,0,250,x2,300,bufdc,640-x2,0,SRCPAINT);
28        BitBlt(mdc,x2,250,640-x2,300,bufdc,0,0,SRCPAINT);
29
30        // 貼上恐龍圖並透空
31        SelectObject(bufdc,dra);
32        BitBlt(mdc,250,350,95,99,bufdc,num*95,99,SRCAND);
33        BitBlt(mdc,250,350,95,99,bufdc,num*95,0,SRCPAINT);
34
35        BitBlt(hdc,0,0,640,480,mdc,0,0,SRCCOPY);
36
37        tPre = GetTickCount();
38
```

```
39        x0 += 5;                // 重設天空背景切割寬度
40        if(x0==640)
41            x0 = 0;
42
43        x1 += 8;                // 重設山巒背景切割寬度
44        if(x1==640)
45            x1 = 0;
46
47        x2 += 16;               // 重設草地及房屋背景切割寬度
48        if(x2==640)
49            x2 = 0;
50
51        num++;                  // 重設跑動圖號
52        if(num == 8)
53            num = 0;
54    }
```

14-2-4　互動式地圖捲動

　　地圖捲動其實比連續背景圖捲動來得容易製作，首先就從基本的橫向地圖捲動開始說明，其中背景圖與顯像窗格如下所示：

　　基本上，各位只要判斷圖片的哪些區域需貼到顯像窗格之中就可以了，不過必須注意這個地圖是有邊界，而不是像之前的背景圖循環貼圖，所以還得判斷窗格是否已達左右邊界。各位可以利用窗格的中心與邊界距離來判斷，程式中只要使用一個變數就可以了。以下是筆者設計可用左右方向鍵來操作地圖捲動的小程式執行畫面：

了解了橫向地圖捲動方式後，接下來要製作二維地圖捲動就不是難事。首先必須準備一張大地圖，而在貼圖時每次只顯示其中一小個區域，這是二維地圖的基本捲動原理，我們所準備的大地圖如下所示：

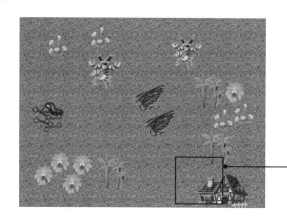

每次只顯示地圖的
一小塊區域

接著也是使用鍵盤來進行地圖捲動操作，當然也必須判斷顯像方塊是否已抵達地圖的上下左右任一邊界，如果遇到邊界就不該再繼續捲動，判斷方式同樣使用顯像方塊的中心座標。這時也只要使用兩個變數即可。以下地圖捲動程式中，加入了一個小人物作為操作中心點，實際上人物是靜止的。在地圖捲動時由於背景移動，使得結果看起來像是人物在移動，請注意這個程式還沒有加入對於地圖上障礙物的判斷，只用來示範簡單的地圖捲動效果。執行畫面如下所示：

14-2-5 遮罩點的處理技巧

在 2D 遊戲中，通常出現的狀況是主角或敵人不可能直接通過所謂的障礙物，它們可能要跳起來通過障礙物或者是將障礙物擊破，如下圖所示：

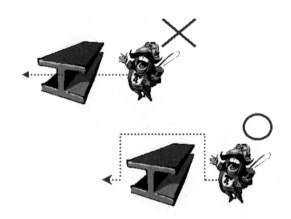

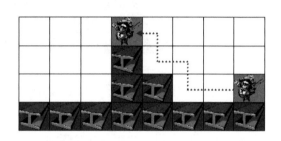

　　這種必須要跳躍的障礙物，可稱為「遮罩點」，這種遮罩點的目的是告訴玩家這個地方不可以直接通過，而在設計遊戲時所遇到的問題就是在橫向捲動的 2D 遊戲中，應該要如何才能讓這些遮罩點可以跟著背景圖移動。在此筆者以一個簡單的陣列遮罩圖來看，如右圖所示：

　　主角人物必須通過所有的障礙物，而在陣列中設定障礙物的值為「1」，而一般可以讓主角移動通過的陣列值則設定成「0」，如下列所示：

```
A(8,4)={
0,0,0,0,0,0,0,0,
0,0,0,1,0,0,0,0,
0,0,0,1,1,0,0,0,
1,1,1,1,1,1,1,1}
```

　　假設遊戲一開始是顯示在第 4 行到第 8 行的陣列圖，如下圖所示：

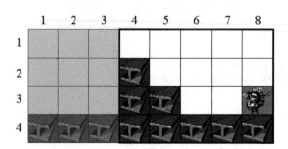

然後將主角往前動一格,而背景遮罩向後推一格,如下圖所示:

	1	2	3	4	5	6	7	8
1								
2								
3								
4								

此時所呈現的是第 3 行到第 7 行的陣列值,而現在所說的情況就是筆者在這裡所要討論的重點。在這種情況下,就是要求出可以顯示的陣列座標值,如同上述的例子一樣,遊戲一開始是顯示在第 4 行到第 8 行的陣列值,所以可以將顯示陣列值的程式碼寫成如下列所示:

```
a=4
For i=a To a+4
    For j=1 To 4
Draw(i,j)
    Next
Next
```

如此一來,便可以利用陣列裡的值(1 或 0)來判斷是否要顯示障礙物在螢幕上,依此類推,就可以做到顯示所有陣列移動後的畫面了。

事實上,障礙物的判斷可以利用陣列來設定障礙物的位置,每次在移動人物之前就先比對陣列中的元素值,看看下一個移動的位置是否有障礙物的存在。右圖將再以一個簡單的障礙物判斷範例來說明。

根據右圖,就可以直接設定一個二維陣列來記錄障礙物的位置,其中標示為 1 表示該處存在障礙物:

▲ 鋼筋為障礙物,人物遇到障礙物會無法通過

```
1, 1, 1, 1, 1
0, 0, 0, 0, 1
0, 0, 1, 0, 0
0, 1, 1, 0, 0
1, 1, 1, 1, 0
```

程式中將使用鍵盤進行操作，每一次按下按鍵時，就必須進行一次陣列元素檢查，看看下一個位置元素值是否被標示為 1，所以必須有兩個變數來記錄人物目前的位置。

目前只是簡單的障礙物判斷，還沒使用到背景捲動與貼圖，如果要加上背景捲動，只是將之前的背景捲動範例再結合陣列值判斷，假設所使用的背景圖如下所示：

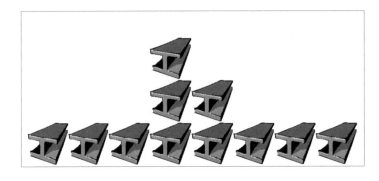

根據這個背景圖，可以定義出一個陣列來記錄每一個障礙物的位置，陣列定義如下所示：

```
0, 0, 0, 0, 0, 0, 0, 0
0, 0, 0, 1, 0, 0, 0, 0
0, 0, 0, 1, 1, 0, 0, 0
1, 1, 1, 1, 1, 1, 1, 1
```

不過一旦結合背景捲動功能將會多出一項考量，就是當您在按下按鍵進行操作時，究竟該移動人物還是捲動背景圖？如果處理不好的話，很可能會發生貼圖的殘像問題。在這個程式的作法是，如果人物在背景圖的右半區域活動時，就捲動背景圖，如果人物在背景圖的左半區域活動時，就移動人物，如此就不會有貼圖時殘像的問題出現，程式中判斷的依據是人物於陣列中的索引位置，右圖為程式的執行結果：

▲ 可捲動背景的障礙超越程式

學習評量

1. 遊戲中展現動畫的方式有哪兩種？

2. 何謂「FPS」（Frame Per Second）？

3. 透空動畫的作用為何？

4. 何謂單一背景捲動？

5. 請說明「遮罩點」的功用。

6. 試簡述多背景循環捲軸的原理。

7. 試簡述 2D 動畫。

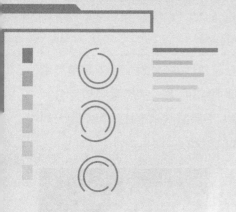

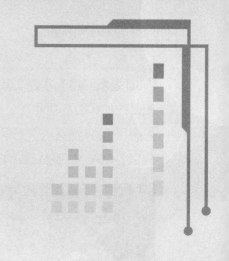

15

3D 遊戲設計與演算法

　　3D 遊戲開發的基礎知識所涵蓋的範圍相當廣泛，以程式設計領域來說，除了必須具備相當的程式設計功能外，還要有豐富的開發經驗與積祕的除錯能力。當然還必須包含了對圖學、3D 演算法、光學與物理學等知識有相當的了解。不過這些基本條件與常識，對於想要投入 3D 遊戲設計的人員來說，無疑是一項相當大的挑戰。

▲ 3D 場景物件的展示

　　3D 遊戲，簡單來說就是以 3D 立體多邊型的型態呈現在玩家面前，讓整個遊戲玩起來更有立體感和臨場感，也更能表現互動性，就必須透過 3D 演算法及特殊貼圖的技巧，例如預先畫好的 3D 場景（Pre-Render）可以表現出較細緻的材質感。

　　一套 3D 遊戲的製作過程，可以從腳本的企劃與構思，設計劇中人物跟周邊場景，然後再交給 3D 建模人員建立模型（如透過 3Dmax 與 Maya 軟體），最後可以選一套合適的 3D 引擎來整合，並且安排介面控制角色的製作與邏輯，同時將人物場景匯入 3D 引擎中，最後透過玩家的耐玩度測試及調整就可以完成。如果是網路遊戲，上線之後還必須定時維護伺服器、或視情況增減伺服器。

▲ 本公司團隊自行開發即時 3D 坦克對戰遊戲

15-1　3D 座標系統簡介

　　3D 就是 three-dimensional 的縮寫，就是 3D 圖形或立體的意思，我們知道立體效果來自於有深度的知覺。事實上，電腦畫面只是看起來很像真實世界，因此在電腦中所顯示的 3D 圖形，是因為顯示在電腦螢幕上時，像素間色彩灰階不同而使人眼產生視覺上的錯覺，而要呈現這樣的效果就必須透過 3D 座標系統。本章中將逐步為各位介紹在開發 3D 遊戲的重要觀念與基本演算法。

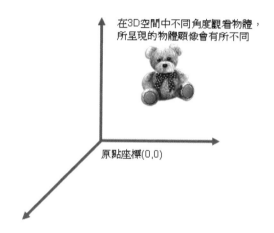

在3D空間中不同角度觀看物體，
所呈現的物體顯像會有所不同

原點座標(0,0)

　　任何物體在 3D 空間中的位置，都可以利用某一種座標系統來進行描述。座標系統中通常會有一個原點，從原點延伸出三個座標軸，形成特定的空間，即所謂的 3D 空間。由 2D 空間增加到 3D 空間，可以看成是由物件由平面變化成立體，因此在 3D 空間的圖形，必須比 2D 空間多了一個座標軸，通常在 3D 空間中任一點表示為（X,Y,Z），由於多了一個 Z 座標軸，因此也就多了深度的差別。

　　簡單來說，對於電腦螢幕顯像而言，只能表現出 2D 空間的座標系統，而在玩家腦海中的 3D 虛擬空間座標系統如果要在電腦螢幕上顯示，就必須將 3D 空間中的物體轉換成螢幕所能夠接受的 2D 座標系統。這整個過程通常會使用到「Model」、「World」及「View」這三種座標系統與四種不同的轉換方式來表現。接著就來說明這些不一樣的座標系統與座標轉換的關係。

15-1-1　Model 座標系統

Model 座標系統即是物體本身中的座標環境，物體本身也有一個原點座標，而物體其他的參考頂點則是由原點所衍生出來，如下圖所示：

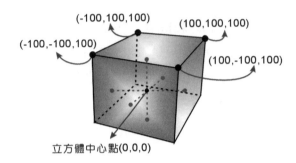

如同上圖所示，（100,100,100）的頂點座標是參考原點（0,0,0）所延伸出來的座標點，這種由幾何圖形所參考出來的座標系統，就稱為「Model 座標系統」。

15-1-2　World 座標系統

在 3D 遊戲的世界裡，一個場景內可能包括兩個以上物件所構成，而設計者又要將這些物件擺放在特定的位置座標上，如果我們只使用「Model 座標系統」來表現物體在 3D 世界的位置顯然是不夠的，那是因為「Model 座標系統」是用來表示物體自己本身的座標系統，而不能被其他的物體所使用，並且其他物體本身也有自己的「Model 座標系統」。

在 3D 的世界裡，有幾個目標物體就會有幾個 Model 座標系統，而且這些 Model 座標又不能表示自己在 3D 世界裡的真正位置，所以就必須再定義出另外一種可供 3D 世界物體參考的座標系統，並且使得所有的物體都可以正確地被擺放在應該的位置座標上，而這種另外再定義出來的座標系統稱為「World 座標系統」。

15-1-3　View 座標系統

當有了物體本身的「Model 座標系統」與能夠表現物體在 3D 世界的位置座標之「World 座標系統」。之後還必須要有一個觀看上述兩者的座標系統，如此一來，螢幕的顯示才會有依據，而這個可以觀看的座標系統我們稱為「View 座標系統」。

15-2　座標轉換

3D 遊戲的設計過程中，如果在空間形成了兩個以上的座標系統，就必須要使用其中的一個座標系統來描述其他不同的座標系統，這些不同的座標系統必須要經過一些特殊的轉換才能讓這個座標系統所接受，而這種轉換的過程就稱為「座標轉換」。

在 3D 世界裡，座標轉換過程是相當複雜，必須經過四個不同的轉換步驟，最後才能顯示在螢幕上。座標轉換的流程是先將一個物體的「Model 座標系統」轉換至「World 座標系統」，再將「World 座標系統」轉換至「View 座標系統」當中，接著再經由「投影轉換」將「View 座標系統」計算出投影空間的座標，最後再參考 ViewPort 中的參數，將位於截割區內的座標進行最後的二維轉換後顯示在螢幕當中。雖然這整個過程相當的繁雜，不過這些過程已經有一些開發工具可以提供座標轉換的低階運算，例如 Direct3D 及 OpenGL 開發工具等等。

15-2-1　極座標

直角座標（或稱立體座標）是以 X、Y、Z 軸來描述物體在 3D 空間中的正確座標。除了直角座標外，還有一種極座標的表示方式，也常被使用於立體座標系統中物件位置的描述模式。極座標的作法是使用 r、θ、a 來描述空間中的一點，底下是直角座標與立體座標兩者的示意圖外觀：

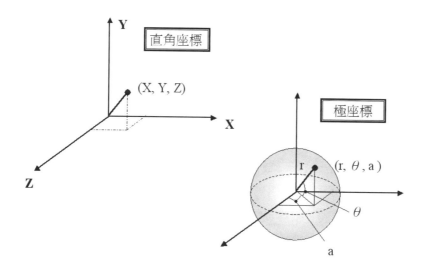

其中 X、Y、Z 與 r、θ、a 的互換公式，必須配合三角函式來進行運算，它們之間的公式對應關係如下列三個方程式所示：

$$x = r\cos\theta\sin a$$
$$y = r\sin\theta$$
$$z = r\cos\theta\cos a$$

從數學的角度來說，在 3D 空間物體的座標表示方式，極座標會比直角座標的使用來得方便許多。通常一般人會比較常聽到直角座標系統，除了是因為其表達物體座標的方式較為簡單。另外，在電腦繪圖相關程式函式的呼叫功能，也採用直角座標。以下圖形是使用極座標，針對每一個 r、θ、a 畫出空間中每一個點，將會得到一個立體圖形，如果將這個立體圖形投影至 XY 平面，看起來會像是一個心的形狀，因此稱之為心臟線公式。程式執行結果如下：

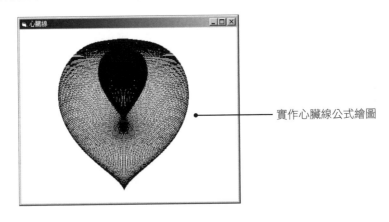

實作心臟線公式繪圖

15-3 矩陣運算

矩陣可以將它想像成是一種二維陣列的組合，我們也可以將矩陣的觀念應用在 3D 圖學的領域，例如在遊戲的 3D 場景中，位於三度空間中的某一物體，透過矩陣的運算，可以將表示 3D 空間的物體，很容易地進投影、擴大、縮小、平移、旋轉等運算。另外，我們還會使用矩陣來進行座標轉換的工作，因為矩陣的表示較容易記憶與辨識，例如 Direct3D 與 OpenGL 等開發工具，它們也都是利用矩陣的方式來讓我們進行座標的轉換。

15-3-1　齊次座標

在電腦圖學裡，矩陣的表示方式是以 4×4 矩陣來呈現，至於這一種矩陣的運算對象及所產生的結果座標，就稱為「齊次座標」（Homogeneous Coordinate）。所謂「齊次座標」具有四個不同的元素，其表示法為（x,y,z,w），如果將齊次座標表示成 3D 座標的話，其表示法則為（x/w,y/w,z/w）。通常 w 元素都會被設成「1」，用意是用來表示一個比例因子，如果表現在某一個座標軸的話，則可以用來表示該座標軸的遠近參數，不過在這個時候 w 元素則會被定義成距離的倒數（1/ 距離），如果要表示無限遠的距離時，還可以將 w 元素設定成「0」，而 z-buffer 的深度值也是參考此值而來的。

深度緩衝區（Z Buffer 或 Depth Buffer）是由 Dr. Edwin Catmull 在 1974 年所提出的演算法，它是一個相當簡單的「隱藏面消除」技術。基本上，深度緩衝區是利用一塊解析度與顯示畫面相同的區塊，來記錄算圖後每一點的深度，也就是 Z 軸的值。

在之前所討論過的座標轉換過程，一開始的物體座標值為（x,y,z），而 Direct3D 或 OpenGL 開發工具會將它設定成（x,y,z,1）的齊次座標，而接下來的「World 座標系統」、「View 座標系統」、「投影矩陣座標系統」的轉換都是利用這個齊次座標來進行運算。3D 的座標轉換通常包括了三種轉換運算，分別為「平移」、「旋轉」及「縮放」，接著就來探討這三種 3D 座標的轉換要如何運作。

15-3-2　矩陣縮放

「矩陣縮放」（Scaling）即是物體沿著某一個軸進行一定比例縮放的運算。如下圖：

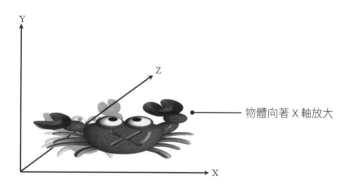

物體向著 X 軸放大

在矩陣的縮放過程中，物體的頂點距離原點越近，其位移數值則會越小，而位在原點上的頂點則不會受到位移的影響。例如頂點座標為 (x,y,z)，在三個軸上的縮放值為 (ηx, ηy, ηz) 的比例，最後得到的頂點座標為 (x',y',z')，其矩陣的表示法如下列所示：

$$\begin{bmatrix} X' \\ Y' \\ Z' \\ 1 \end{bmatrix} = \begin{bmatrix} \eta x & 0 & 0 & 0 \\ 0 & \eta y & 0 & 0 \\ 0 & 0 & \eta z & 0 \\ 0 & 0 & 0 & 1 \end{bmatrix} \begin{bmatrix} X \\ Y \\ Z \\ 1 \end{bmatrix}$$

15-3-3 矩陣平移

所謂「矩陣平移」（Translation）即是物體在 3D 世界裡向著某一個向量方向移動，如下圖所示：

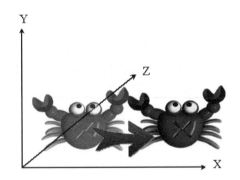

例如某一個物體的頂點座標為 (x,y,z)，而它的平移向量為 (tx,ty,tz)，到達目的後的頂點座標為 (x',y',z')，其矩陣平移運算的表示法如下列所示：

$$\begin{bmatrix} X' \\ Y' \\ Z' \\ 1 \end{bmatrix} = \begin{bmatrix} 1 & 0 & 0 & tx \\ 0 & 1 & 0 & ty \\ 0 & 0 & 1 & tz \\ 0 & 0 & 0 & 1 \end{bmatrix} \begin{bmatrix} X \\ Y \\ Z \\ 1 \end{bmatrix}$$

15-3-4　矩陣旋轉

矩陣旋轉（Rotation）的定義則是 3D 世界裡的某一個物體繞著一個特定的座標軸旋轉，如下圖所示：

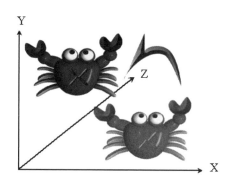

旋轉的原則是以原點為中心，並向著 x 座標軸、y 座標軸或者是 z 座標軸，以逆時針方向旋轉 ϕ 個角度，最後我們可以得到旋轉後的頂點座標 (x',y',z')。

x、y、z 座標軸的旋轉矩陣如下列所示：

🎮 繞著 x 軸旋轉

$$\begin{bmatrix} X' \\ Y' \\ Z' \\ 1 \end{bmatrix} = \begin{bmatrix} 1 & 0 & 0 & 0 \\ 0 & \cos\phi & -\sin\phi & 0 \\ 0 & \sin\phi & \cos\phi & 0 \\ 0 & 0 & 0 & 1 \end{bmatrix} \begin{bmatrix} X \\ Y \\ Z \\ 1 \end{bmatrix}$$

🎮 繞著 y 軸旋轉

$$\begin{bmatrix} X' \\ Y' \\ Z' \\ 1 \end{bmatrix} = \begin{bmatrix} \cos\phi & 0 & -\sin\phi & 0 \\ 0 & 1 & 0 & 0 \\ \sin\phi & 0 & \cos\phi & 0 \\ 0 & 0 & 0 & 1 \end{bmatrix} \begin{bmatrix} X \\ Y \\ Z \\ 1 \end{bmatrix}$$

🎮 繞著 z 軸旋轉

$$
\begin{bmatrix} X' \\ Y' \\ Z' \\ 1 \end{bmatrix} = \begin{bmatrix} \cos\phi & -\sin\phi & 0 & 0 \\ \sin\phi & \cos\phi & 1 & 0 \\ 0 & 0 & 1 & 0 \\ 0 & 0 & 0 & 1 \end{bmatrix} \begin{bmatrix} X \\ Y \\ Z \\ 1 \end{bmatrix}
$$

如果要順時針方向旋轉的話，還可以將 ϕ 角度設定成負值。

15-3-5　矩陣結合律

在 3D 的世界裡，我們可以使用之前所討論的平移、旋轉、縮放來達成許多變化的效果，例如頂點座標乘上平移矩陣後，再乘上旋轉矩陣，就可以達成物體在 3D 世界裡的平移和旋轉效果了。不過要達到這種矩陣的變化效果，勢必要一一乘上應該的運算矩陣，才能得到最後的頂點座標，這對於特定的矩陣相乘來說，這種轉換的過程運算實在是太複雜了，例如平移矩陣為 A、旋轉矩陣為 B、縮放矩陣為 C，而原來的頂點座標為 K、最後得到的頂點座標為 K'，其矩陣相乘的公式如下所示：

$K' = CBAK$

以這個例子來看，必須將頂點座標 K 乘上平移矩陣 A，然後得到的值再乘上旋轉矩陣 B，最後再將得到的值再乘上縮放矩陣為 C，如此一來才能得到最後的頂點座標 K' 值，如果一個矩陣要做 16 次乘法運算的話，那麼三個矩陣勢必要做 48 次的乘法運算。其實可以將這種特定的矩陣相乘過程簡化，因為矩陣相乘的運算是可以符合數學上所說的「結合律」。簡單的說，可以將 A、B、C 三個矩陣先結合成另一個矩陣，如下列所示：

$\mu = CBA$

$K' = \mu K$

如果以後要使用到這種特定的矩陣相乘時，就可以將頂點座標乘上這一個運算好的矩陣即可，好處就是只要做 16 次乘法運算就好了，過程是不是簡化多了呢！

15-4　3D 動畫簡介

　　3D 動畫（3D Animation）就是具有 3D 效果的動畫，製作方式有別於二維動畫的平面圖形繪製處理，改採三維座標體系並透過許多座標點（我們稱之為 Node），來進行圖像的成像動作。不同於一般 2D 動畫的製作，3D 動畫需針對不同應用環境的需求，於影像的製作過程中，考量場景深淺，精準地掌握雙眼視差的特性。

　　由於 3D 動畫非常依賴電腦設備（包括 CPU、記憶體與顯示卡等）的運算動作來進行成像，因此大量的圖像運算工作會因為電腦的處理效能而有明顯的差別。由於今天硬體技術發展的突飛猛進，現在的 3D 加速卡可以進行更複雜的運算，因此在 3D 遊戲中，常常可以看到幾乎達到即時呈像的 3D 場景。

　　3DSMax 為 Autodesk 公司所生產之 3D 電腦繪圖軟體。功能涵蓋模型製作、材質貼圖、動畫調整、物理分子系統及 FX 特效功能等等。應用在各個專業領域中，如電腦動畫、遊戲開發、影視廣告、工業設計、產品開發、建築及室內設計等等，為全領域之開發工具。當各位啟動 3DS MAX 的程式，您將會看到如下的操作介面：

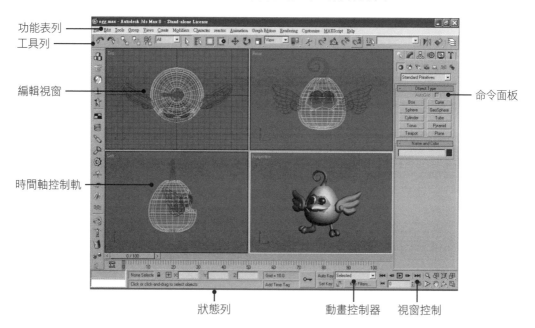

基本上，3D 動畫的設計不外乎就是建立模型，然後將模型貼好材質，布置好燈光背景，並調整好虛擬的攝影機（包括製造場景深度、空間感、走位效果、聲光效果等），設定動畫動作等。以下利用 3DSMax 的作業流程，簡單說明 3D 動畫設計的基本流程。

15-4-1 模型物件建立（Modeling Objects）

3D 物件之建立是根據模型本身結構與外形進行編輯。一開始先建立基本之幾何元件，並使用 Modify 面板內所提供之指令，將模型的外形將其塑形出來。也可以利用 2D Shape 使用曲線之方式先將外形建立出來後，再使用相對應之指令建構出模型。

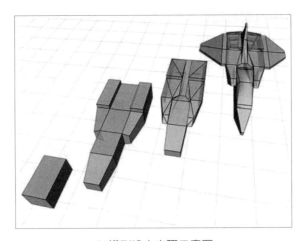

▲ 模型建立步驟示意圖

3DSMax 在物件的建立提供了多個選擇，包含基礎幾何物件的建立、2D 曲線的建立、混合物件的建立、Patch 物件、NURBS 及 AEC 物件等等，使用者可依需要進行選取。

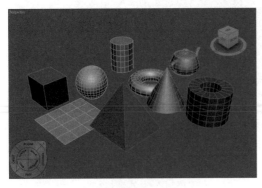

▲ 基礎幾何物件

▲ 2D 曲線

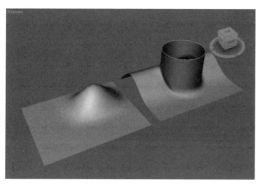

▲ Patch 與 NURBS 物件

▲ AEC 物件

15-4-2 材質設計（Material Design）

在我們生活環境中，每個物件根據其屬性不同，表面會產生其獨特的質感，如木頭、石頭、玻璃等等，而表現在質感上的的紋路或花紋就是 3DSMax 所謂的貼圖。簡單來說，3DSMax 是利用材質編輯器（Material Editor）設計角色的表面材質與質感。

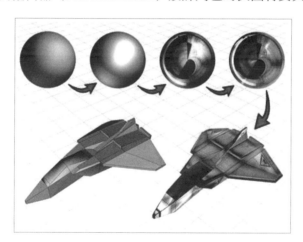

▲ 材質建立步驟示意圖

預設的材質有 Standard（標準材質）、Blend（混合材質）、Multi/Sub-Object（多重材質）、Ink'n Paint（卡通材質）、Shell Material（燻烤材質）等 16 種。

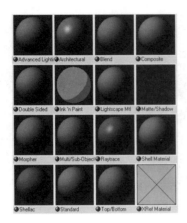 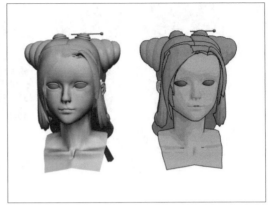

▲ Standard 及 Ink'n Paint 材質

15-4-3　燈光與攝影機（Lights and Cameras）

3DSMax 允許使用者在場景中可以建立數個燈光及不同顏色之效果。所建立之燈光也可以製作陰影之效果、規劃投射之影像及環境製作、霧氣等效果。使用者也可以在自然環境的基礎下使用 Radiosity 等進階功能模擬出更真實的環境效果。攝影機之使用也跟真實環境的攝影機一樣，可進行視角的調整、鏡頭拉伸及位移等功能。

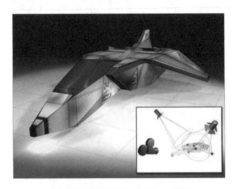

▲ 燈光與攝影機表現示意圖

▲ 亮度及光暈調整

▲ 光暈特效

15-4-4　動畫製作（Animation）

　　3DSMax 中使用者只要啟動 AutoKey，位移、旋轉、縮放甚至參數的調整就可隨時讓自己所設計的角色進行動畫製作。藉由燈光及攝影機的變化可擬造出極具戲劇性的效果呈現在視窗中。使用者也可使用系統所提供的 Track View 來提高動畫編輯效率或是更有趣的動態效果。

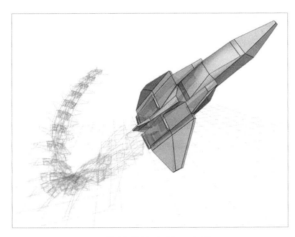

▲ 物件動態表現示意圖

15-4-5　上彩功能（Rendering）

　　3DSMax 之 Rendering 提供了許多功能及效果供使用者選擇使用，包括消鋸齒、動態模糊、質量光及環境效果等等的呈現。在核心引擎除了預設的著色系統外，也加入了 Mental Ray Renderer 著色在系統中供使用者選擇。若使用者的工作是需要使用到網路算圖的話，3DSMax 也提供了完善的網路運算及管理工具讓使用者使用。

▲ Rendering 表現示意圖

上述所列為 3DSMax 之工作流程。在實際作業中無論是動畫、遊戲或是影視方面效果之開發，均不會脫離這個流程，頂多依照工作屬性之不同而略微改變順序。

15-5　投影轉換

　　電腦圖學（CG）是現在數位化時代不可或缺的一部份。講到電腦圖學，絕大多數的人第一個想到的東西應該就是聲光十足的 3D 電腦遊戲。電腦圖學與其他視覺藝術表現工具最大差別，在於電腦繪圖不像過去一樣需要事先準備許多繪圖工具，不僅省去許多前置時間，亦可在繪製過程中依需求隨時修改與儲存，便利的軟體工具能快速將使用者之想法與創意表現出來。

▲ 3D 圖學的成像效果

　　特別是在現實生活當中，我們是存在一個以三維表現的空間裡，而電腦螢幕的座標系統卻只能表現二維空間而已。因此如果要將現實中的三維空間表現在電腦的二維空間裡，就必須將三維座標系統轉換成二維座標，並且將 3D 世界裡的座標單位映射到 2D 螢幕的座標單位上，才能在電腦螢幕上看到成像的 3D 世界，而這整個轉換的過程就稱為「投影」。

　　由於 3D 空間不同於 2D 空間，在 3D 空間觀看物體時，由於觀看點的位置不一樣，往往會有不同的結果。因此必須定義一個可視平面，再將 3D 物體投影到 2D 的顯示平面，以利使用者觀看。在電腦圖學的領域中，可以使用線性或非線性的方式將 3D 空間

的物體映射到 2D 的平面上。至於目前的 3D 投影模式，一般可分為平行投影（Parallel Projection）與透視投影（Perspective Projection）兩種。

15-5-1 平行投影

當省略掉三維空間裡的一維元素之後，就可以得到了一個平行投影的圖形座標，在這個時候，三維空間中的所有頂點都會從三維空間映射到 2D 平面的平行線上，因此我們就稱這種方式為「平行投影」，這個技術在線上遊戲上非常普遍，如人物的 ID 顯示。平行投影不考慮立體物件遠近感的問題，適合用於表現小型的立體物件。如下圖所示：

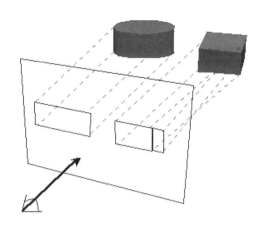

從投影線與投影面交叉角度的基礎上來細分，如果交叉的角度是直角的話，我們則稱之為「正交投影」（Orthographic），如果不是直角的話，則稱為「傾斜投影」（Oblique）。這種投影的方式跟工程繪圖有些類似的地方，通常都會使用「正交投影」（頂視、前視和側視）來轉換三維座標，這是因為它所呈現出來的畫面與在現實生活中所看到物體的距離感一樣。

如果選擇的投影面平行於座標系統上的 X 與 Y 軸之平面時，投影線則會平行於 Z 軸，因此平行投影的轉換動作，將會除掉空間中所有頂點的 z 座標單位。對於平行投影而言，基本的原理是將 3D 頂點的 z 座標去掉，但是，去掉了 z 座標之後，便失去了所有原始 3D 空間的深度資訊。為了避免這種情況的影響，就必須要考慮使用「透視投影」。

雖然平行投影有這種缺點，不過仍廣泛被使用在 3D 圖形應用領域，例如 CAD 的應用。平行投影技術保留了圖像中的平行線和物件的實際大小，這個重要的特性也帶給平行投影立足於 3D 投影的重要地位。

15-5-2　透視投影

　　以平行投影的方式在投影平面所看到的物體不具備有遠近感，不過如果是以透視投影技術就可以製作具有遠近感的物體。透視投影所建立出來的物件投影圖像之大小必須依賴物件與觀察者的距離。在透視投影中要表現這種效果其實並不困難，如下圖所示：

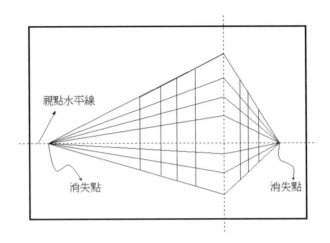

　　如上圖所示，最先與我們聯繫起來是一條空蕩蕩且筆直的街道，以及街道兩旁消失在無窮遠處的建築物。透視投影是以場景的現實視覺表現特點來產生圖像。畢竟，如果道路不是匯集到一點、或是建築物的距離不是離我們越遠而越小的時候，這種街道看起來就會非常的不自然。

　　各位可以利用觀察者的眼睛去直視遠方的一個點，而且光線從所有物件上反射回來，並且彙聚到這個點上，然後再經過透視投影的轉換，使得每一條光線在映射到眼睛前，就已經與觀察者面前的平面相交，如果能夠找到交叉的橫斷面，並且描繪那裏的點，觀察者的注意力就會被欺騙，認為從描繪的點那裏發射出的光線實際是來自空間中原始的位置，而讓觀察者感覺得好像看到真正的 3D 立體空間一樣。如下圖所示：

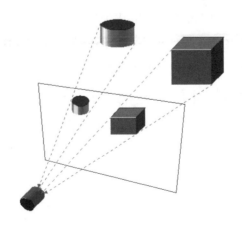

在這種情況下,不難發現原點與圖像上的頂點相聯繫之關係。如下圖所示:

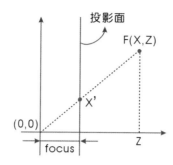

上圖中觀察者的眼睛是位於參考座標系統的原點上,而觀察者的眼睛與投影面的距離稱為「focus」(焦點距離)。其目的是要確定哪些頂點可以在光線從 F 點發射到觀察者眼睛的時候所產生的投影面,所以就必須在螢幕上的這個投影面上描繪物體。如上圖所示,可以得到兩個已知的事實,就是兩個大小不同的三角形在這個座標系統上的起點(兩者都在原點上)是相同的,以及這兩個三角形的正切值也是相同的,因此可以推算出如下列的公式:

$$\frac{x'}{focus} = \frac{x}{z} \implies x' = \frac{x * focus}{z}$$

因為它們都有相同的 Y 值,所以可以利用下列這兩個公式來描述 3D 描繪的情形:

$x' = y * focus/z$

$x' = x * focus/z$

透視轉換所產生的圖像可能一開始看起來會有一點不自然的失真效果,所以必須要改善其頂點座標的真實度。在 3D 世界裡,視角寬度在 75 到 85 度的焦點距離效果是最好的。當然,這也要取決於場景和螢幕中的幾何結構才行。

15-6 3D 設計演算法

　　遊戲開發與設計是一項創意導向的產業，除了講究遊戲的趣味度之外，作品的質感與美感，一向是玩家關注與重視的焦點。在早期硬體技術不甚發達的年代，當時的繪圖引擎只能提供一些簡單繪圖函式，玩家可能較注重遊戲的趣味度或刺激性。但今天硬體技術發展的突飛猛進，現在的的 3D 加速卡可以進行更複雜的運算，因此在 3D 遊戲中，常常可以看到幾乎達到即時呈像的 3D 場景。例如巴冷公主遊戲便是一套即時繪圖的 3D 引擎，它能依據遊戲場景的不同，透過 3D 引擎即時更新 3D 場景中所有的物件。

▲ 巴冷公主遊戲中的場景就是由 3D 即時引擎建構出來

15-6-1 LOD 運算法

　　如果使用程式來表現呈像 3D 物體，當然是一項非常複雜與艱鉅的工作，不過，3D 場景中物件繪製的基本原理，則是將其外觀以大量的多邊形組合（通常是三角形）的方式，來逼近其真實的外觀。

　　在遊戲的開發過程中，LOD 運算法是一般應用於遊戲場景中較遠物體的描繪，這是因為較遠物體，由於視覺上的限制，所以不需要繪製物體細節的情況。所謂細節層次（Level of Detail，LOD）運算法是指調整模型的精細程度，也就是決定構成物體的三角面數量多寡。好的 LOD 演算法，可以在使用較少的三角面情況下，卻可以得到非常接近原始物件的模型。

在即時 3D 真實感遊戲的繪製過程中，如果要得到某種特定視覺效果的話，繪製圖像演算法的選擇性就容易被限制住。就拿繪製 3D 場景為例，這種複雜的場景有可能會包含幾十甚至幾百萬個多邊形，所以要實現這種複雜場景的繪製確實十分困難。

LOD 技術就是為了簡化及降低構成物體三角形數量的一種演算法。也就是說，細節層次繪製簡化的技術就是在不影響畫面視覺效果的條件下，逐步簡化景物的表面細節來減少場景幾何圖形所產生的複雜性，並且還能有效提升圖形的繪製速度。LOD 技術通常會對於一個原始多面體模型，建立出幾個不同逼近程度的幾何模型。至於每個模型均會保留一定的層次細節，當觀察者從近處觀察物體時候，則採用精細的模型圖素，另外當觀察者從遠處觀察物體時，則會採用較粗糙的模型圖素。透過這樣的繪圖機制，對於一個複雜場景而言，就可以減少場景複雜度，而且繪製圖像的速度也可以大幅度提高。如下圖所示：

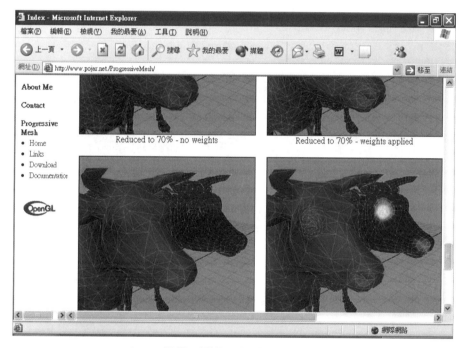

▲ LOD 技術可透過程式調整模型的精細度

15-6-2　光柵處理

基本上，決定物件外觀如何呈現的方式，可以透過 LOD 技術來為不同遠近物件決定適當的解析度。當然剛才所談到的論點，都只侷限於物件輪廓的呈現階段，但是真實 3D 場景中物體繪製，還必須考慮每一個面的顏色或材質貼圖。

▲ 亮面金屬效果

▲ 硬色調之光源效果

如果為了達到更具逼真與寫實的效果，還要注意到光源環境的變化。因為不同的光源環境因素，會對 3D 圖像呈現的感覺有其直接的影響，甚至還會直接影響影繪圖的速度。

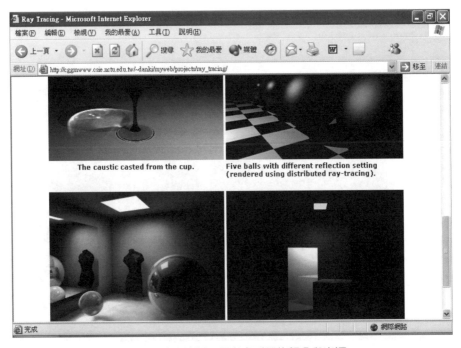

▲ 3D 物體的繪製必須考慮到面的顏色與光源

也就是說，LOD 技術可讓我們透過程式調整模型的精細度，做出更高精細度的模型，並可以參考電腦效能自由調整，這樣的功能可以讓場景中容納更多的模型單位。當各位將這些可以降低所繪製三角形的數量之後，接著再將這些要在 3D 場景中繪製的平面來進行座標轉換、光源處理及材質貼圖，以利於在 2D 螢幕中呈現，最後還要進行一道重要手續，就是光柵（Rasterization）處理。所謂光柵處理的過程多半可由顯示卡晶片提

供，也可以由軟體來進行處理。其主要的作用是將 3D 模型轉換成能夠顯示於螢幕的圖像，並對圖像做修正和進一步美化處理，讓展現眼前的畫面能更為逼真、生動。

15-6-3 物件裁剪法

所謂裁剪（Clipping）功能，主要是一種對要繪製的物體或圖形進行裁切的動作，其目的是希望物體在繪製前，先移除掉看不見的區域，來加速繪製的動作。不過，由於物體的形狀呈現非常多樣化與不規則，因此要找到適合任意形狀和裁剪體的裁剪方法並不容易。裁剪演算法同時也是執行裁剪圖形（2D 區域或 3D 區域）的規範，通常很難找出適合任意形狀和任意裁剪體的方法，這主要是受到物體形狀的約束。

其中對於 2D 裁剪，可以有多種不同的裁剪方法，例如光柵處理（Rasterization）前，可先進行裁剪的動作，通常會以矩形裁剪區域（電腦螢幕長寬）來進行裁剪的工作，而且這種簡單的裁剪幾何圖形，也適用於其他的投影演算法。

另外如同之前所討論過的一樣，由於透視投影只適合被使用在空間中所有頂點的子集上。因為透視轉換會倒轉與觀察者座標的距離，對 z=0 的頂點來說，它的結果會是無窮遠，而且也會忽略觀察者後面的頂點，如此一來，勢必利用 3D 裁剪的技術來確保只有有效的頂點才能進行透視轉換。例如邊界體方式也可以作為處理 3D 裁剪的動作，其中包括了「邊界盒」或「邊界球」兩種方式。如下圖所示：

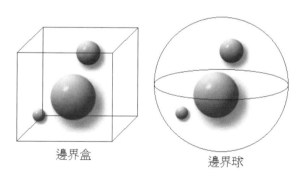

邊界盒　　　　　　　邊界球

邊界盒可以表達物件的最小和最大空間座標，但邊界球的半徑要由從物件中心算起的最遠點來決定。如果使用邊界盒來當作是邊界體的話，就能夠用來檢查來自視體中所有可能的拋除頂點。舉例來說，當邊界盒最小的 x 座標大於最大 z 座標時，在 X=Z 平面外的物件就可以被拋除。同理，邊界球也可以使用如上述的方式來處理裁剪的動作。在這種情況下，必須計算從裁剪面到球心的距離。如果這個距離大於球的半徑時，物件就可以被拋除。

15-6-4 畫家演算法

由於螢幕上物體的某一面可能被其他面所擋住，就以立方體而言，無論從哪一個角度進行透視，最多只能看到其中的三個面。所以在繪製前，必須先來決定有哪些面是可以被看見的。不過，要能精確分析出有互相遮擋的所有三角面，是一件相當困難且耗費運算資源的工作，因為它所涉及並不是單一三角面本身的處理，而是各三角面之間的關係。

所以在進行去阻擋物測試法的工作同時，就必須考慮到在遊戲或 3D 場景中各模型中所有的三角面。所以各位大概可以想像出它的複雜性，更由於有時候三角面並不是整個被擋住，如果還要判斷哪些區域被遮住等問題，就會使這個問題更加地複雜化。

關於阻擋物測試法中的最簡單方法，就是「畫家演算法」（Painter's Algorithm）。它的原理是不管場景中的多邊形有沒有擋住其他多邊形，只要按照從後面到前面的順序進行圖形繪製，就可以正確的顯示所有可見的圖形了。簡單來說，那就是將離觀察者最近的一個多邊形，最後進行繪製。簡單來說，有關遊戲中 3D 場景的組成各物件模型的三角面，只要對其與觀察者距離遠近進行排序，並從較遠地方的三角面開始畫起，理論上就可以畫出正確的結果了。

學習評量

1. 投影轉換的功用為何？

2. 3DSMax 可以運用在哪些範圍？請試著列舉五個項目。

3. 模型建立有哪幾種方式？

4. 3DSMax 著色系統有哪兩種模式？

5. 3DSMax 預設的材質與貼圖各有幾個項目？

6. 何謂 Model 座標系統？

7. 試敘述座標轉換的原理。

8. 請說明座標矩陣。

9. 何謂齊次座標？

10. 深度緩衝區（Z Buffer 或 Depth Buffer）的意義為何？

11. 3D 的座標轉換通常包括了三種轉換運算，分別為「平移」、「旋轉」及「縮放」，試簡述之。

12. 何謂「正交投影」（Orthographic）？何謂「傾斜投影」（Oblique）？

13. 試述透視投影與平行投影間的差異。

14. 光柵（Rasterization）處理的功用為何？

15. 何謂裁剪（Clipping）功能？

16. 「背面剔除（Back Culling）演算法」的主要功用為何？

17. 畫家演算法的原理為何？

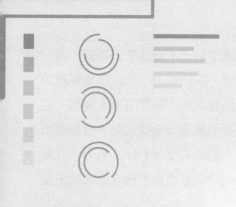
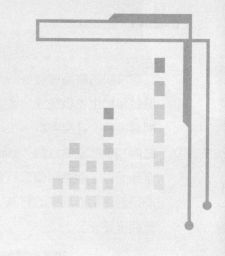

16

遊戲行銷與 ChatGPT 的整合攻略

　　在這個網路高速發展的全民娛樂年代，追求更多的樂趣成為了不可或缺的消費主題。遊戲業變化也很快速、產品類型也多，從最早的單機遊戲、線上遊戲、到近年來崛起的網頁遊戲、社交遊戲，很快現在手機遊戲又起來，更令全球遊戲市場產生重大變化。在這個凡事都需要行銷（Marketing）的時代裏，競爭激烈的遊戲產業更是如此。對於遊戲產品而言，網路所帶來行銷方式的轉變必須更即時符合人們的習慣與喜好，努力做到幫助遊戲更貼近玩家的行為，因此如何制定一個好的行銷策略對遊戲商業模式的成功更是至關重要。

▲ 許多知名遊戲藉由舉辦世界電競大賽賽事來行銷與推廣

　　在生成式 AI 蓬勃發展的階段，ChatGPT 擁有強大的自然語言生成及學習能力，更具備強大的資訊彙整功能，當今沒有一個遊戲品牌會忽視數位行銷的威力，ChatGPT 特別是對行銷文案撰寫有極大幫助，可用於為品牌官網或社群媒體，成為眾多媒體創造聲量的武器，去產製更多優質內容、線上客服、智慧推薦、商品詢價等服務。例如產品描述是遊戲行銷的一個重要部分，ChatGPT 可以根據玩家的喜好、過交易行為、興趣、偏好、和需求，幫助行銷團隊確定目標受眾的偏好、興趣和痛點，居然可以在不到 5 秒內生成更符合受眾的產品文案與提高消費者關注度，甚至協助大量生成企劃創意雛形，還可以開發對應該款遊戲的市場行銷活動方案。

16-1 遊戲行銷簡介

「行銷」（Marketing）的基本定義就是將商品、服務等相關訊息傳達給消費者，而達到交易目的的一種方法或策略，關鍵在於贏得消費者的認可和信任。行銷策略就是在有限的企業資源條件下，充分分配資源於各種行銷活動，在企業中任何支出都是成本，唯有行銷是可以直接幫你帶來獲利。行銷管理學大師 Peter Drucker 曾經提出：「行銷（Marketing）的目的是要使銷售（Sales）成為多餘，行銷活動是要造就顧客處於準備購買的狀態。」

行銷人員在推動行銷活動時，最常提起的就是行銷組合，亦即是一種協助企業建立各市場系統化架構的元件，藉著這些元件來影響市場上的顧客動向。美國行銷學學者Jerome McCarthy 提出了著名的 4P 行銷組合（Marketing Mix），包括產品（Product）、價格（Price）、通路（Place）與推廣（Promotion）等四項，也就是選擇產品、訂定價格、考慮通路與進行促銷等四種。4P 行銷組合是近代市場行銷理論最具劃時代意義的理論基礎，奠定了行銷基礎理論的框架。

雖然賣的是遊戲，就行銷面而言，需要的基本能力或許大同小異，但仍要隨時與時俱進的掌握市場的變化。遊戲行銷方式必須著重理論與實務兼備，必須找到將遊戲產品融入市場的方法，這就是遊戲行銷的關鍵所在，進而激發玩家更多購買的動力。遊戲行銷的手法也有流行期，特別在網路行銷的時代，各種新的行銷工具及手法不斷推陳出新，畢竟戲法人人會變，各有巧妙不同。通常這 4P 行銷組合要互相搭配，才能提高行銷活動的最佳效果。

網路行銷（Internet Marketing）或稱為數位行銷（Digital Marketing），和傳統行銷一樣都是為了影響目標消費者（Target Audience，TA），最終達成交易的目的，主要差別在於溝通工具不同，現在可透過電腦與網路科技的數位性整合，使文字、聲音、影像與圖片可以整合在一起，讓行銷標的變得更為生動，跟所有其他行銷媒體相比，網路行銷的轉換率（Conversation Rate）及投資報酬率 ROI（Return of Investment）最高。

16-1-1　產品因素

隨著市場擴增及遊戲行為的改變，產品策略主要在研究新產品開發與改良，包括了產品組合、功能、包裝、風格、品質、附加服務等。例如對星巴克門市而言，其產品的定位不再是只要賣一杯咖啡，反而是賣整個店的咖啡體驗。這樣的行銷策略把咖啡這種存在許久的古老產品，變成現代人對咖啡的體驗與認知。這就是讓行銷和產品做更深與廣泛的結合，賣得不是咖啡本身，而是喝咖啡的感覺。

遊戲市場競爭一直都很激烈，但是市場慢慢趨向飽和，加上同類型的產品過多，所以要如何突顯自家的產品相對困難。把遊戲當作一個產品，在基本行銷理論上都是一樣的，也需要明確的定位與目標。開始要行銷一款新遊戲，首先必須了解這款遊戲的特性，對遊戲的熟悉度一定得要自己花時間去玩，所謂花時間玩遊戲，玩遊戲的等級要達到一定的程度以上。接著配合對市場的了解，然後進行「競品分析」，找出同質性高的競爭對手，接著對產品做精準的分眾行銷，不同遊戲類型有不同產品策略，一旦確定了目標客群是什麼樣的年齡，什麼樣的玩家族群，接著就要思考運用何種行銷工具與方式去觸及到這些人，這樣才能容易打動遊戲的目標族群。

16-1-2　通路因素

通路對任何產品的銷售而言都是很重要的一環，通路是由介於遊戲商與玩家間的行銷中介單位所構成，不論實體或虛擬店面，只要是撮合遊戲與玩家交易的地方，都算是屬於通路的範疇。通路運作的任務就是在適當的時間，把適當的產品送到適當的地點。目前遊戲開發商採實體、虛擬通路並進的方式，除了傳統套裝遊戲的通路外，包含便利商店、一般商店、電信據點、大型賣場、3C 賣場、各類書局、網咖等通路，同時也建立線上遊戲的網路平台通路，主要因為網路是所有媒體中極少數具有「可被測量」特性的數位化通路。通路的選擇與開拓相當重要，掌握通路就等於控制了產品流通的管道。這幾

年來，許多以網路起家的遊戲，靠著對網路的了解和特殊行銷手法，成功搶去相當比例的傳統通路的市場。

傳統上便利商店是玩家主要購買遊戲或相關產品的通路，例如早期遊戲橘子成功以單機板模擬經營遊戲「便利商店」熱賣，就是運用 7-11 廣大通路讓產品大量曝光的成功案例。在遊戲開發商與通路商的拉鋸戰中，通路商始終處於強勢的一方，隨著網路成為現代商業交易的潮流及趨勢，交易金額及數量不斷上升，遊戲交易與行銷的方式也做了結構性改變，線上交易規模不斷擴大，將傳統便利超商的通路行為，導引到線上支付，有效改善遊戲付費體驗，對遊戲業者點數卡的銷售通路造成結構性改變，在各國遊戲業者紛紛朝向全球化經營的趨勢下，傳統通路商的優勢不再，而是更強調網路行銷及在地推廣。例如行動裝置成就智慧型手機發展新趨勢，更帶動手機遊戲的快速竄起。

▲ 歐付寶 AllPay 是國內第一家專營第三方支付的機構

16-1-3　價格因素

過去因遊戲產品的種類較少，一個遊戲產品只要本身夠好玩，東西自然就會大賣，然而在現代競爭激烈的網路全球市場中，提供相似產品的公司絕對不只一家，顧客可選擇對象增多了，影響遊戲廠商存活的一個重要因素就是定價策略，消費者願意付出的成本和公司的定價有相當大的關係。我們都知道消費者對高品質、低價格商品的追求是永恆

不變的，選擇低價政策可能帶來「薄利多銷」的榮景，卻不容易建立品牌形象，但高價策略則容易造成市場上叫好不叫座的無形障礙。

例如線上遊戲在全球經濟蕭條狀況下，仍然蓬勃發展，並且帶動通訊產業需求成長。不過多少想要進入市場的新遊戲，將「收費」視為生死存亡的關鍵，通常廠商採取追隨競爭者定價策略。另一項與一般商品不同的經驗，那就是你可以立即感受到消費者的反應，開台的瞬間你就知道這款遊戲紅不紅，因此許多線上遊戲初期都實行玩遊戲免費的行銷策略，希望能快速吸收會員人數，不過這樣的作法往往在正式收費後往往就會失去大量的玩家。

免費行銷就是透過免費提供產品或者服務，來達成破壞性創新後的市場目標，目的是希望極小化玩轉移到自家遊戲的移轉成本，來增加消費的可能性。例如憤怒鳥遊戲就是一款免費下載的遊戲，先讓玩家沉浸在免費內容中，再讓想玩下去的玩家掏腰包購買完整版，或是升級為 VIP。不過沒有穩定收入的免費行銷是撐不久的，因此廠商還必須透過各種五花八門的加值服務來獲利。有些免費行銷遊戲則是完全免費體驗，利用走馬燈視窗展示虛擬物品或是觀戰權限、VIP 身分、介面外觀等商城機制來獲利，不同等級的玩家對於虛擬寶物也有不同的需求，畢竟只要能在短期贏得夠多玩家的青睞，對這款遊戲而言始終是佔有優勢。

▲ 憤怒鳥遊戲曾經紅極一時

16-1-4　促銷因素

促銷（Promotion）是將產品訊息傳播給目標市場的活動，透過促銷活動試圖讓消費者購買產品以短期的行為來促成消費的增長，每當經濟成長趨緩，消費者購買力減退，這時促銷工作就顯得特別重要。促銷無疑是銷售行為中最簡單直接讓玩家上門的方式，我們知道網路行銷的最大功能其實就是店家和顧客間能直接溝通對話，由於削弱了原有了批發商、經銷商等中間環節的作用，終端消費者會因此得到更多的實惠。遊戲開發商以較低的成本，開拓更廣闊的市場，最好搭配不同行銷工具進行完整的策略運用，並讓推廣的效益擴展購買力。

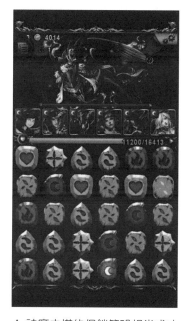

▲ 神魔之塔的促銷策略相當成功

手機轉珠遊戲「神魔之塔」廣受台灣低頭族歡迎，行銷手法也是令遊戲火紅的關鍵因素，官方經常辦促銷活動送魔法石，並活用社群工具以及跟遊戲網站合作，讓沒有花錢的人也可以享受石抽。如此可吸引大量玩家的加入，想要獲得魔法石，全新腳色等免費寶物，並經由與超商通路、飲料的合作，使玩家購買飲品的同時，只要前往兌換網頁，輸入序號便可兌換獎賞，利用了非常好的促銷策略吸引住不消費與小額消費的玩家持續遊戲，創造雙贏的局面。

16-2 遊戲行銷的角色與任務

　　一款受歡迎的遊戲，畢竟還是需要靠行銷來支持，遊戲是屬於娛樂性質的產品，行銷活動總是充滿活潑與樂趣，如果沒有市場行銷部門，賣力地推銷研發人員的遊戲作品，將很難使開發團隊的辛苦付出得到良好的實際回報。遊戲行銷人員的角色就是如何藉助各種管道與方法使玩家認識自家遊戲產品的存在，並且進一步激起玩家想要購買遊戲或上線遊玩的動機。

　　台灣的遊戲市場競爭一直都很激烈，市場慢慢趨向飽和，但是仍然有許多遊戲前仆後繼地想要擠進這塊餅中，由此可見遊戲公司的行銷人員，其實承受著很大的壓力，就拿線上遊戲來說有 90% 的工作、是發生在遊戲開始營運之後。行銷工作基本上是責任制，不一定有固定的上下班時間，例如像遊戲的旺季寒暑假，或是有新品上市時，就經常會有熬夜加班的需要。遊戲行銷人員的角色主要是對內包括產品製作、宣傳、廣告文案制訂、新聞稿、新產品計畫撰寫與銷售數據分析，對外則包括與其他企業談異業合作，或是洽談辦活動，遊戲行銷人員除了對產品的認識外，了解目前市場趨勢很重要，平常更要多玩遊戲、多看網站討論、多參加活動等。遊戲行銷的工作實務上相當繁雜，但具體來說，可以細分為以下三項基本工作。

16-2-1 撰寫遊戲介紹文案

　　市場的變動對行銷工作影響很大，尤其線上遊戲市場競爭越來越激烈，許多新產品的生命週期與以往的作品相較變得越來越短。做為遊戲行銷，最重要的在於反應要很快，因為市場一直在變，新遊戲也不斷在出，如何能把一套新的遊戲精準的寫在一份麻雀雖小但五臟俱全的介紹稿內，就要考驗自己對遊戲的了解與功力。問題是有時一款遊戲就得用整整一本雜誌來介紹，這時就要根據遊戲的特性思考怎樣用最少的版面介紹，玩家都是沒有耐心的，努力思索一個怎樣的架構才是較清楚有趣，也不能違背良心與專業的介紹。一個好的遊戲介紹稿必須包括遊戲風格、故事大綱、玩法風格、遊戲特色、遊戲流程等基本單元。我們以本公司研發的神奇寵物專賣店遊戲介紹文案稿提供給各位作為範本：

神奇寵物專賣店

<類　　型>經營策略

<適合年齡層>不限

<類似型態遊戲>便利商店、鍊金術士瑪麗

<特色>

在遊戲中加入部分冒險成分，為平淡的養成遊戲增加緊張及趣味性。

珍禽異獸（蛇、變色龍、鱷魚…）的飼養在目前頗為流行，本遊戲提供消費者以小成本育有各式奇異生物的空間。

遊戲過程中不時提供一些寵物飼育及動植物特性等基本常識，或加入一些保育類生物的角色，達到寓教於樂的效果。

在速食店、火鍋店等遊戲中，玩家自行配料設計出的新產品（漢堡或火鍋）所能產生的外型變化及震撼性有限；而在本遊戲中玩家所能培育出的新物種（如羚角蝙蝠魚、兔耳迷你熊..）可以是前所未見的新鮮產物。

<大綱>

玩家扮演熱愛動物的寵物店老闆，除了一般常見的寵物外，亦可移植各種動物的不同部位培育出各式各樣新品種的寵物，在銷售或各類比賽中獲得佳績。

<說明>

遊戲之初玩家必須利用有限的金錢建構理想的寵物飼育空間並取得基本類型的寵物，升級之後可改善寵物飼育空間，可飼養及培育的寵物類型會逐漸增加。

不同的開店地點會有不同的消費客群，玩家可針對所在地點的顧客喜好販售不同類型的寵物，以提高銷售成績。

除了向固定飼養場購買寵物販賣外，玩家也必須到世界各地去採集稀有品種的寵物，以滿足不同顧客的需求，在採集的過程中會遇到戰鬥（野獸或其他的寵物店主人搶奪），玩家可選擇店內戰鬥力較強的寵物隨行以作為保護。

玩家所訂閱的「寵物日報」會提供特別寵物需求或各類寵物比賽（如選美、比武、特異功能…等）等資訊。玩家可依自己的能力培育出顧客所期望的寵物或適合參加各種比賽的寵物。達成要求或贏得比賽後可獲得升級、賞金、或提升知名度等獎勵。

玩家可依自己的寵物飼育能力以不同品種的寵物合成新種，創造出前所未見的新型態寵物。每一種動物的各個部分有不同的屬性（如白兔耳朵：可愛 +3；獒犬牙齒：攻擊 +5；龜殼：防禦 +4…），玩家所具備的各式基因藥劑也可加強新品種的各類屬性；藉此培育出可贏得比賽的神奇寵物。

< 遊戲流程 >

◎ 設定遊戲難易度

易—開店資金 100,000 元

中—開店資金 50,000 元

難—開店資金 10,000 元

◎ 設定開店地點

住宅區—顧客群以家庭主婦及老人為主，喜好：一般正常寵物

學區—顧客群以學生青少年為主，喜好：可愛、奇特造型寵物

商業區—顧客群以上班族為主，喜好：戰鬥力強的寵物

◎ 進入遊戲

鎮上販賣寵物飼育相關物品處

繁殖場—販賣一般正常寵物

市集—販賣寵物飼料

研究中心—販賣基因藥劑、書籍

生化科技中心—販賣飼育專用工具

◎ 店舖配置

店面—寵物展示，客戶活動區域

實驗室—寵物飼育專區（寵物分類、名稱、數量、飼料種類、存量、藥水種類、存量）

辦公室—店舖狀況記錄區（系統設定、預訂情形、經營狀況）

◎ 每日開銷

採集：地點決定所花費日數、採集物內容、遇到怪獸種類（戰鬥）

圖鑑內容—寵物名稱、屬性、所需物種、藥劑、飼育器材、培育日數、每日飼料

◎ 事件（公佈於寵物週報）

提升等級的條件：營收、技術、名聲

在固定時間內（5年），依玩家的成績（經營狀況、技能、名聲）不同而有不同的5種結局。

<玩法介紹>

一開始玩家先決定開店地點，佈置好店舖之後即可開始營業。

視開店地點不同每天約有5-20人不等的顧客量。日後視店舖的名聲增減顧客量。

每週的寵物週報提供寵物飼育的小秘方及特殊客戶需求，點選需求欄位可決定是否接受這項任務。

寵物育成所需物品可至城中各處購買，或前往郊外採集。

寵物依等級不同而有育成步驟多寡等區分，若玩家尚無技能可育成某寵物，則該寵物在圖鑑上以較黯淡的色澤呈現。

遊戲中會隨機出現各種事件，影響寵物育成的難易度。

每季（3個月）會有一次寵物比賽，玩家可決定是否參賽。比賽的結果會影響店舖的名聲，亦會獲得金額不等的賞金。

除了寵物的育成，玩家也必須製作各種寵物所需的用具，出售給擁有該寵物，有需求的顧客。

要育成寵物或製作寵物用器具時，先到店舖中的實驗室中，點選要育成的寵物，系統即會列出該寵物育成所需材料及製作時程。選擇育成數量後點選「確定」，即可在指定的天數之後得到指定數量的寵物。

每種寵物均有育成所需技術值，若玩家技術不足，即使備齊材料仍有失敗的可能。

＜美術及音樂風格＞

美術方面以可愛造型及明亮的色彩為主，音樂風格輕快活潑。

16-2-2 廣告文案、遊戲攻略與 ChatGPT

「世上沒有不好賣的商品，只有不會賣的行銷人員！」一份讓人怦然心動的廣告文案，如果能掌握不同文字呈現方式所能夠帶來的不同效果，絕對會幫遊戲帶來加分的效果，文案中除了加入遊戲特色外，若有促銷之類的活動也一定要加入，內容可以從玩法種類或是銷售客群中，連結玩家的心理，最好還配上一兩句響亮的口號。具體來說，就是要靈活運用文字，讓玩家對遊戲產生共鳴，還記得「不必禱告，快上天堂」、「你上天堂了嗎？」這兩句天堂遊戲的廣告口號，當年在校園讓多少年輕學子為之瘋狂，更成為當時青少年之間最常聽見的問候語，創下同時上線人數超過 8 萬 5 千人的記錄。

▲ 天堂遊戲擁有百萬名以上的會員

提問 請寫出十個較會引人感興趣的關於巴冷公主遊戲的廣告口號，務必簡短有創意，最好還有原住民的文化意涵。

回答

1. 「探索原住民神秘世界，與巴冷公主一同開啟冒險之旅！」
2. 「解開古老傳說，成為巴冷公主的勇者伴侶！」
3. 「融入魯凱族文化，與巴冷公主一同守護家園！」
4. 「勇者啟程，與巴冷公主對抗邪惡勢力，拯救原住民部落！」
5. 「經歷原始試煉，獲得巴冷公主的真愛與祝福！」
6. 「在神秘鬼湖探索，與巴冷公主共同揭開隱藏的秘密！」
7. 「跨越時空，與巴冷公主踏上傳奇冒險之路！」
8. 「練就真正的勇者之心，與巴冷公主一同捍衛族人的尊嚴！」
9. 「感受原住民的智慧，與巴冷公主攜手迎接新的挑戰！」
10. 「穿越原始森林，追隨巴冷公主的腳步，成為傳說中的英雄！」

攻略本則是遊戲最佳的副產品，可以幫助玩家了解遊戲設計的全貌，更是每個行銷人員必做的功課，詳細解說從遊戲基礎要素到戰鬥模式架構等各方面資料，行銷人員最好能親身經歷遊戲，甚至要一玩再玩、破關無數次，才可能動筆表達出遊戲的特色與精髓，進而只要讓玩家看完能破關就可以了。以下我們以本公司研發的巴冷公遊戲攻略給各位作為參考範本：

【第一關】

先在屋內取得本木杖，之後和阿瑪交談後離開房間。

在達德勒部落先到長老家上課。

接著和小孩玩遊戲取得 5 樣寶物。

出村落後到達德勒森林，先往橋邊走，卡多會留守在那個地方，用和小孩取得的 5 樣寶物騙過卡多經過橋。

留意看板了解指示，先到石雕詢問如何才可以讓石雕恢復法力，以便將進入小山洞的封印打開，依指示取得三塊碎片後，回到石雕使其恢復法力將進入小山洞的封印打開，接著走到已打開封印的門口，先打敗鬼族的魔王，之後跟著小狗的叫聲，請進入小山洞打敗將小狗囚禁的 2 個人，取得小 key，將小狗救出，接著跟著小狗走，巴冷掉入橋下，出現接關動畫進入第二關說明巴冷受傷的 2D NPC。

【第二關】

第二關從鬼湖的地圖開始尋找小狗，先找到進入伊娜森林（進入的指示牌卻寫吠叫森林）的入口。

循狗的叫聲，找尋狗的位置進入伊娜森林，會被小狗引導到找到它母親的屍體的 NPC 撥放，同時在這森林中，會發現有作怪的狗的幽靈，請先找到作怪的狗幽靈，與之戰鬥後，會出現一段說明此母狗幽靈為小狗母親身份的 NPC。

播放完畢後，請找到回到達德勒部落的入口，由於達德勒部落的入口被封印，玩家可以指示牌的暗示依序找到藍色、咖啡色、橘紅色、綠色的光牆，便可以破解進入達德勒部落的入口，請走入達德勒部落，在部落中和巴冷的阿瑪交談後，進入過關動畫，到達第三關的劇情。

【第三關】

由於巴冷的因那（即媽媽）因耽心巴冷的安危而病倒，請先回到巴冷的家中，向長老及婆婆詢問因那的情況，及救因那的方法為何？得知必須到大武山取得三種藥草，請從部落後面的出口到伊娜森林。

在伊娜森林中先依序找到綠色、橘紅色、咖啡色、藍色的光牆破解進入鬼湖的入口，進入鬼湖後，請走到鬼湖的地圖中間位置左右，可以找到阿達里歐。

找到阿達里歐後，在地圖右邊居中的位置，尋找進入大武山峽谷的入口。

在大武山峽谷先往下走，找到祖穆拉尋求找三種藥草的協助（此段會以 NPC 模式表示），接著在此峽谷中可以找到無花草第一種藥草，由於耽心巴冷會造成尋找藥草的不方便，所以找到第一種藥草後，巴冷停留在在大武山峽谷等候阿達里歐及祖穆拉找尋其他兩種藥草，接著玩家扮演阿達里歐，然後請走到大武山峽谷地圖的左下角，再找到進入大武山後山的入口，在大武山後山找到其

他兩種藥草，找齊後回大武山峽谷找巴冷，在路途中依指示牌的暗示，請點燃或熄滅地圖中的燭火（地圖中共有4個燭火設置點，請小心尋找），想辦法開啟進入鬼湖的入口，再和巴冷一起回達德勒部落。

【第四關】

把找到的解藥回到夜晚的朗拉路小屋，並和長老及婆婆進行一段交談，交談中太麻里使者到來訪，巴冷父親先去招呼該使者，然後巴冷想帶領阿達里歐參觀達德勒部落。

出門後，巴冷和阿達里歐想先去集會所（朗拉路家的左邊，此處設計不太像屋子），了解太麻里使者的來意，並得知太麻里發生水枯源，且卡多自願前往乾旱的巴那河谷探究原因，並得到大家的一致同意，次日巴冷醒來，其母親提醒她趕快去為卡多送行，並在出去達德勒森林的出口和卡多等人進行一段交談，無奈卡多因耽心危險之故，不同意公主與他同行至太麻里，可是巴冷公主執意偷偷跟去，在達德勒森林被卡多碰到，一番僵持下，卡多只好讓步讓巴冷隨行。

從達德勒森林經過小山洞及鬼湖森林，找到進入乾旱太麻里的入口，並和當地人交談了解探究乾旱的原因，得知必須前往乾旱的巴那河谷（先通過山道入口，不過此處會發生遮罩值的設定位置，超出陣列範圍），在此河谷，卡多及巴冷沿路清除了兩處的河道阻塞，直至阿達里歐遇害，並撥放一段NPC，為了協助救阿達里歐，卡多跑去找人幫忙，此時故事情節的安排，會切入阿達里歐和巴冷情定山洞外的動畫，之後阿達里歐醒來，並伙同巴冷及卡多從巴那河谷依反方向回到達德勒部落（即巴那河谷→太麻里村→鬼湖森林→鬼湖→伊娜森林→達德勒部落）朗拉路的家中，進入了第五關的劇情。

▲ 快速跳關的快速鍵 F11

16-2-3　產品製作與行銷活動

　　行銷遊戲本身就是一項服務，要把對玩家的服務作好，最大的考量還是在於媒體效應，並通過正確的管道傳達給潛在的目標玩家。行銷和「產品」應該做更緊密的結合，通常當遊戲行銷人員開始接觸與製作產品的時間，至少是上市前半年就要開始動，包括進行產品預算編制、執行與控制各項成本例如產品管理成本控制及相關作業流程、產品上市前後行銷宣傳規劃、上片的時間、數量、封面與包裝或海報設計等。

　　例如線上遊戲的產品包在行銷上是一門學問，付費線上遊戲是傳統的線上機制，目前遊戲公司向消費者的收費方式，最主要是以消費者購買點數卡為主，玩家得支付月費才能進入遊戲，不過近幾年有逐漸萎縮的趨勢，或者可以將遊戲以類似發送試用包的方式，先使玩家上癮養成習慣後，接著再來專賣虛寶，就是隨遊戲進行發售的寶物或點數包。

▲ 巴冷公主的產品封面設計

　　行銷就是對市場進行分析與判斷，繼而擬定策略並執行，也就是指在預算許可之下，進行上市行銷推廣策略擬定、營運操作、遊戲活動規劃、活動執行時程控管、目標達成設定與追蹤、媒體廣告分析等相關事項。創意往往是行銷的最佳動力，尤其是在面對一個 360 度傳統與網路整合行銷的時代，未來遊戲產業趨勢將以團體戰取代過去單打獨鬥的模式遊，異業結盟合作特帶來了前所未有的成果，也就是整合多家對象相同但彼此不互相競爭公司資源，產生廣告加乘的效果。例如神魔之塔的開發商瘋頭公司創立以來，一直在跨界結盟，不論是辦展覽、比賽、演唱會，跟其他產品公司、動畫公司合作，或是授權販賣實體卡片等，充份發揮了異業結盟的多元性效果。

16-3　熱門遊戲行銷工具

　　市場的變動對遊戲行銷工作影響很大，行銷正在不斷轉移方法與目標市場策略。早期遊戲公司較少，每年推出遊戲的數量也不多，向來抱著願者上鉤的被動心態，重心都放在開發與設計上，總認為玩家真正在意的還是遊戲本身的內容，把行銷當成是旁枝末節，就算有廣告，也都出現在報紙或雜誌上。不過現在許多玩家根本不看報章雜誌，傳統廣告對現在的玩家幾乎沒有效果。遊戲橘子的「天堂」以後起之勢追上當時華義國際「石器時代」霸主地位，就是「行銷」這件事做得比誰都還出色！遊戲橘子成功以找明星代言、開闢電玩節目、上電視廣告的作法，樹立起擅長行銷與活潑的公司形象，開始引起遊戲產業對於行銷方面的廣泛重視與討論。

▲ 遊戲橘子非常善於應用與整合行銷工具

在目前網路行銷的時代，各種新的遊戲行銷工具及手法不斷出現，最實際有用的行銷工具就是如何藉助各種管道與方法使玩家認識自家遊戲產品的存在，並且進一步激起玩家想要購買遊戲或上線遊玩的動機。接下來我們將介紹幾種常見的遊戲行銷工具。

16-3-1　電視與網路廣告

廣告是行銷者最能夠掌控其訊息和內容的行銷手法，傳統廣告主要是利用傳單、廣播、大型看板及電視的方式傳播，來達到刺激消費者的購買欲望。販售遊戲最重要的是能大量吸引玩家的目光，然後產生實際的購買或下載等行為，如果一款遊戲的玩家族群很廣，那就很適合電視這種大眾媒體電視 CF（Commercial Film），例如魔獸爭霸早期就以史詩般的電視廣告風格成功擄獲了許多玩家的心，當然上一些專業電玩節目的廣告，也是個極佳的管道。

除了電視廣告，網路一直是線上遊戲與手機遊戲的主力戰場。網路上的互動性是網路行銷最吸引人的因素，不但可提高玩家的參與度，也大幅增加了網路廣告的效果。網路廣告可以定義為是一種透過網際網路傳播消費訊息給消費者的傳播模式，擁有互動的特性，能配合消費者的需求，進而讓玩家重複參訪及購買的行銷活動，優點是讓使用者選擇自己想要看的內容、沒有時間及地區上的限制、比起其他廣告方法更能迅速知道廣告效果。例如橫幅廣告是最常見的收費廣告，主要利用在網頁上的固定位置，提供廣告主利用文字、圖形或動畫來進行宣傳，通常都會再加入鏈結以引導使用者至廣告主的宣傳網頁。

　　　　　　　　　　　　　　　　　　　　　　　　　　　　橫幅廣告費用較低廉！

16-3-2 病毒式行銷

「病毒式行銷」（Viral Marketing），主要的方式並不是設計電腦病毒讓造成主機癱瘓，也並不等於「電子郵件行銷」。它是利用一個真實事件，以「奇文共欣賞」的分享給周遭朋友，透過人與人之間的口語傳播，並且一傳十、十傳百地快速轉寄這些精心設計的商業訊息。例如像是網友自製的有趣遊戲動畫、視訊、賀卡等形式，其實都是遊戲廣告作品，隨手轉寄或推薦的動作，正如同病毒一樣深入網友腦部系統的訊息，傳播速度之迅速，實在難以想像，具有「低成本」、「高曝光率」的效益。

▲ 巴冷公主遊戲的賀卡

隨著數位工具的普及，電子郵件行銷與電子報的行銷方式也蔚為風行。例如將含有商品資訊的廣告內容，以電子郵件的方式寄給不特定的使用者，也算是一種「直效行銷」。當消費者看到廣告郵件內容後，提供新奇、好玩、實用的手機遊戲以及 APP 情報、攻略與眾多的好康活動，如果對該商品有興趣，就能夠連結到販賣該商品的網站中來進行消費，缺點是許多網路行銷信件被歸類為垃圾信件而丟棄，更有可能傷害公司形象。

▲ 遊戲電子報與玩家維繫關係的很好管道

16-3-3　關鍵字行銷

　　在網際網路的時代，大部份的人常常利用搜尋引擎來找尋資料，而這些資料尋找的背後，除了一些知識或資訊的搜尋外，通常也會有其潛在的消費動機或意願。關鍵字廣告（Keyword Advertisements）的功用可以讓各位的廣告資訊，曝光在搜尋結果最顯著的位置，因為每一個關鍵字的背後可能都代表一個購買的動機，所以這個方式，對於有廣告預算的業者無疑是種利器。

　　就以國內最熱門的入口網站 Yahoo! 奇摩關鍵字廣告為例，當使用者查詢某關鍵字時，在頁面中包含該關鍵字的網頁都將作為搜尋結果被搜尋出來，這時各位的網站或廣告可以出現在搜尋結果顯著的位置，增加網友主動連上該廣告網站，間接提高遊戲的購買機會。當然選用關鍵字的原則除了挑選高曝光量的關鍵字之外，也可以根據遊戲的特性，選用更為精準的關鍵字，以期帶給最精準客戶的最大廣告效益，無形中就可以提高投資報酬率。關鍵字的選擇會影響遊戲行銷效益，找出精確適合產品的關鍵字，才能為遊戲帶來更廣泛的曝光率。

　　以下為關鍵字研究應用實例，例如請求 ChatGPT 幫忙生成關鍵字清單，例如：

提問　請幫我生成一個包含 10 個關鍵字清單，這些關鍵字與巴冷公主與國產遊戲有關

回答

以下是與巴冷公主與國產遊戲有關的10個關鍵字清單：

1. 巴冷公主：巴冷公主是一款知名的國產遊戲，以其精美的畫風和扣人心弦的故事情節而聞名。
2. 國產遊戲：指由中國開發或製作的電子遊戲，近年來國產遊戲在國內外市場上獲得了越來越多的關注和認可。
3. 畫風：指遊戲的視覺風格或藝術風格，巴冷公主以其獨特的畫風吸引了眾多玩家。
4. 劇情：指遊戲中的故事情節和劇情發展，巴冷公主的劇情深入人心，引人入勝。
5. 角色設計：巴冷公主中的角色設計精美，每個角色都有自己獨特的特點和故事背景。
6. 音樂：遊戲中的音樂和配樂在營造氛圍和情感方面扮演重要角色，巴冷公主的音樂優美動聽。
7. 國內遊戲工業：巴冷公主是國內遊戲工業發展的一個代表，展示了中國遊戲工作室的創作實力和技術水平。
8. 奇幻冒險：巴冷公主是一款奇幻冒險類型的遊戲，玩家可以在遊戲中體驗到豐富的冒險和探索。
9. 成功案例：巴冷公主是國內遊戲開發領域的成功案例之一，取得了商業上和口碑上的成功。
10. 文化元素：巴冷公主融入了許多中國傳統文化元素，展現了中國獨有的藝術風格和故事背景。

16-3-4 代言人與網紅行銷

現在的遊戲產業很喜歡用的代言人策略，每一套新遊戲總是要找個明星來代言，這似乎成了國內線上遊戲界的特殊現象。例如中華網龍的金庸群俠傳就請來信樂團的阿信，那首代言歌曲假如也曾一度走紅，當然最大的考量還是在於媒體效應，遊戲廠商所要的是花錢所創造出來的話題性。花大錢找當紅的明星代言，最大的好處是會保證有一定程度以上的曝光率，不過這樣的成本花費，也必須考量到該款遊戲玩家人數的規模，與任何成功的行銷計畫的背後，也一定要有好的遊戲產品來支持行銷的成果。

▲ 范冰冰為「萬王之王 3」遊戲代言

▲ 金庸群俠傳請信樂團作代言

由於目前有越來越多的素人走上社群平台，虛擬社交圈更快速取代傳統銷售模式，為各式產品創造龐大的銷售網絡，網紅行銷可算是各大品牌近年最常使用的手法。過去民眾在社群軟體上所建立的人脈和信用，如今成為可以讓商品變現的行銷手法，不推銷東西的時候，平日是粉絲的朋友，做生意時他們搖身一變成為遊戲品的代言人，而且可以向消費者傳達更多關於商品的評價和使用成效。

所謂網紅（Internet Celebrity）就是經營社群網站來提升自己的知名度的網路名人，也稱為 KOL（Key Opinion Leader），能夠在特定專業領域對其粉絲或追隨者有發言權及重大影響力的人。這股由粉絲效應所衍生的現象，能夠迅速將個人魅力做為行銷訴求，利用自身優勢快速提升行銷有效性，充分展現了網紅文化的蓬勃發展。許多遊戲選擇借助網紅來達到口碑行銷的效果，網紅的推薦甚至可以讓遊戲廠商業績翻倍，似乎在目前的網路平台更具說服力，隨時可以看到有網紅在進行直播，主題也五花八門，可說是應有盡有，例如打電動就能坐擁百萬粉絲的素人網紅，逐漸地取代過去以明星代言的行銷模式，點閱率與回應也不輸給代言藝人。

▲ KOL Radar 聯合 Yahoo 奇摩共同發表百大遊戲電競網紅排行榜

16-3-5　整合性行銷

行銷就是對市場進行分析與判斷，繼而擬定策略並執行，創意往往是行銷活動的最佳動力，尤其是在面對一個三百六十度的整合行銷時代，未來遊戲產業趨勢將以團體戰取代過去單打獨鬥的模式遊，異業結盟合作特帶來了前所未有的成果，也就是整合多家對象相同但彼此不互相競爭公司的資源，產生廣告加乘的效果。例如神魔之塔的開發商瘋

頭公司創立以來，一直在跨界結盟，不論是辦展覽、比賽、演唱會，跟其他產品公司、動畫公司合作，或是授權販賣實體卡片等，充份發揮了異業結盟的多元性效果。

▲ 宏碁經常透過整合行銷來積極參與電競賽事

　　遊戲開發商也發現開發新玩家的成本往往比留住舊粉絲所花的成本要高出 5~6 倍，因此把重心放在開發新玩家，不如將重心放在維持原有的粉絲上。神魔之塔遊戲就是運用社群網路與品牌連結的行銷手法，藉由創立遊戲社團與玩家互動，粉絲團不定期發佈分享活動，分享 Facebook 上相關訊息就能獲得獎勵，塗鴉牆上也天天可見哪位朋友又完成了神魔之塔的任務，藉此提升玩家們對於遊戲的忠誠度與黏著度。

　　許多追求專業的遊戲硬體商，看準電競玩家對設備高要求，也大膽投資電競賽事，無論是贊助還是主辦，透過大型賽事更了解玩家需求，也透過賽事直播達到行銷宣傳。例如宏碁公司積極耕耘電競市場，除了推出許多高端專業的電競產品延續消費者的遊戲體驗外，更成為英雄聯盟 LoL 大賽的贊助廠商，從電競賽延伸帶出行銷效益，不但能提升賽事人氣，同時還可以增加品牌曝光度，共同開創遊戲產業市場，持續創造深度與廣大玩家結合的產品消費力。

　　宏碁更推出以社群為核心功能的 Planet9 電競遊戲平台，充分展現宏碁軟硬體與服務整合的強勢企圖心，期望與電競玩家產生更緊密的聯結，就是以社群功能為主要核心所設計與匯聚各種規模的電競聯賽，期望提供全球廣大玩家一個切磋交流與挑戰競技賽事的公開社群平台，讓玩家們可以在平台上自行組隊、教練集訓、社群聊天、預約課程、賽事資訊、電競講座課程，讓玩家間的互動交流更為直接頻繁，並且能同時滿足專業與休閒玩家對於提升戰力的渴望。

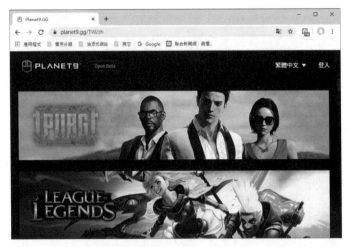

▲ Planet9 將帶給全球玩家不同的電競社群平台體驗

16-3-6　App 嵌入廣告

　　在智慧型手機、平板電腦逐漸成為現代人隨身不可或缺的設備時，功能上已從通訊功能昇華為社交、娛樂、遊戲等更多層次的運用，行動裝置應該就是遊戲行銷環境中的最後一哩，也逐漸備受重視，帶動了行動行銷的時代隆重來臨，已經有越來越多的遊戲開發商將會投入更多行銷預算在行動裝置上。

　　透過行動裝置 APP 來達到行銷宣傳的最大功臣莫過於免費 App 的百花爭鳴了，透過 App 滿足使用者在生活各方面的需求外，全球 App 數量目前仍在增加中，且多數的 App 都有其營收、獲利模式，80% 以上開發者選擇 App 嵌入廣告為單一營利方式。

　　因此 App 嵌入廣告在遊戲行銷方面也獲得了長足的發展，有些 App 動輒下載達百萬次，各種置入性廣告便急速成長。以眼花撩亂的手段吸引玩家注意，只差沒直接叫玩家付錢。以 Android 手機來說，廣告有內嵌式與全螢幕的推播廣告兩種，而 iPhone 手機則僅有內嵌式推播廣告。

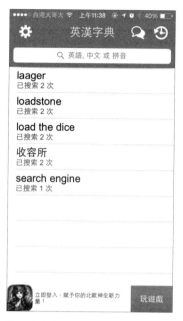

▲ App 嵌入廣告也是目前很熱門的遊戲行銷方式

16-3-7 YouTube 行銷

　　YouTube 是設立在美國的一個全球最大線上影音網站，每月超過 1 億人次以上人數造訪，這個網站可以讓使用者上傳、觀看及分享影片。各位可曾想過每天擁有數億造訪人次的 YouTube 也可以是遊戲行銷利器嗎？除了影片功能之外，它也可以成為強力的行銷工具。

　　隨著 YouTube 和其他影片分享應用程式上的影片瀏覽量持續爆增，可以想見現代人用 YouTube 看影片、聽音樂已經成為生活中不可或缺的一個動作。影音行銷成為近期很夯的遊戲行銷新手法，遊戲宣傳影片其實也是廣告的一種，透過這些影片讓玩家在接觸遊戲之前，創造最佳曝光機會。玩家通常喜歡在 YouTube 觀看遊戲影音，可在刊頭廣告（Masthead）有效推送玩家感興趣的影音內容。當然要讓影片爆紅當然除了廣告內容本身的吸引力佔了 80% 以上原因，包括標題設定得好、影片識別度、影片的引導、剪接的流暢度等是原因之一。

YoTube 片頭遊戲廣告
效益相當驚人！

16-3-8 廣告郵件與遊戲官方電子報

▲ 遊戲公司經常利用電子報為系與玩家的互動

　　電子郵件行銷（Email Marketing）與電子報行銷（Email Direct Marketing）的使用數量也在持續增長中，更是許多遊戲商慣用的行銷手法，由於費用相對低廉，加上可以追蹤，將會大大的節省行銷時間及提高成交率。ChatGPT 能為遊戲商自動發想與生成電子郵件與遊戲電子報回信內容，只要下對指令，把你的行銷需求告訴 ChatGPT，輸入推廣的對象，需要促銷的遊戲，以及預期達到的目的，就能自動產出一封符合指定情境、信件內容的遊戲官方郵件與電子報。

提問 請幫忙寫一封商品推薦的遊戲官方電子郵件，遊戲產品資訊如下：近來世界各地民族意識逐漸抬頭，台灣原住民文化同樣也引起廣泛的矚目。魯凱族巴冷公主與蛇王阿達禮歐之間的愛情故事，由於堅貞愛情的追求歷程，張力十足、情節淒美，非常適合角色扮演遊戲。本遊戲兼採 A-RPG 及益智類遊戲的特性，強調 RPG 的故事性，節奏明快，但過關的過程則加入動作遊戲的刺激。在美術風格方面，採取一比一等比例的全 3D 表現方式，藉以強調各個人物的個性與特質。整個遊戲中，隨處可見各種原住民的日常生活與有趣的習俗，充滿了濃濃的「原」味。

研發公司：榮欽科技股份有限公司

公司官網：www.zct.com.tw

業務代表：吳燦銘先生

回答

主旨：巴冷公主遊戲——探索原住民文化的奇幻冒險！

親愛的遊戲愛好者，

近來，全球對於各地民族意識的關注日益增加，而台灣原住民文化也成為了矚目焦點。我們非常榮幸向您介紹由榮欽科技股份有限公司開發的全新遊戲《巴冷公主》。

《巴冷公主》故事的核心是魯凱族巴冷公主與蛇王阿達禮歐之間的壯麗愛情故事。這個故事充滿了堅貞愛情的追求，張力十足，情節淒美，非常適合喜愛角色扮演遊戲的玩家。遊戲結合了A-RPG和益智類遊戲的特點，強調故事性的RPG體驗，節奏明快，並加入了刺激的動作遊戲要素，讓您在過關的過程中充滿挑戰與樂趣。

我們注重美術風格，遊戲中採用了一比一等比例的全3D表現方式，以突出每個角色的獨特個性和特質。您將在整個遊戲中感受到各種原住民的日常生活和有趣的習俗，這使遊戲充滿了濃濃的「原」味。

我們真誠邀請您前來體驗《巴冷公主》所帶來的奇幻冒險，並與我們一同探索原住民文化的魅力。您可以在榮欽科技股份有限公司的官方網站（**www.zct.com.tw**）瞭解更多關於遊戲的詳細資訊。

如有任何疑問或需要協助，請隨時聯繫我們的業務代表吳燦銘先生。他將樂於回答您的問題並提供支援。

感謝您的耐心閱讀，期待與您一同進入巴冷公主的奇幻世界！

預祝您玩得愉快！

榮欽科技股份有限公司

www.zct.com.tw

Regenerate response

16-3-9 遊戲直播行銷

目前全球玩直播正夯，在這個講究視覺體驗的年代，每個行銷人都知道影音行銷的重要性，比起文字與圖片，透過影片的傳播，更能完整傳遞電競資訊，影片不但是關鍵的分享與行銷媒介，更開啟了大眾素人影音行銷的新視野。早期電競節目源於傳統媒體的局限，收視規模一直無法做大，隨著直播技術興起，電競市場又順勢被提升到另一層次，許多企業開始將直播作為行銷手法，消費觀眾透過行動裝置，利用直播的互動與真實性吸引網友目光，從販售電競商品透過直播跟粉絲互動，延伸到電競賽是透過直播行銷，讓現場玩家可以更真實的對話。

電競賽事不只是專業賽事，同時也被視為是種很受歡迎的娛樂節目，一家電競公司如果要利用網路來行銷的話，最容易爆紅的方式就是利用直播的平台來行銷，讓許多原本關在小空間或是展場中發生的實況花絮，臨場呈現在全世界的玩家前，而且沒有技術門檻，只要有手機和網路就能輕鬆上手，。目前越來越多賽事是透過直播進行，只要進入Twitch、YouTube、鬥魚 Tv、Niconico 或其他直播平台就可以開始享受了，主要訴求就是即時性、共時性，這也最能強化觀眾的共鳴，每個人幾乎都可以成為一個獨立的收視頻道，讓參與的玩家擁有親臨現場的感覺。

▲ 中國電競觀眾最常使用的遊戲直播平台 - 鬥魚

例如當網紅遊戲直播主算是目前在 YouTube 上最賺錢的操作模式之一，利用遊戲實況直播分享自己的操作心得和經驗，許多年收入超過億元台幣的世界級遊戲網紅都是靠這個起家。來自美國 26 歲的網紅遊戲實況主 Tyler Blevins，綽號叫「忍者（Ninja）」，他

以遊戲「要塞英雄」（Fortnite）闖出名號，YouTube 頻道上有超過 1 千萬個追蹤者，他的影響力甚至讓許多國際知名遊戲大廠都找他合作。

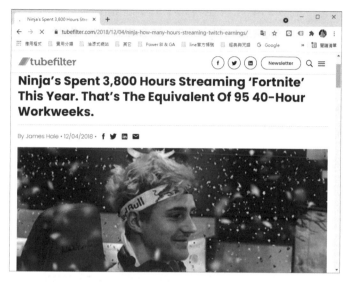

▲ 忍者也是遊戲直播平台 Twitch 上收入最高的 YouTuber

Twitch 遊戲社群最大特色就是直播自己打怪給別人欣賞，因此在全球遊戲類的流量在各種直播中拔得頭籌，Twitch 非常重視玩家的參與感，功能包括提供平台供遊戲玩家進行個人直播及供電競賽事的直播，每個月全球有超過 1 億名社群成員使用該平台，有許多剛推出的新款遊戲，遊戲開發廠都會指定在 Twitch 上開直播，也提供聊天室讓觀眾們可以同步進行互動。

▲ Twitch 堪稱是遊戲素人直播的最佳擂台

16-3-10 社群行銷

隨著網際網路及電子商務的崛起，也興起了社群行銷的模式。近年來愈來愈多各種不同的網路社群針對特定議題交流意見，形成一股新興流行，嘗試來提供企業更精準洞察消費者的需求，並帶動相關商品的行銷效益。網路社群是網路獨有的生態，可聚集共同話題、興趣及嗜好的社群網友及特定族群討論共同的話題，並積極透過網站討論區、留言版、專欄區、聊天室、線上投票、問卷調查、相簿、檔案交換服務等機制，無遠弗屆地進行溝通與交流。

網路社群的觀念可從早期的 BBS、論壇、一直到近期的部落格、噗浪、PTT、微博或者 Facebook。由於這些網路服務具有互動性，因此能夠讓網友在一個平台上，彼此溝通與交流。

▲ 微博是目前中國最流行的社群網站

「社群行銷」（Social Media Marketing）就是透過各種社群媒體網站，讓企業吸引顧客注意而增加流量的方式。由於大家都喜歡在網路上分享與交流，進而提高企業形象與顧客滿意度，並間接達到產品行銷及消費，所以被視為是便宜又有效的行銷工具。社群行銷最迷人的地方就是企業主無需花大錢打廣告，只要想方設法讓粉絲幫你賣東西，光靠眾多粉絲間的口碑效應，就能創下驚人的銷售業績！

社群行銷也是推廣遊戲的主要方式之一，透過世界知名的遊戲與地區社群合作，從而打入不同的地區市場，目前運用比較多的行銷管道是靠選擇適合的遊戲社群網站或大型入口網站，這些遊戲社群網站的討論區，一字一句都左右著遊戲在玩家心中的地位，透

過社群網路提升遊戲的曝光量已經是最常見策略，自然而然始的使社群媒體更容易像病毒般擴散，這將提供市場行銷人員更好的投資回饋。

▲ 遊戲基地 gamebase

▲ 巴哈姆特電玩資訊站

社群行銷本身就是一種內容行銷，過程是創造互動分享的口碑價值的活動，光會促銷的時代已經過去了，迫使玩家觀看廣告的策略已經不再奏效。如果想透過社群的方法做行銷，最主要的目標當然是增加遊戲的知名度，其中口碑行銷的影響力不容忽視。口碑行銷跟一般行銷的差別在完全以玩家角度出發，社群的特性是分享交流，並不是一個可以直接販賣銷售的工具。玩家到社群來是分享心情，而不是看廣告，每個社群都有各自的語言與文化特色，同樣是玩英雄聯盟的一群玩家，在各個平台的互動方式也不一定相同。口碑行銷的目標為在社群中發起議題和創造內容，藉由引發玩家們自然討論，一旦遊戲的口碑迅速普及，除了能迅速傳達到玩家族群，還能透過玩家們分享到更多的目標族群裡，進而提供更好的商業推廣。

遊戲開發商也發現開發新玩家的成本往往比留住舊粉絲所花的成本要高出 5~6 倍，因此把重心放在開發新玩家，不如將重心放在維持原有的粉絲上，也就是遊戲的粉絲身上。例如神魔之塔遊戲就是運用社群網路與品牌連結的行銷手法，藉由創立遊戲社團與玩家互動，粉絲團不定期發佈分享活動，分享 Facebook 上相關訊息就能獲得獎勵，塗鴉牆上也天天可見哪位朋友又完成了神魔之塔的任務，藉此提升玩家們對於遊戲的忠誠度與黏著度。

請注意！如果遊戲官方有正在經營 Facebook 或 IG 等社群，你總需要寫一些遊戲貼文來做行銷，因為不會有人想追蹤一個沒有內容的粉專，因此貼文內容扮演著最重要的社群行銷角色，甚至粉絲都會主動幫你推播與傳達。社群上發佈貼文的目的當然是盡可能讓越多人看到越好，這時 ChatGPT 就能幫助絞盡腦汁的遊戲小編，讓它完美化身你的免

費行銷專員，只要輸入正確店家名稱、文章關鍵字、活動主題、呈現的風格，如果還有一些特別需求，可以在指令加上字數和語氣的要求，加入目的可以讓標題更有效捕捉目光，就會自動產生對應的文章，快速生成符合各種平台所需的標題與貼文。

提問 我們最近準備要在臉書上辦一場巴冷公主的玩家心得徵文活動，時間是 7 月 1 日到 8 月 31 日截止，主辦單位是榮欽科技，獎金最高有十萬元，10 月 1 日公布得獎名單，請幫忙寫一篇約 100 字的活動文案。

回答

【巴冷公主玩家心得徵文活動】
玩家們！準備好了嗎？

榮欽科技誠摯邀請您參加我們舉辦的「巴冷公主玩家心得徵文活動」！在這個夏天，讓我們一起分享您與巴冷公主的冒險故事吧！徵文活動將於7月1日至8月31日舉行，總獎金高達十萬元！

不管您是在遊戲中經歷了哪些驚險刺激的時刻，或是與巴冷公主建立了深厚的感情，都歡迎您將這份心得寫下來分享給大家。故事深刻、感人或有趣的作品都有機會成為得獎作品！

得獎名單將於10月1日公布，十萬元的獎金等您來拿！請準備好您最精彩的文字，與我們一同為巴冷公主的故事添磅礴的篇章！

立即參加活動，展現您的寫作才華！詳細活動辦法請關注我們的臉書粉絲專頁。

巴冷公主玩家心得徵文活動，與您一同描繪驚喜紛呈的冒險旅程！

16-3-11　大數據遊戲行銷

　　遊戲產業的發展越來越受到矚目，在這個快速競爭的產業，不論是線上遊戲或手遊，遊戲上架後數周內，如果你的遊戲沒有擠上排行榜前 10 名，那大概就沒救了。遊戲開發者不可能再像傳統一樣憑感覺與個人喜好去設計遊戲，他們需要更多、更精準的數字來告訴他們玩家要什麼。數字就不僅是數字，背後靠的正是收集以玩家喜好為核心的大數據，大數據的好處是讓開發者可以知道玩家的使用習慣，因為玩家進行的每一筆搜尋、動作、交易，或者敲打鍵盤、點擊滑鼠的每一個步驟都是大數據中的一部份，時時刻刻蒐集每個玩家所產生的細部數據所堆疊而成，再從已建構的大數據庫中把這些資訊整理起來分析排行。

「英雄聯盟」（LOL）這款遊戲是一款免費多人線上遊戲，遊戲開發商 Riot Games 非款就常重視大數據分析，目標是希望成為世界上最了解玩家的遊戲公司，背後靠的正是收集以玩家喜好為核心的大數據，掌握了全世界各地區所設置的伺服器裏遠超過每天產生超過 5000 億筆以上的各式玩家資料，透過連線對於全球所有比賽都玩家進行的每一筆搜尋、動作、交易，或者敲打鍵盤、點擊滑鼠的每一個步驟，可以即時監測所有玩家的動作與產出大數據資料分析，並了解玩家最喜歡的英雄，再從已建構的大數據資料庫中把這些資訊整理起來分析排行。

> 🤖 **Tips**　大數據（又稱大資料、海量資料，Big Data），由 IBM 於 2010 年提出，是指在一定時效（Velocity）內進行大量（Volume）且多元性（Variety）資料的取得、分析、處理、保存等動作，主要特性包含三種層面：大量性（Volume）、速度性（Velocity）及多樣性（Variety）。在維基百科的定義，大數據是指無法使用一般常用軟體在可容忍時間內進行擷取、管理及處理的大量資料，我們可以這麼簡單解釋：大數據其實是巨大資料庫加上處理方法的一個總稱，就是一套有助於企業組織大量蒐集、分析各種數據資料的解決方案。

▲ 英雄聯盟的遊戲畫面場景

遊戲市場的特點就是飢渴的玩家和激烈的割喉競爭，數據的解讀特別是電競戰中非常重要的一環，電競產業內的設計人員正努力擴增大數據的使用範圍，數字就不僅是數字，這些「英雄」設定分別都有一些不同的數據屬性，玩家偏好各有不同，你必須了解玩家心中的優先順序，只要發現某一個英雄出現太強或太弱的情況，就能即時調整相關數據的遊戲平衡性，能夠讓不同的角色都有彼此的發揮空間，不會產生少數玩家在遊戲中某個時期特別強大，用數據來擊殺玩家的心，進一步提高玩家參與的程度。

▲ 英雄聯盟的遊戲戰鬥畫面

　　不同的英雄會搭配各種數據平衡，研發人員希望讓每場遊戲盡可能地接近公平，因此根據玩家所認定英雄的重要程度來排序，創造雙方勢均力敵的競賽環境，然後再集中精力去設計最受歡迎的英雄角色，找到那些沒有滿足玩家需求的英雄種類，是創造新英雄的第一步，這樣做法真正提供了遊戲基本公平又精彩的比賽條件。Riot Games 懂得利用大數據來隨時調整遊戲情境與平衡度，確實創造出能滿足大部分玩家需要的英雄們，這也是英雄聯盟能成為目前最受歡迎遊戲的重要因素。

16-3-12　元宇宙遊戲行銷

　　隨著互聯網、AI、AR、VR、3D 與 5G 技術的高度發展與到位，科幻小說家筆下的元宇宙構想距離實現也愈來愈近。元宇宙（Metaverse）的概念最早出自 Neal Stephenson 於 1992 年所著的科幻小說《潰雪》（Snow Crash）。在這個世界裡，用戶可以成為任何樣子，主要是形容在「集體虛擬共享空間」裡，每個人都在一個平等基礎上建立自己的虛擬化身（Avatar）及應用，透過這個化身在元宇宙裏面從事各種活動，例如可以工作、朋友相聚、看演唱會、看電影等，就和在真實世界中的生活一樣，只是在虛擬平行的宇宙中發生。談到元宇宙，多數人會直接聯想到電玩遊戲，因為目前元宇宙概念多從遊戲社群延伸，玩家不只玩遊戲本身，虛擬社交行為也很重要，不少角色扮演的社群遊戲已具元宇宙的雛形，可以讓虛擬世界與實體世界間那條界線更加模糊了。

▲ 元宇宙可以看成是下一個世代的網際網路

※ 圖片來源：https://www.theglobaleconomics.com/south-korea-is-now-a-key-player-in-vr-with-the-metaverse-launch/

　　元宇宙可以看成是一個與真實世界互相連結、多人共享的虛擬世界，今天人們可以使用高端的穿戴式裝置進入元宇宙，而不是螢幕或鍵盤，並讓佩戴者看到自己走進各式各樣的 3D 虛擬世界，元宇宙能應用在任何實際的現實場景與在網路空間中越來越多元豐富發生的人事物。現在人們所理解的網際網路，未來也會進化成為元宇宙，臉書執行長就曾表示「元宇宙就是下一世代的網際網路（Internet），並希望要將臉書從社群平台轉型為 Metaverse 公司。」因為元宇宙是比現在的臉書更能互動與優化你的真實世界，並且串聯不同虛擬世界的創新網際網路模式。

▲ 「一級玩家」電影劇情寫實地描繪了元宇宙的虛擬世界

※ 圖片來源：https://cn.nytimes.com/culture/20180403/ready-player-one-review-steven-spielberg/zh-hant/

　　虛擬與現實世界間的界線日益模糊，已經是不可逆的趨勢，在元宇宙中可以跨越所有距離限制，完成現實中任何不可能達成的事，並且讓品牌與廣告提供足夠好的使用者界面（User Interface，UI）及如同混合實境（Mixed Reality）般真假難辨的沉浸式體驗感，因此也為電子商務與網路行銷帶來嶄新的契機。從網路時代跨入元宇宙時代的過程中，愈來愈多企業或品牌都正以元宇宙（Metaverse）技術，來提供新服務、宣傳產品及吸引顧客，品牌與廣告主如果有興趣開啟元宇宙行銷，或者也想打造屬於自己的專屬行銷空間，未來可以思考讓品牌形象，高度融合品牌調性的完美體驗，透過賦予人們在虛擬數位世界中的無限表達能力，創造出能吸引消費者的元宇宙世界。

▲ Vans 服飾與 ROBLOX 合力推出滑板主題的元宇宙遊戲世界 -Vans World 來行銷品牌

※ 圖片來源：https://www.vans.com.hk/news/post/roblox-metaverse-vans-world.html

> **Tips** 混合實境（Mixed Reality）是一種介於 AR 與 VR 之間的綜合模式，打破真實與虛擬的界線，同時擷取 VR 與 AR 的優點，透過頭戴式顯示器將現實與虛擬世界的各種物件進行更多的結合與互動，產生全新的視覺化環境，並且能夠提供比 AR 更為具體的真實感，未來很有可能會是視覺應用相關技術的主流。

學習評量

1. 請問第三方支付（Third-Party Payment）法案與遊戲業者有何關係？

2. 「行銷」（Marketing）的基本定義為何？

3. 何謂行銷組合的 4P 理論？

4. 試簡述遊戲開發商的通路策略。

5. 請簡介遊戲免費行銷的目的與方法。

6. 請簡述「神魔之塔」的促銷方式。

7. 請問遊戲行銷人員有哪三項基本工作？

8. 什麼是「病毒式行銷」（Viral Marketing）？

9. 如何在 YouTube 上行銷遊戲？

10. 試簡述社群行銷的內容與優點。

11. 請簡述大數據的特性。

12. 請簡介線上遊戲與大數據的應用。

信用卡 CREDIT CARD 專用訂購單

※優惠折扣請上博碩網站查詢，或電洽 (02)2696-2869#307
※請填妥此訂單傳真至(02)2696-2867 或直接利用背面回郵直接投遞。謝謝！

一、訂購資料

	書號	書名	數量	單價	小計
1					
2					
3					
4					
5					
6					
7					
8					
9					
10					
		總計 NT$			

總　計：NT$ _____ X 0.8 = 折扣金額 NT$ _____

折扣後金額：NT$ _____ ＋ 掛號費：NT$ _____

＝總支付金額 NT$ _____ 　　※各項金額若有小數，請四捨五入計算。

「掛號費台北縣 70 元，外縣市（包含台北市）80 元，外島縣市 100 元」

二、基本資料

收件人：_____ 生日：____ 年 ___ 月 ___ 日

電　話：(住家) _____ (公司)_____ 分機 _____

收件地址：□ □ □_____

發票資料：□ 個人（二聯式）　□ 公司抬頭／統一編號：_____

信用卡別：□ MASTER CARD　　□ VISA CARD　　□ JCB 卡　　□ 聯合信用卡

信用卡號：□□□□□□□□□□□□□□□□□□□□

身份證號：□□□□□□□□□□

有效期間：_____ 年 _____月止

訂購金額：_____元整（總支付金額）

訂購日期：___ 年 ___ 月 ___ 日

持卡人簽名：_____ （與信用卡簽名同字樣）

廣 告 回 函
台灣北區郵政管理局登記證
北台字第 4 6 4 7 號
印刷品・免貼郵票

221

博碩文化股份有限公司　業務部
新北市汐止區新台五路一段112號10樓A棟

如何購買博碩書籍

全省書局

請至全省各大書局、連鎖書店、電腦書專賣店直接選購。

（書店地圖可至博碩文化網站查詢，若遇書店架上缺書，可向書店申請代訂）

信用卡及劃撥訂單（優惠折扣 8 折）

請至博碩文化網站下載相關表格，或直接填寫書中隨附訂購單並於付款後，

將單據傳真至 (02)2696-2867。

線上訂購

請連線至「博碩文化網站 http://www.drmaster.com.tw」，於網站上查詢

優惠折扣訊息並訂購即可。